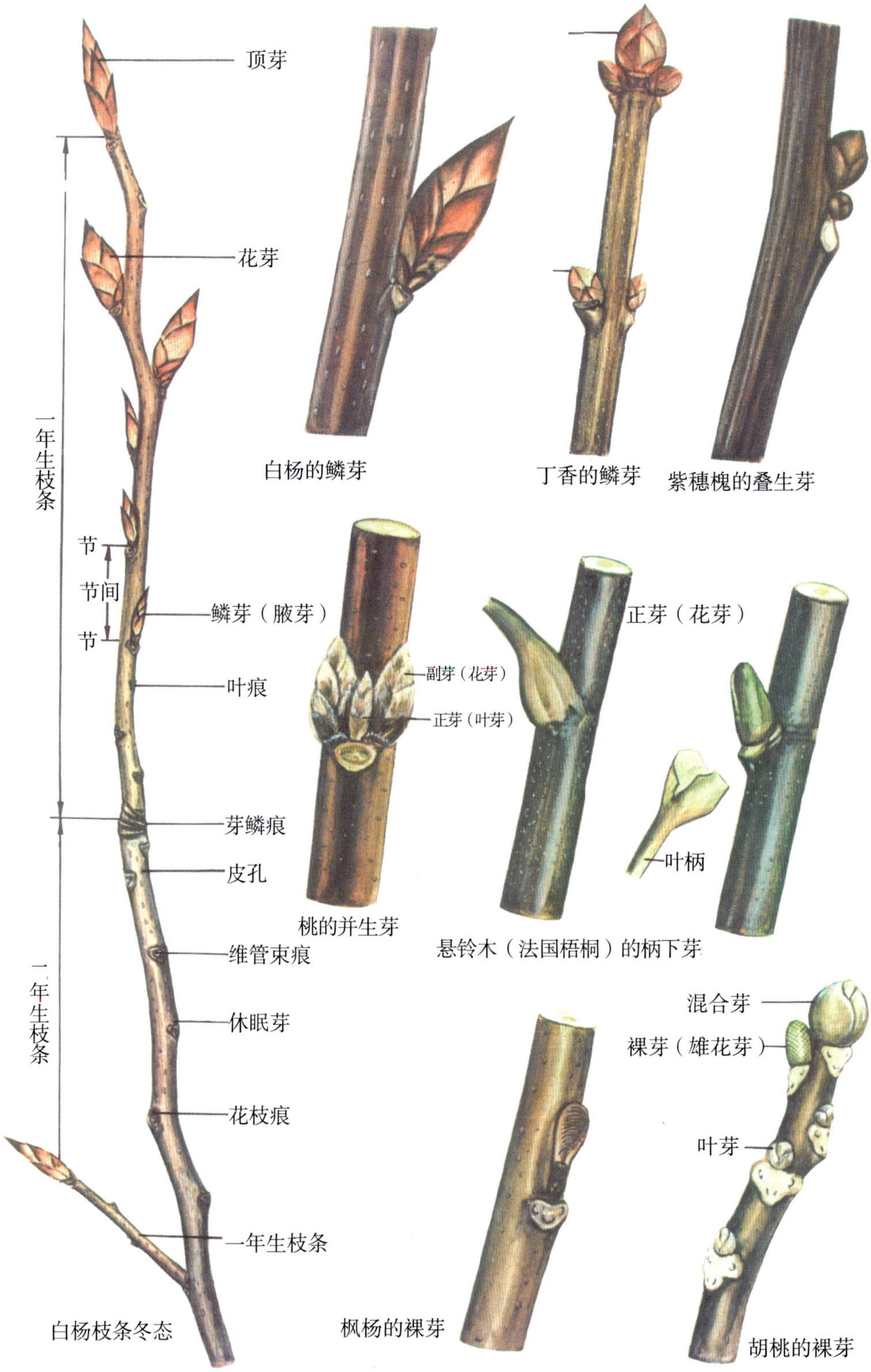

顶芽
花芽
一年生枝条
节
节间
节
鳞芽（腋芽）
叶痕
芽鳞痕
皮孔
维管束痕
休眠芽
花枝痕
一年生枝条
一年生枝条
白杨枝条冬态
白杨的鳞芽
丁香的鳞芽
紫穗槐的叠生芽
副芽（花芽）
正芽（叶芽）
桃的并生芽
正芽（花芽）
叶柄
悬铃木（法国梧桐）的柄下芽
枫杨的裸芽
混合芽
裸芽（雄花芽）
叶芽
胡桃的裸芽

枝条冬态和芽的类型

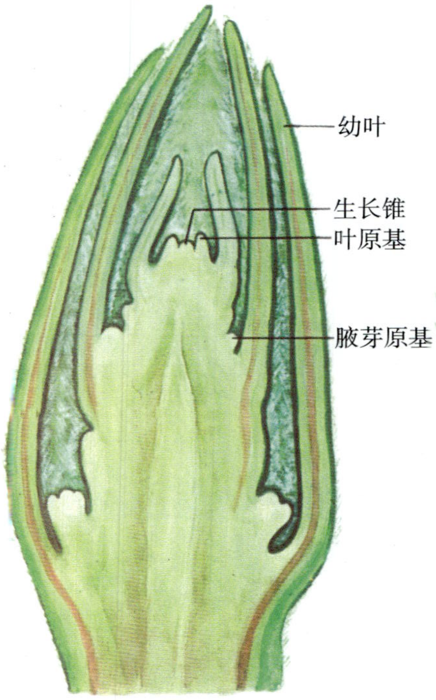

忍冬（金银花）顶芽的纵剖

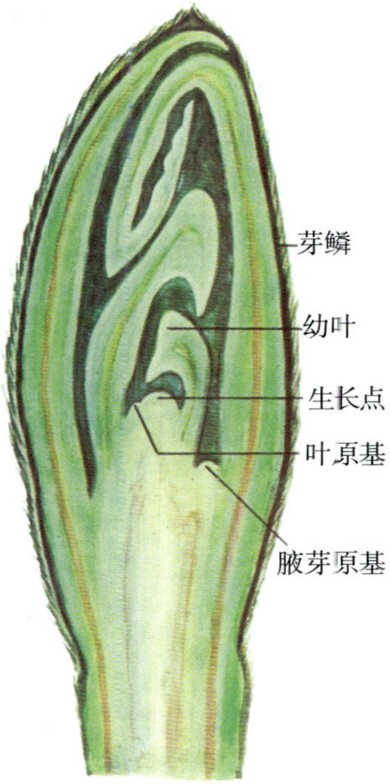

茶叶芽的纵剖

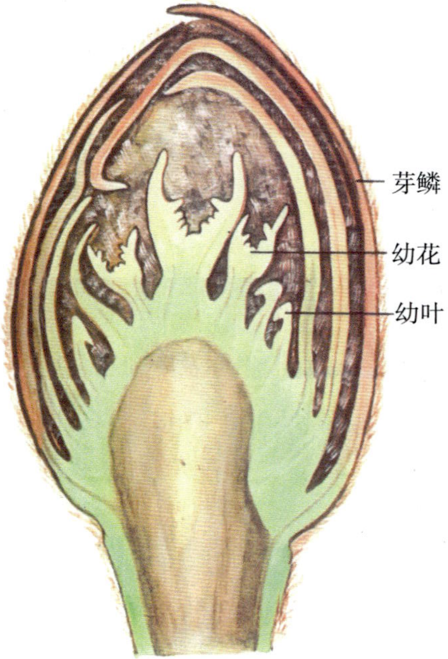

苹果混合芽的纵剖

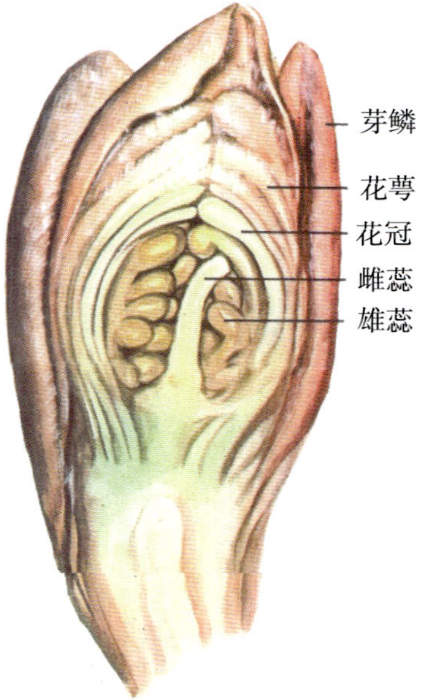

桃花芽的纵剖

芽的构造

叶的组成部分及叶脉的类型

簇生

互生

对生

基生

轮生

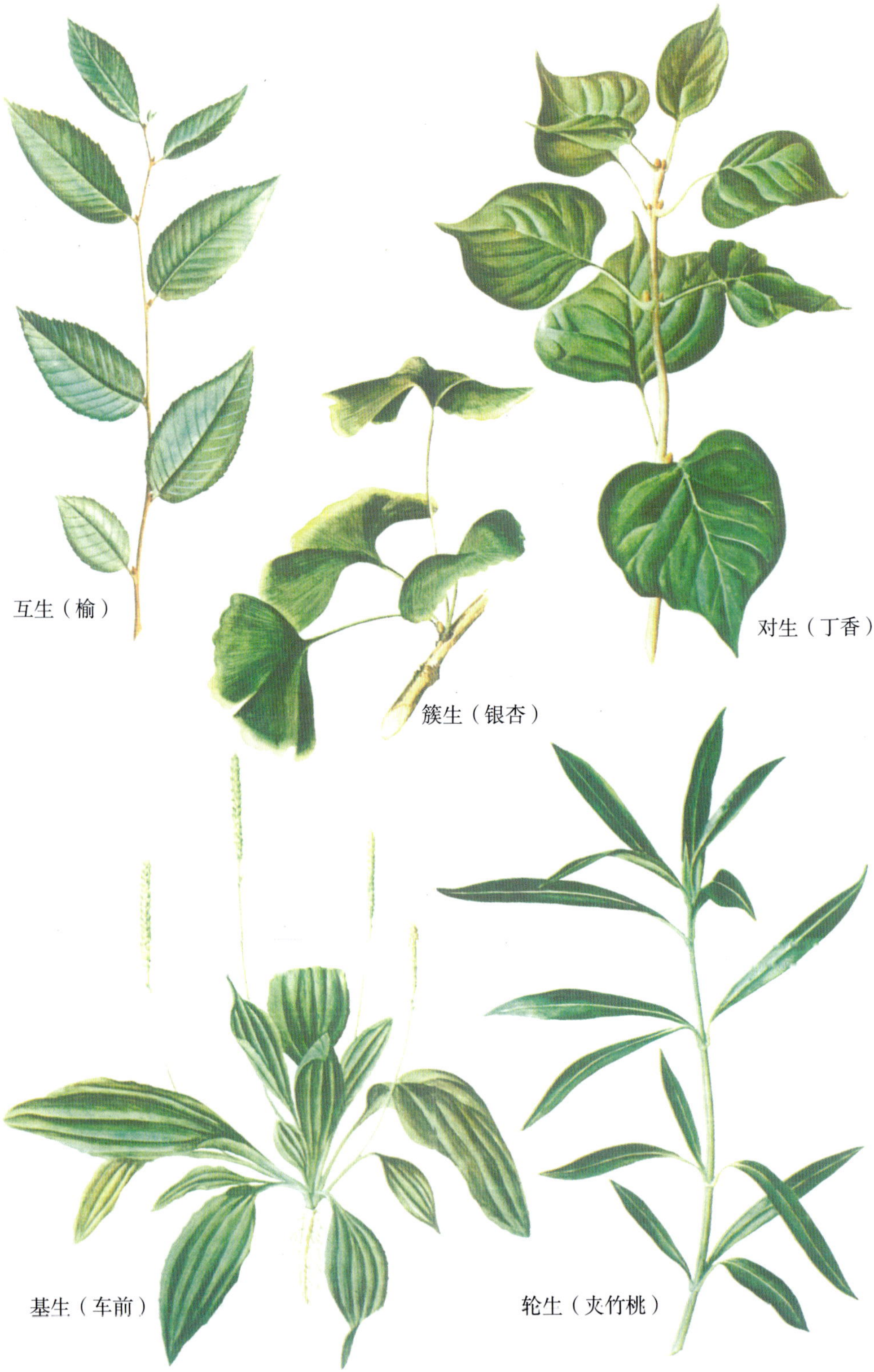

叶 序

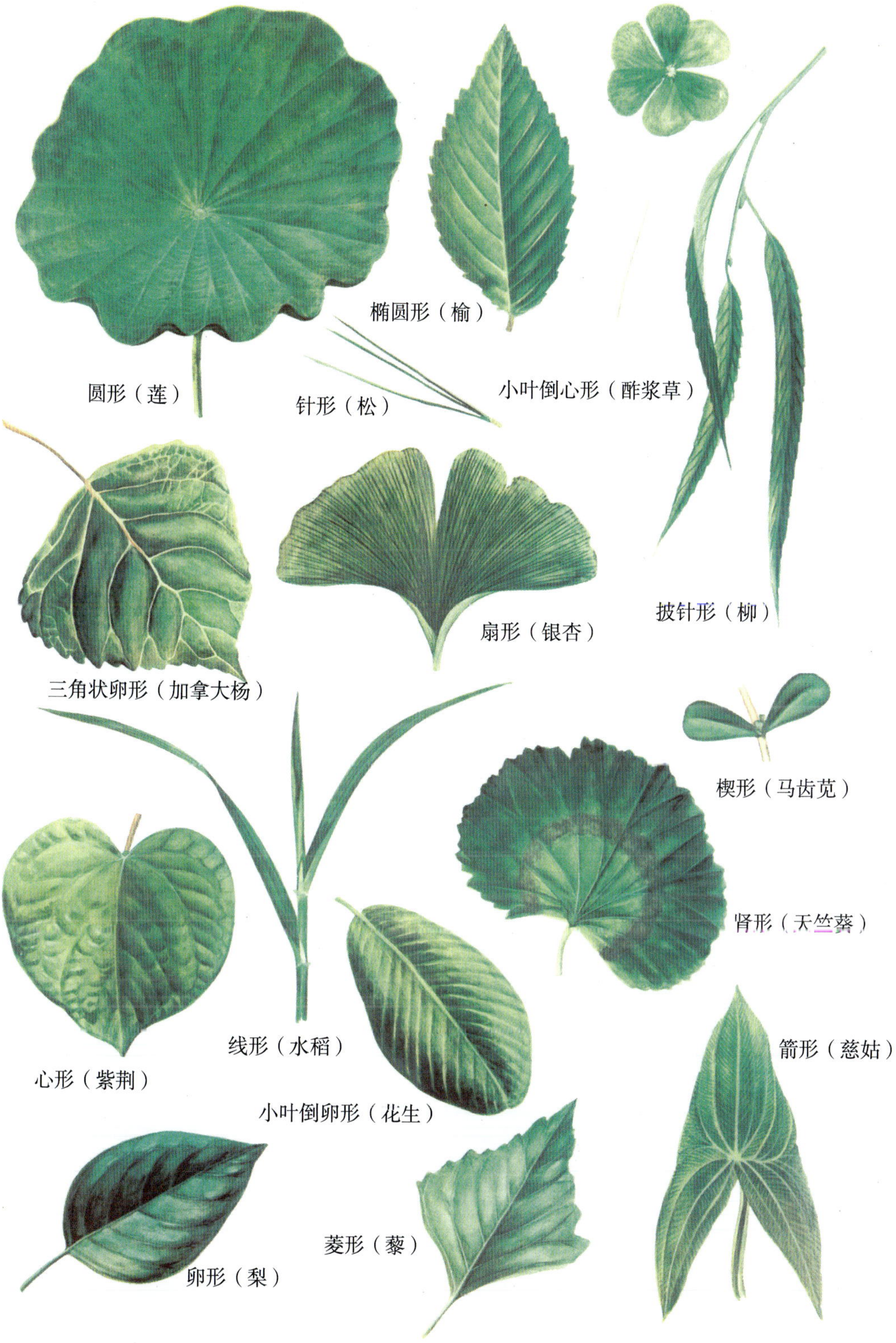

椭圆形（榆）
圆形（莲）
针形（松）
小叶倒心形（酢浆草）
三角状卵形（加拿大杨）
扇形（银杏）
披针形（柳）
楔形（马齿苋）
肾形（天竺葵）
线形（水稻）
心形（紫荆）
箭形（慈姑）
小叶倒卵形（花生）
菱形（藜）
卵形（梨）

叶 形

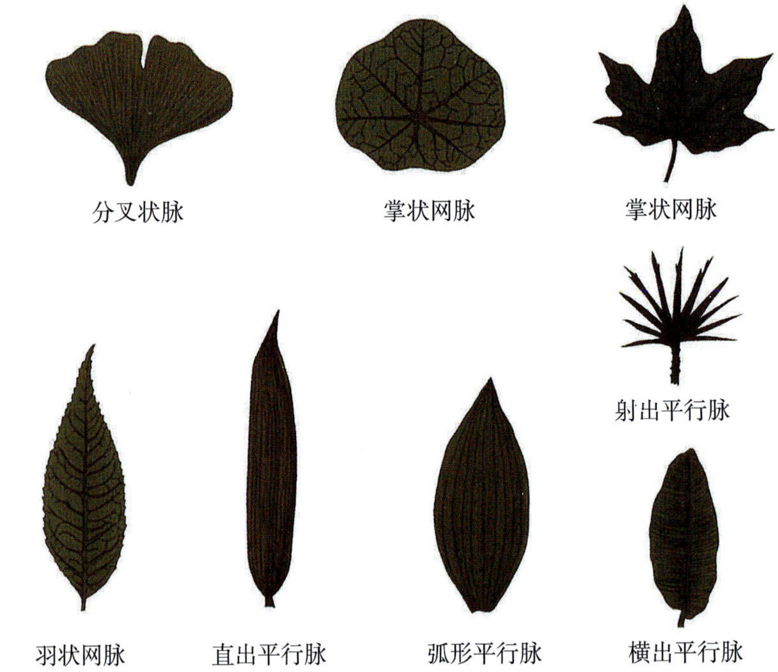
分叉状脉
掌状网脉
掌状网脉
射出平行脉
羽状网脉
直出平行脉
弧形平行脉
横出平行脉

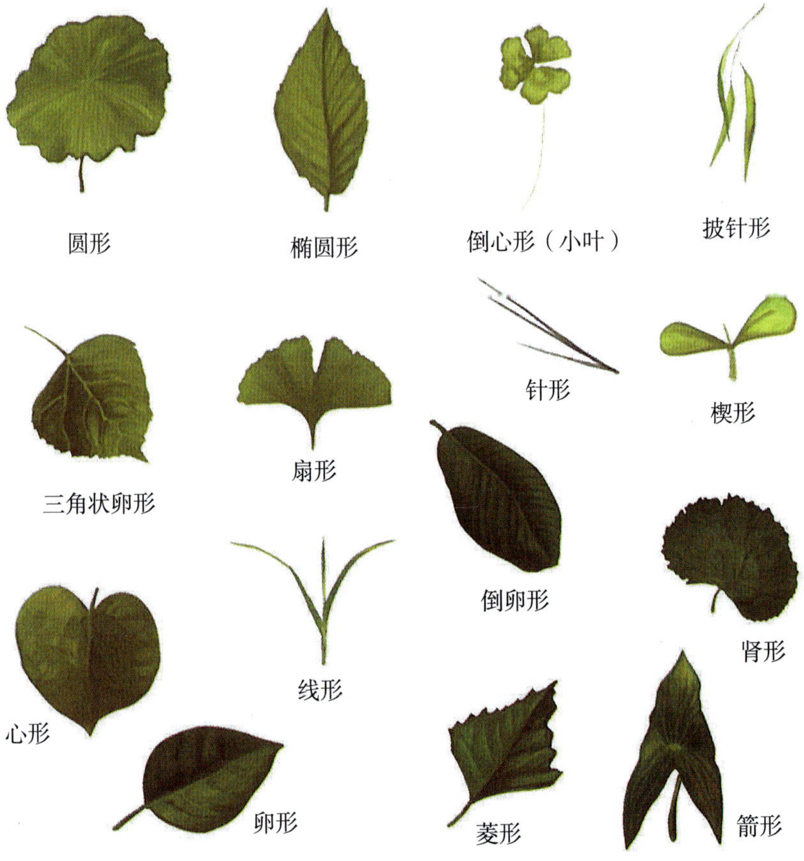
圆形
椭圆形
倒心形（小叶）
披针形
针形
楔形
三角状卵形
扇形
倒卵形
肾形
线形
心形
卵形
菱形
箭形

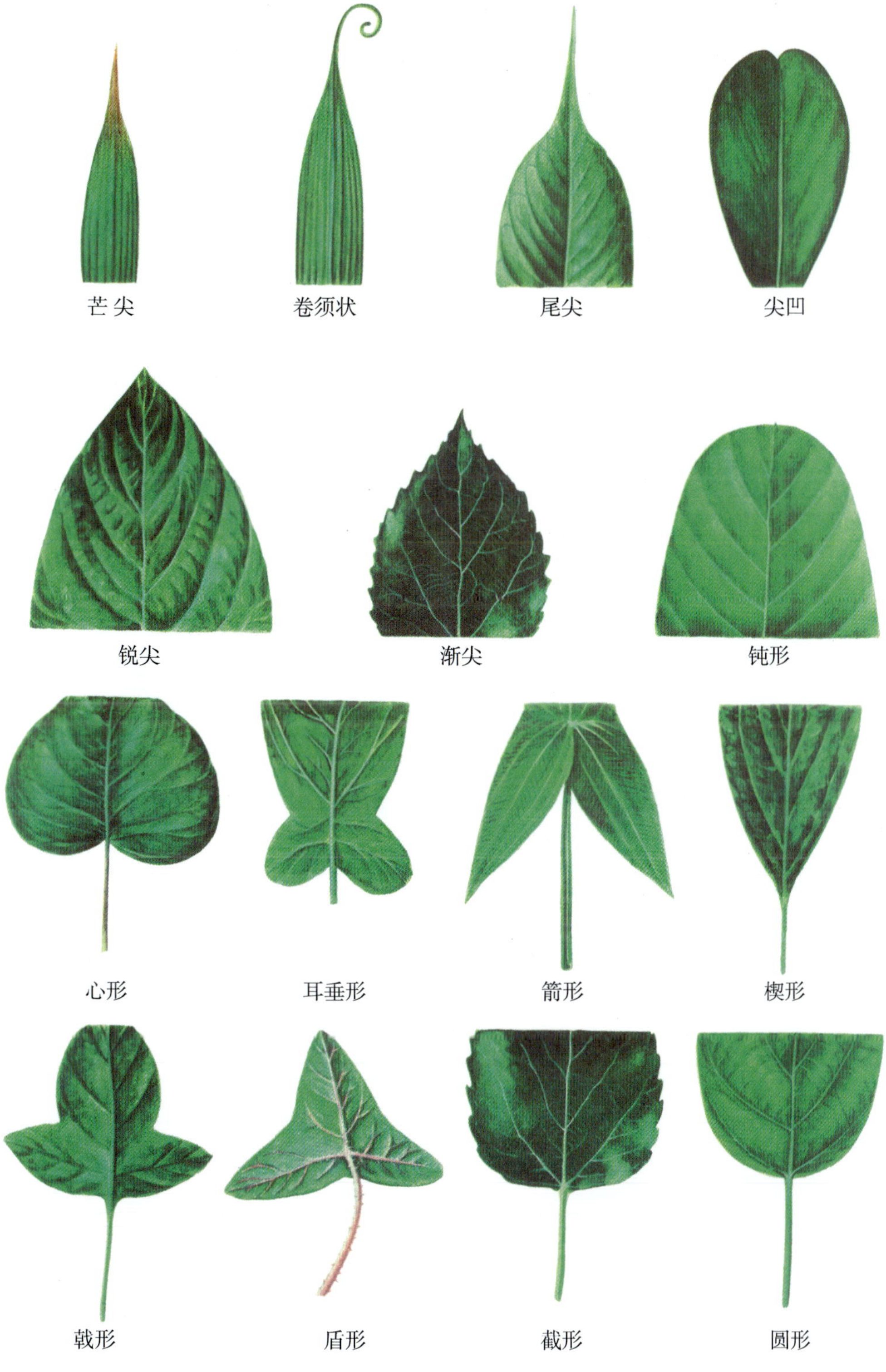

叶尖和叶基

全缘
牙齿缘
锯齿缘
重锯齿缘
凸波缘
凹波缘
三出浅裂
三出深裂
三出全裂
掌状浅裂
掌状深裂
掌状全裂
羽状浅裂
羽状深裂
羽状全裂

叶缘和叶裂

单身复叶
（柑桔）
偶数羽状复叶
（花生）
单 叶
（毛白杨）
奇数羽状复叶
（紫穗槐）
三出复叶
（大豆）
掌状复叶
（七叶树）
二回羽状复叶
（合欢）
三回羽状复叶
（南天竺）

单叶和复叶

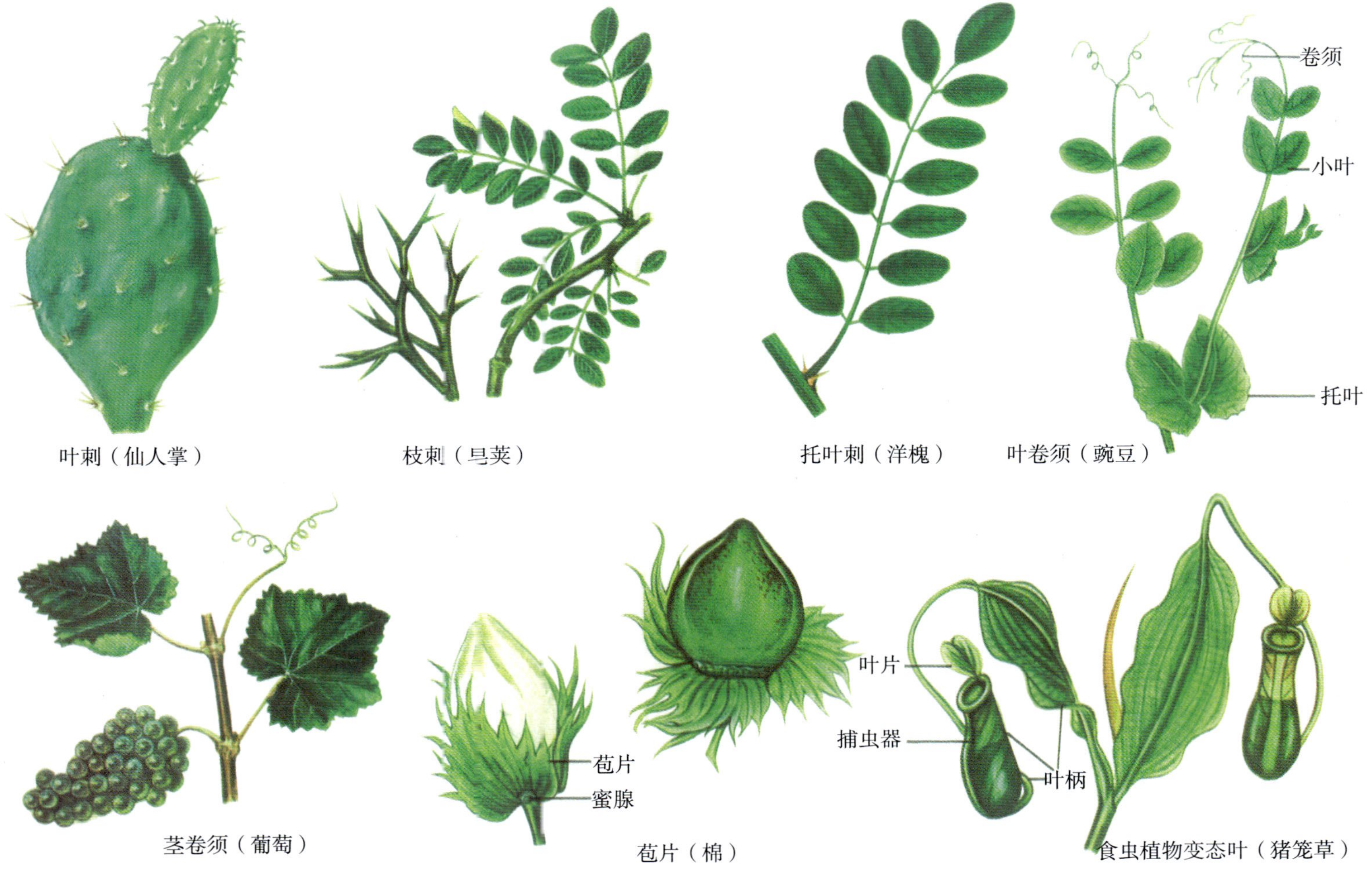
叶刺（仙人掌）
枝刺（皂荚）
托叶刺（洋槐）
卷须
小叶
托叶
叶卷须（豌豆）
茎卷须（葡萄）
苞片
蜜腺
苞片（棉）
叶片
捕虫器
叶柄
食虫植物变态叶（猪笼草）

茎和叶的变态

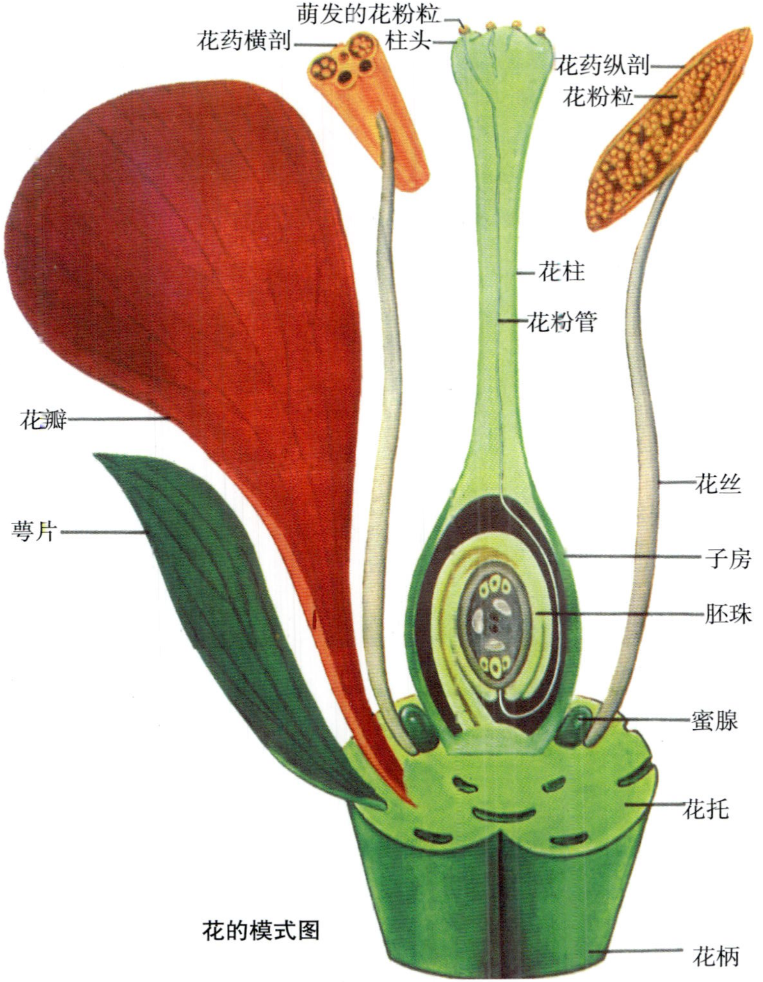

花的模式图

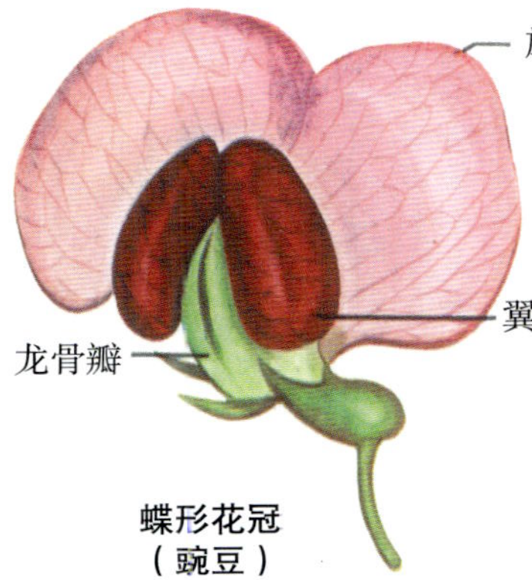

蝶形花冠
（豌豆）

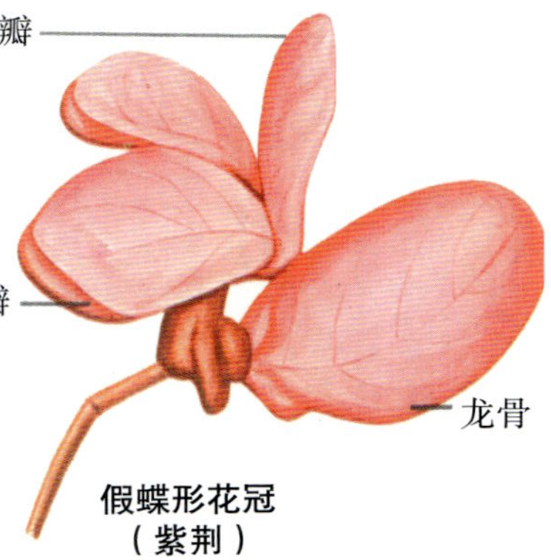

假蝶形花冠
（紫荆）

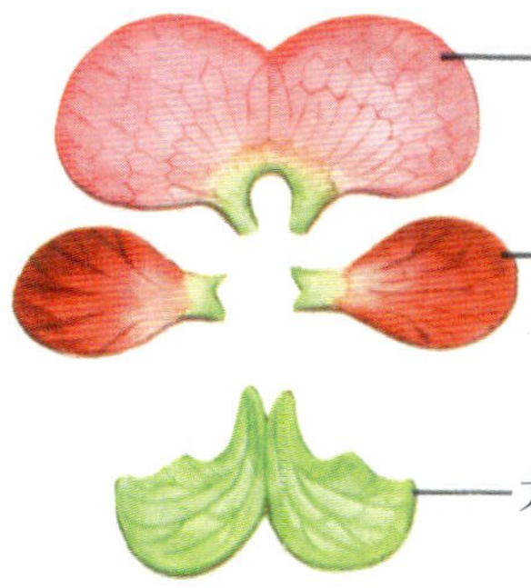

蝶形花冠展开图

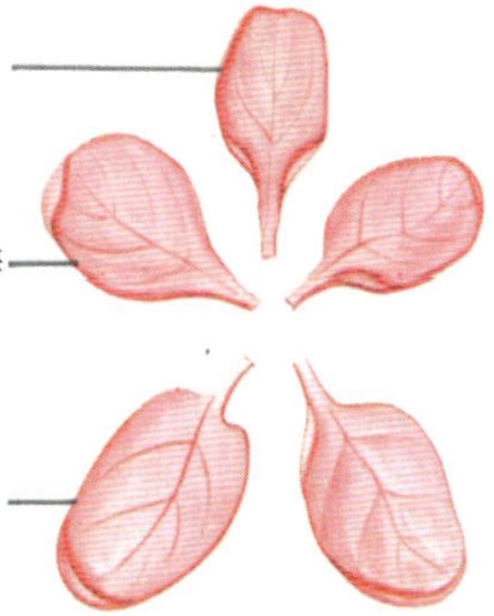

假蝶形花冠展开图

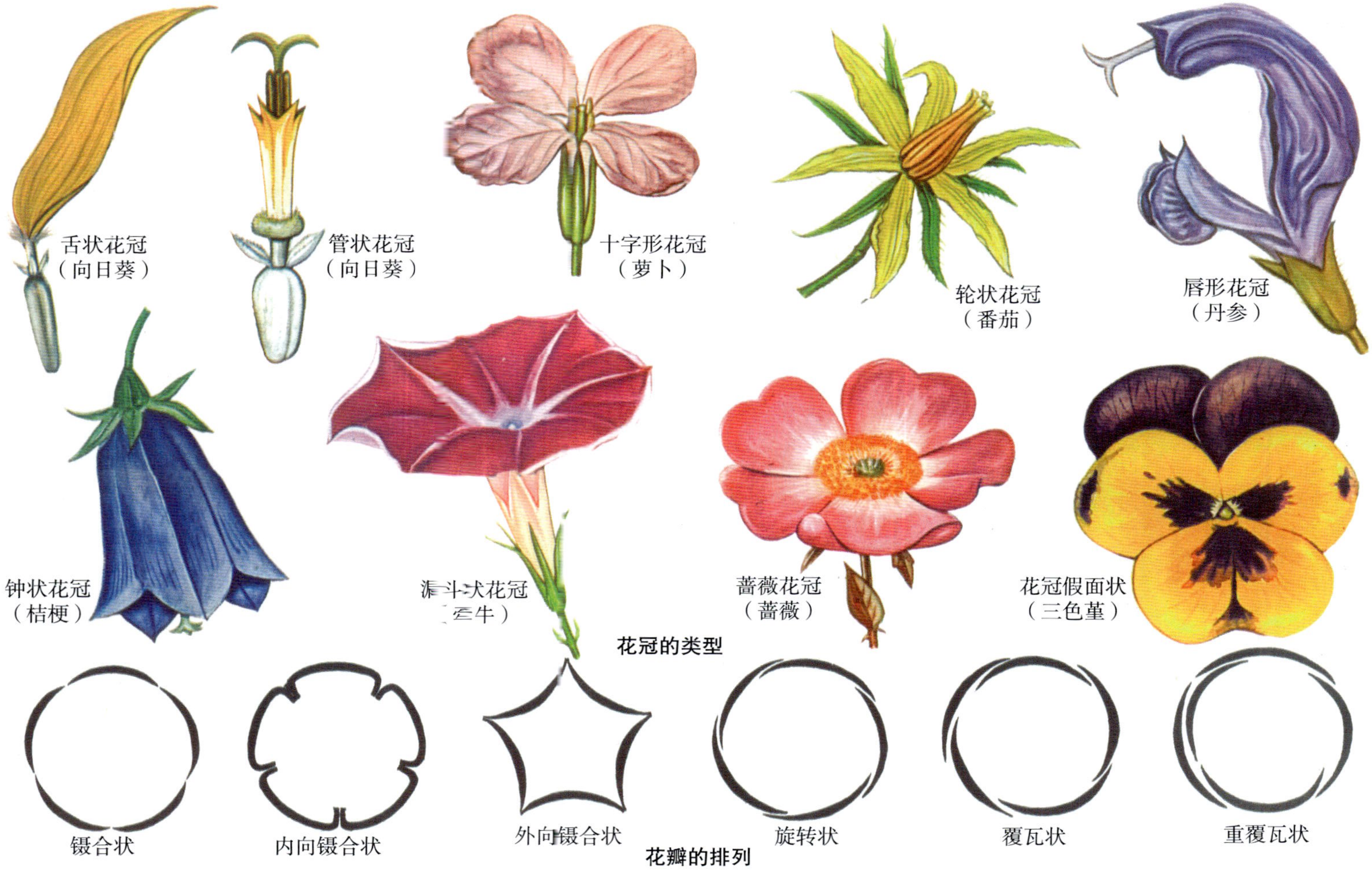

花的模式图及花冠类型、花瓣的排列

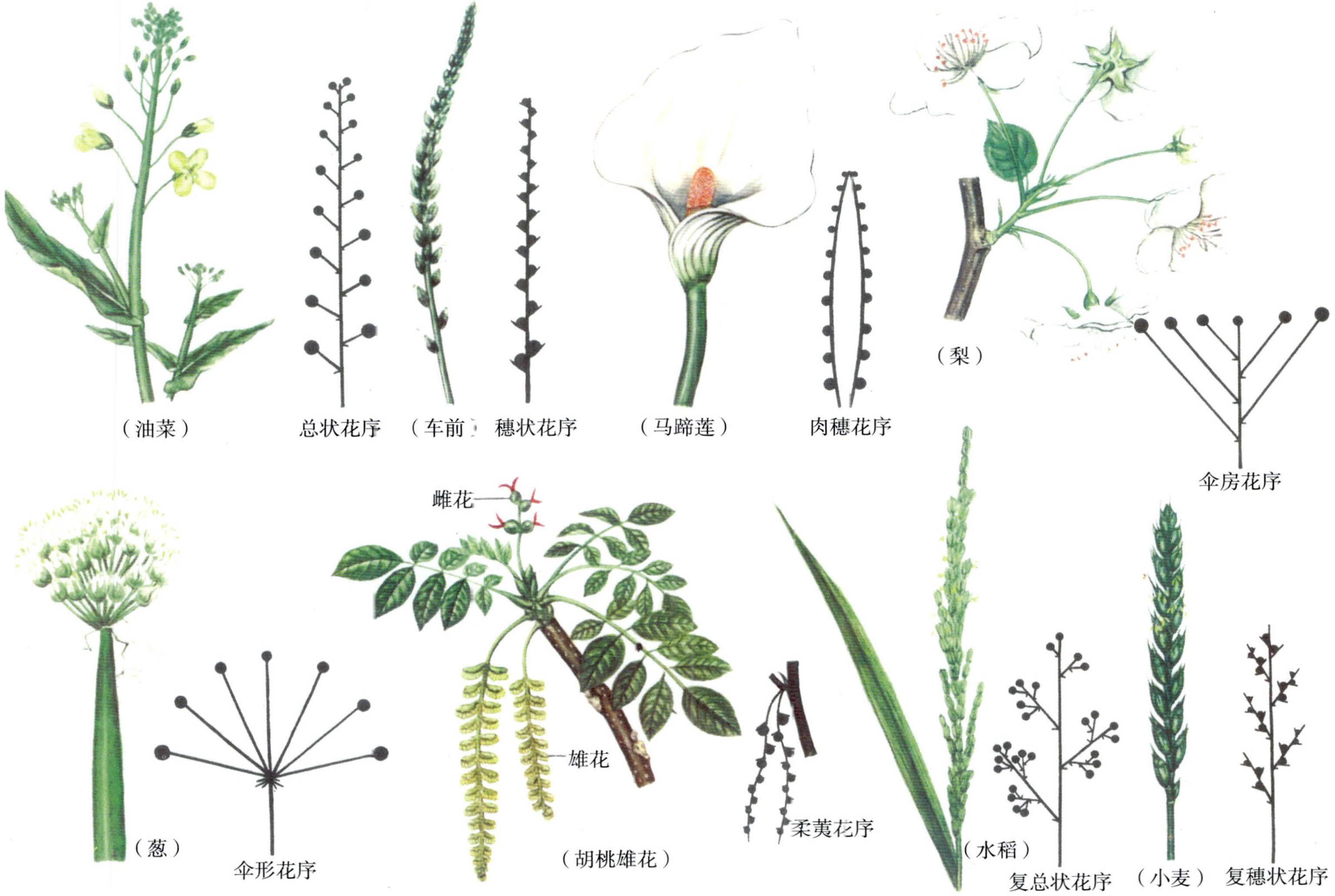
（油菜）
总状花序
（车前）
穗状花序
（马蹄莲）
肉穗花序
（梨）
伞房花序
（葱）
伞形花序
雌花
雄花
（胡桃雄花）
柔荑花序
（水稻）
复总状花序
（小麦）
复穗状花序

花序的类型（一）

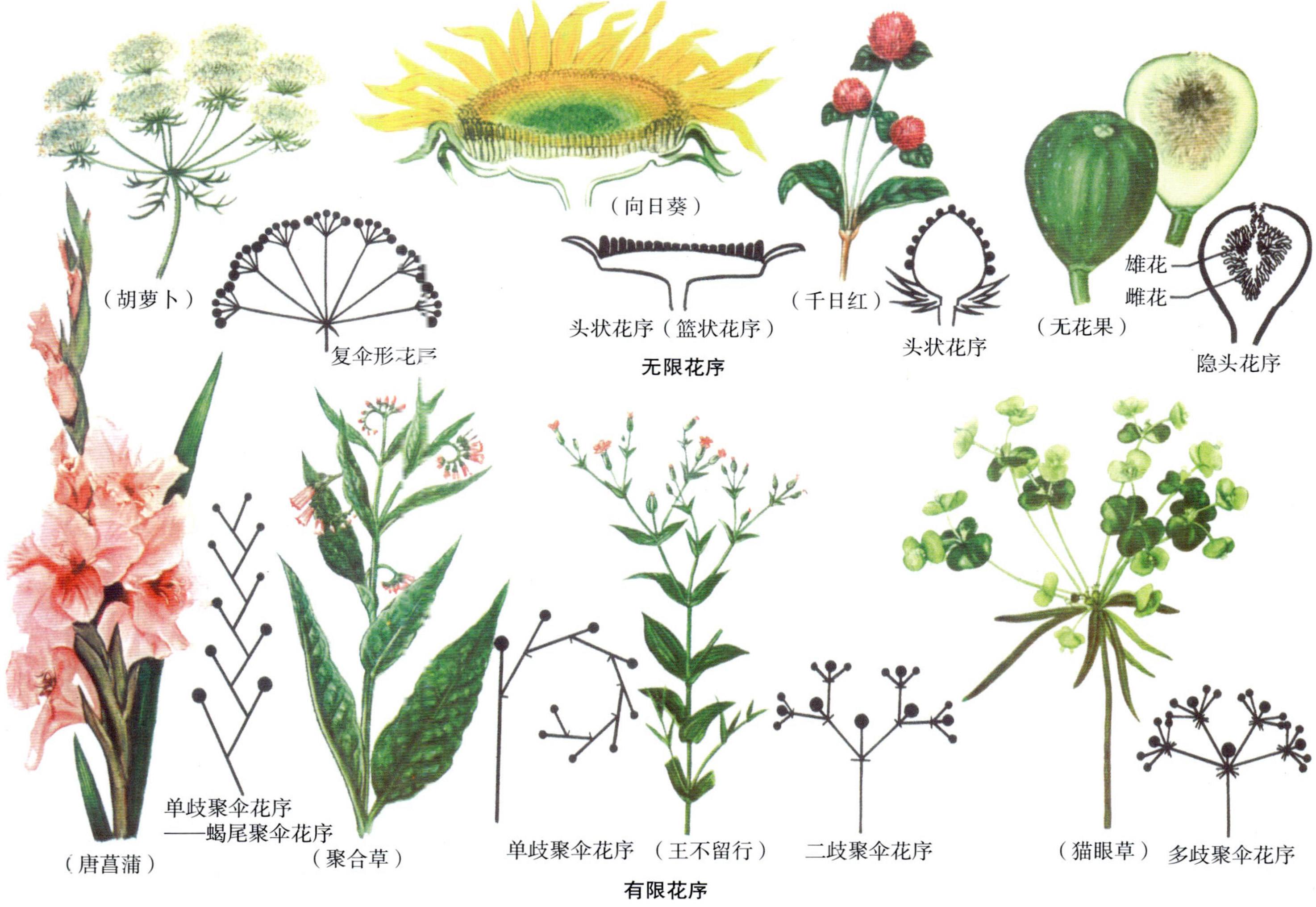
（胡萝卜）
复伞形花序
（向日葵）
头状花序（篮状花序）
无限花序
（千日红）
头状花序
（无花果）
雄花
雌花
隐头花序
（唐菖蒲）
单歧聚伞花序
——蝎尾聚伞花序
（聚合草）
单歧聚伞花序
（王不留行）
二歧聚伞花序
（猫眼草）
多歧聚伞花序
有限花序

花序的类型（二）

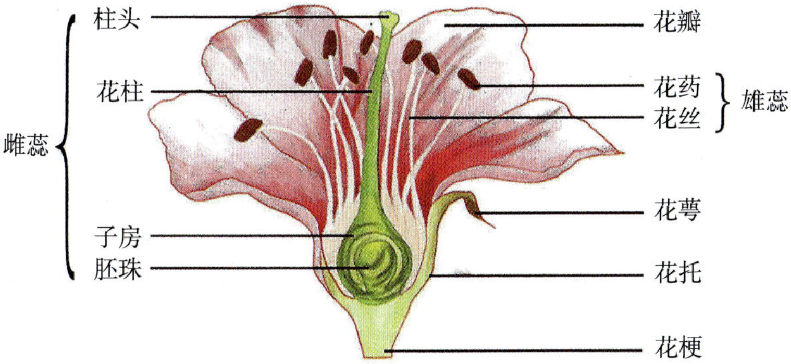

总状花序

伞房花序

伞形花序

穗状花序

柔荑（tí）花序

肉穗花序

头状花序

隐头花序

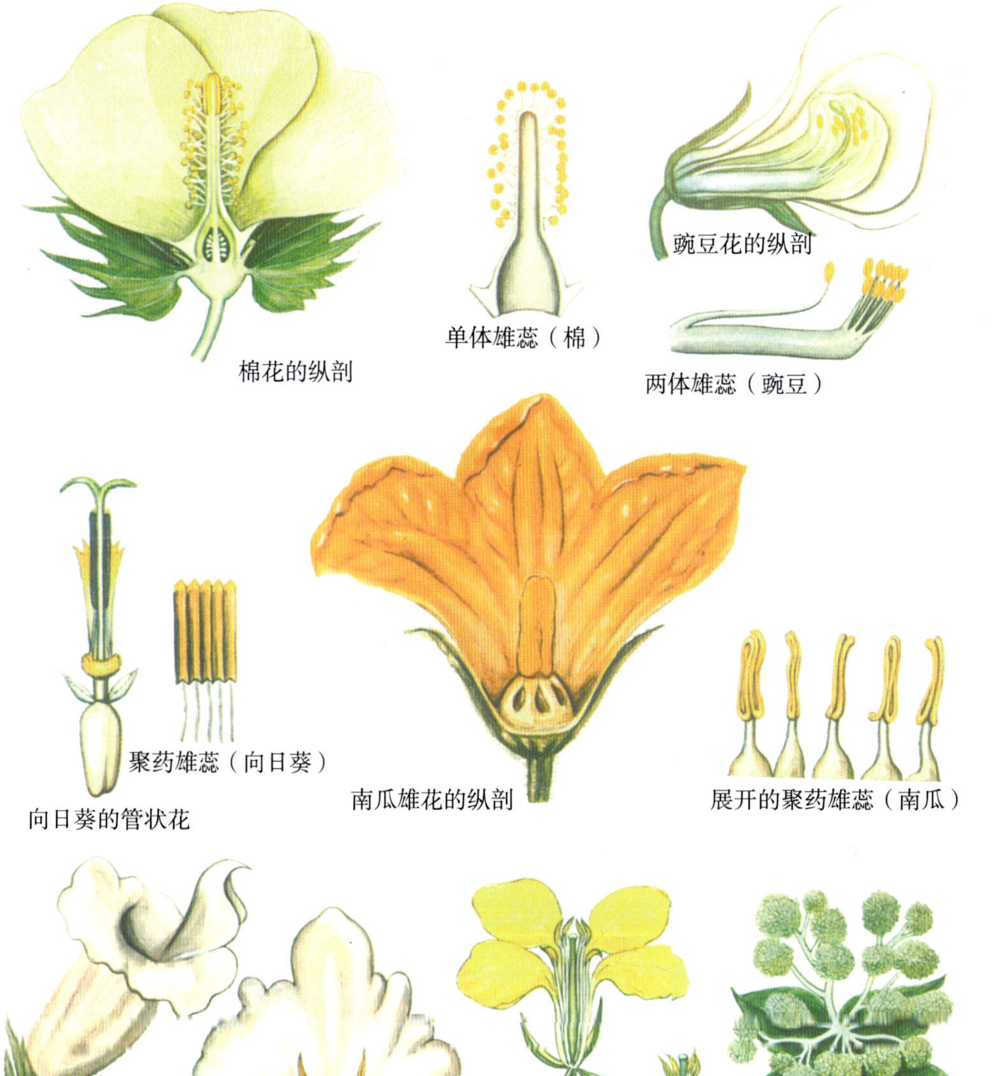

雄蕊的类型

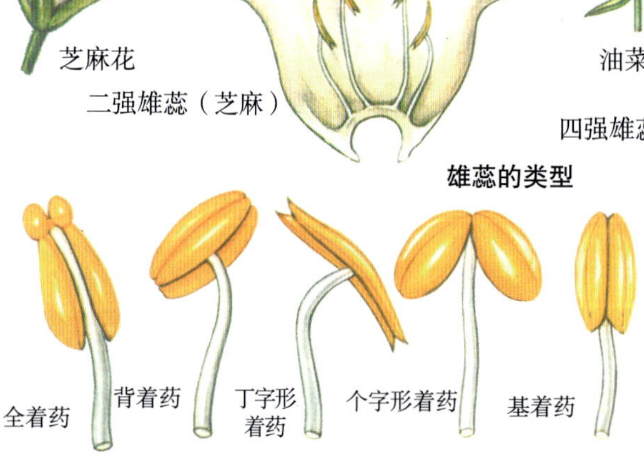

花药着生方式图解

花药开裂方式图解

雄蕊的类型及花药的着生和开裂方式

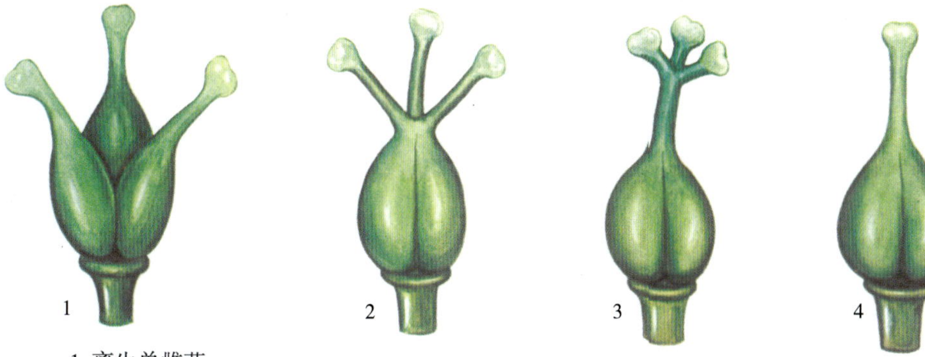

1. 离生单雌蕊

2、3、4. 复雌蕊

雌蕊类型模式图

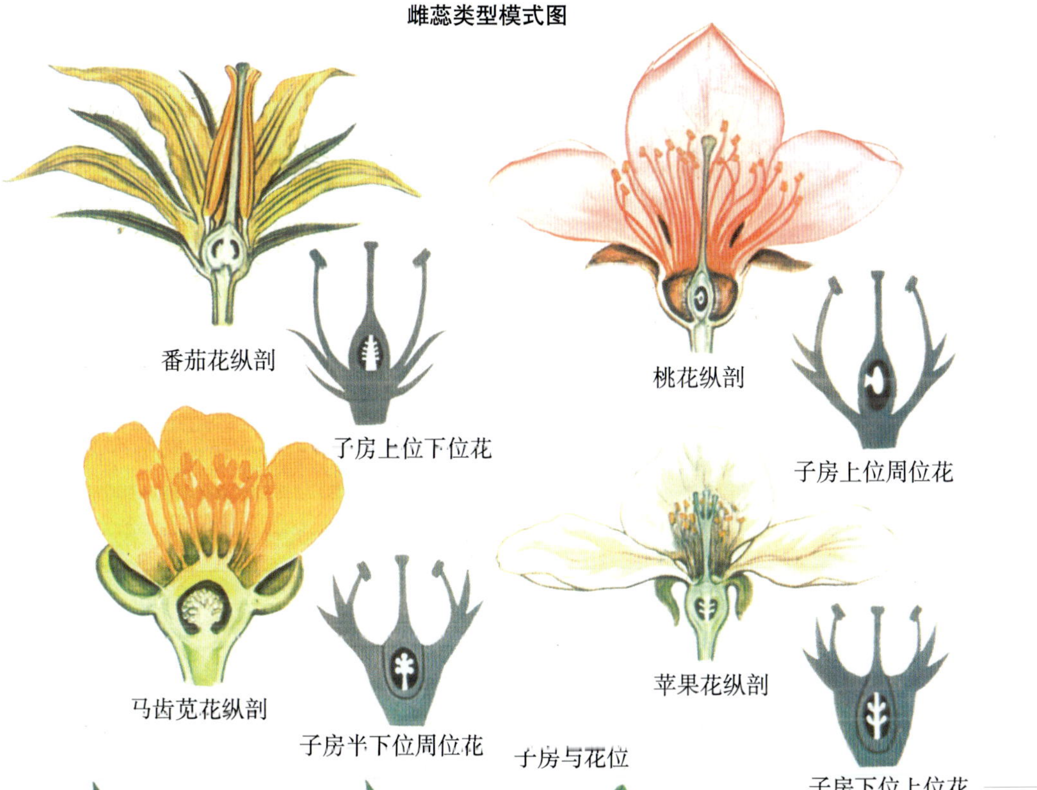

子房与花位

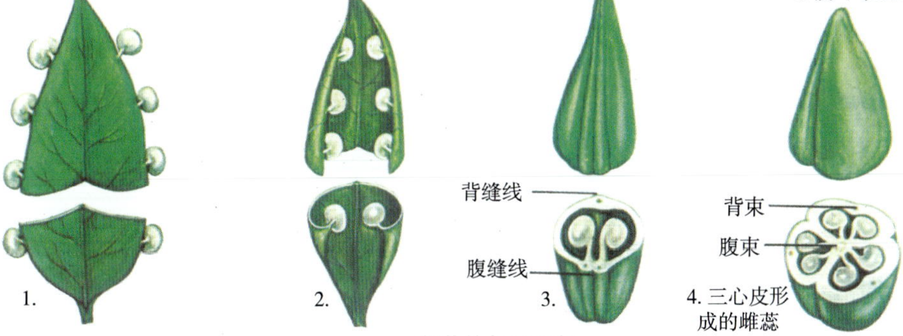

雌蕊的起源图解

雌蕊的类型和起源、子房与花位

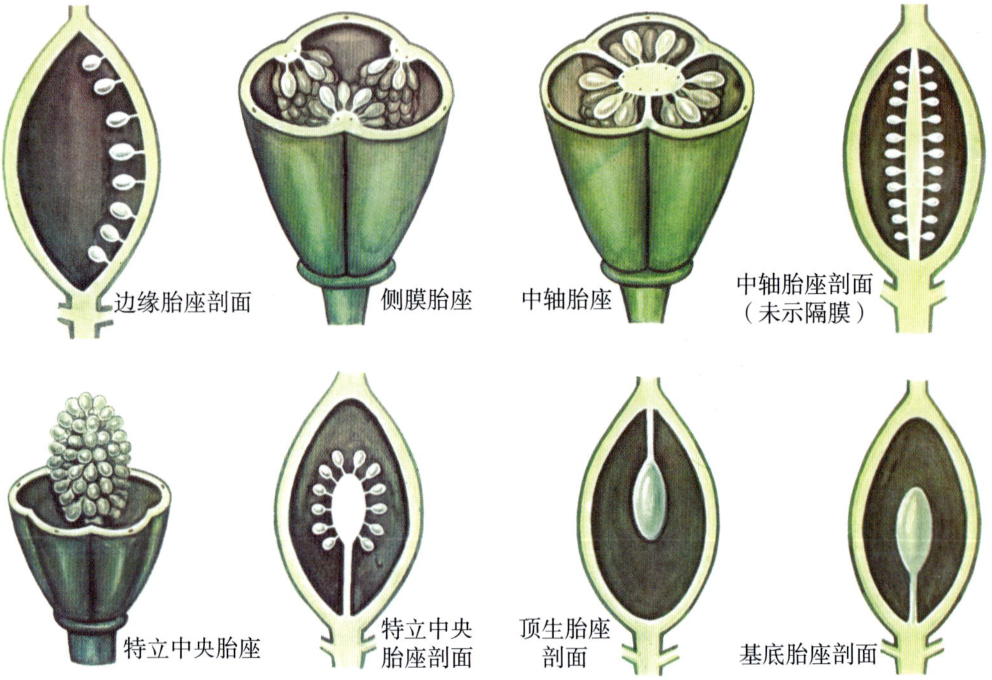

胎座的类型

果实的类型（单果中的肉果）

果实的类型（聚合果和聚花果）

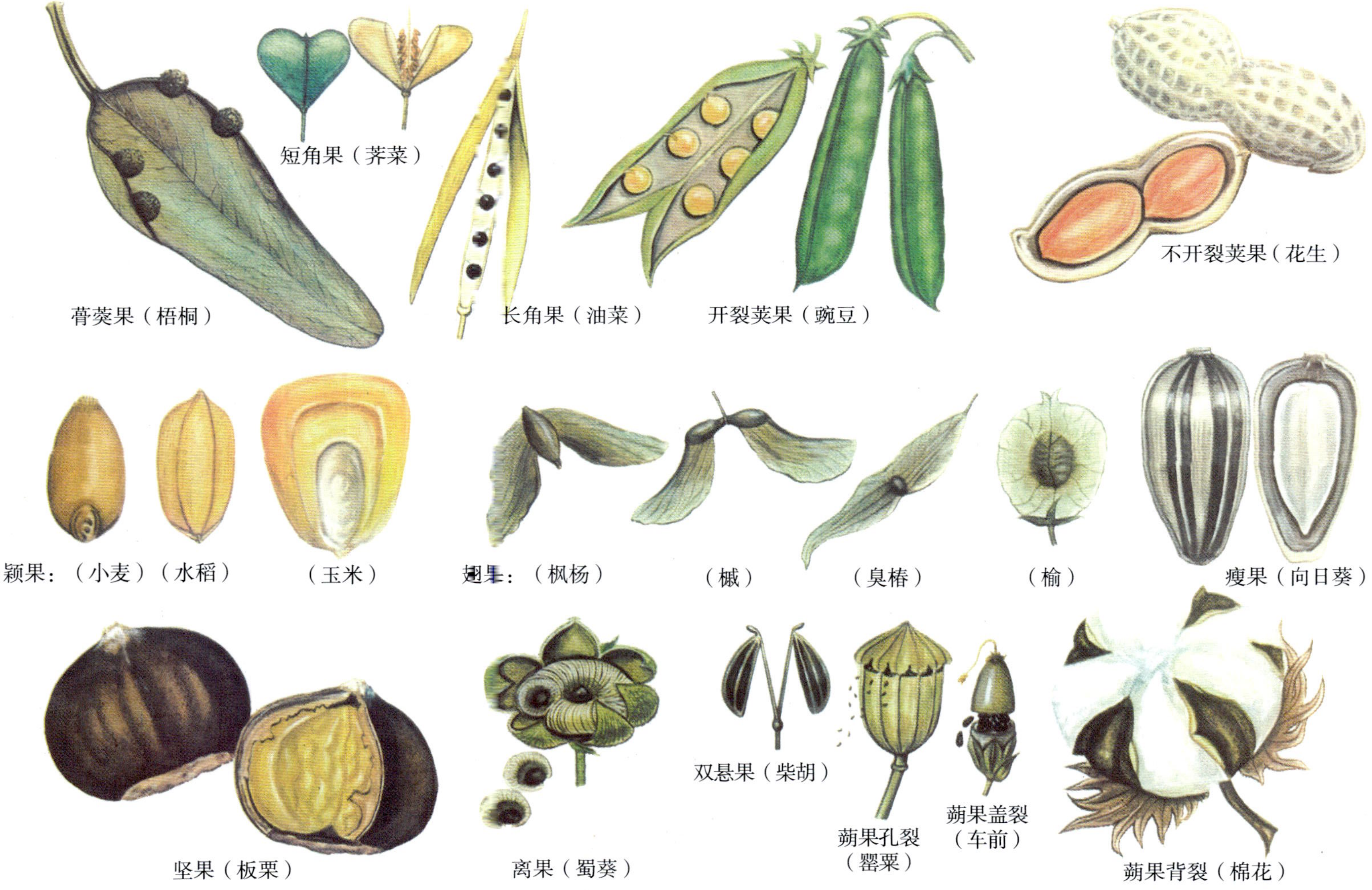

果实的类型（单果中的干果）

浆果

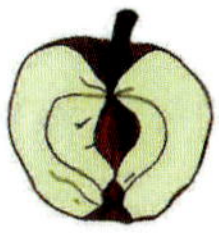
梨果

瓠（hù）果

双悬果

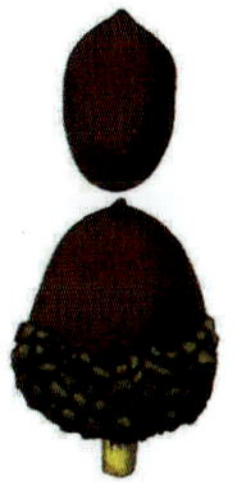
坚果

瘦果

翅果

核果

荚果

蒴果

颖果

长角果

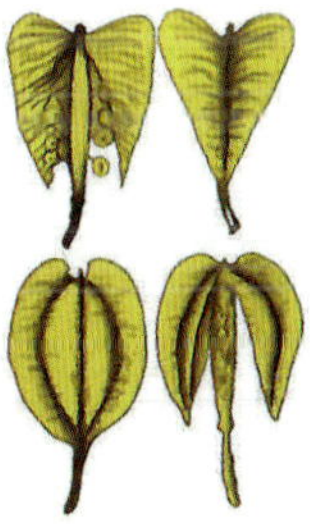
短角果

聚合果

蓇（gū）葖（tū）果

聚花果

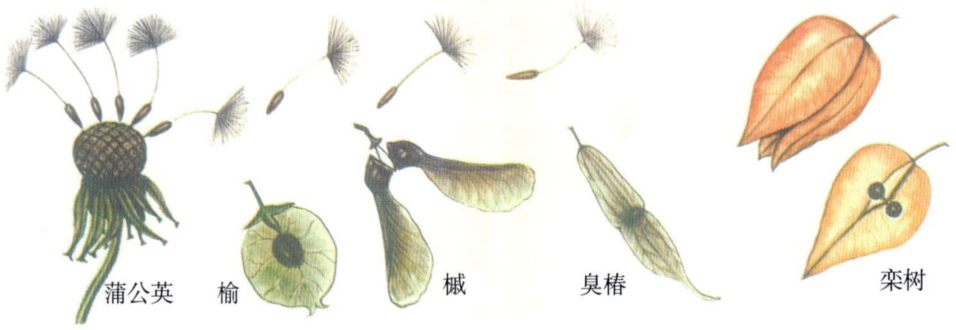

借风力传播

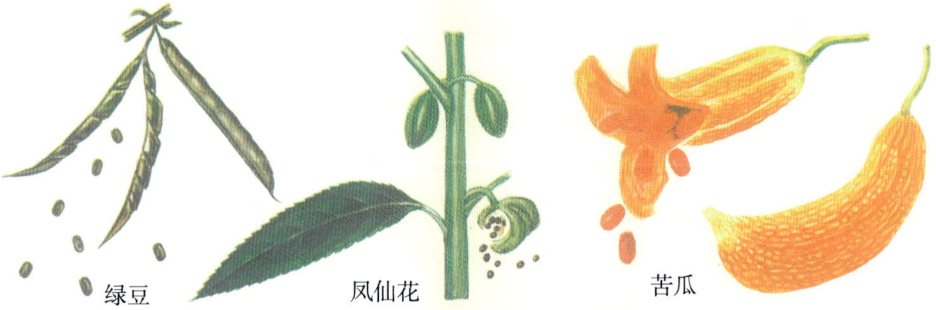

借果实裂开时的弹力和自落传播

借人类或动物的活动传播

借水力传播

果实和种子的传播

种子植物标本采集制作与鉴定教程

周建云　主编

西北农林科技大学出版社
Northwest A&F University Press
·杨凌·

图书在版编目（CIP）数据

种子植物标本采集制作与鉴定教程 / 周建云主编. 杨凌 : 西北农林科技大学出版社, 2024. 6. -- ISBN 978-7-5683-1418-3

Ⅰ. Q949.4

中国国家版本馆CIP数据核字第20248HN873号

种子植物标本采集制作与鉴定教程

周建云 主编

出版发行	西北农林科技大学出版社		
地　　址	陕西杨凌杨武路3号	**邮　编**	712100
电　　话	总编室：029-87093195		发行部：029-87093302
电子邮箱	press0809@163.com		
印　　刷	陕西大地印刷有限公司		
版　　次	2024年6月第1版		
印　　次	2024年6月第1次印刷		
开　　本	787 mm × 1 092 mm　1/16		
印　　张	15		
字　　数	355千字		

ISBN 978-7-5683-1418-3

定价：128.00元

本书如有印装质量问题，请与本社联系

《种子植物标本采集制作与鉴定教程》
编写人员

主　编：

周建云　西北农林科技大学

副主编：

李榜宴　西安建筑科技大学

周莉英　陕西中医药大学

李冬梅　西北农林科技大学

刘　清　陕西中医药大学

编　委：

赵　鹏　西北大学

费昭雪　西北农林科技大学

张玲玲　西北农林科技大学

于　航　西北农林科技大学

前　言

植物标本是对植物整体或局部，经过一定的手段处理之后，形成与植物原型以及特征基本一致的物品，具有能长久保存不变质的特点，是植物学课程教学、生物学科普教育、植物文化科普展览展示的重要基础资料之一。使用植物标本，能够使教学避免受区域性、季节性的限制，一年四季都可以观察各类植物的形态特征，便于长期反复观察与研究，加深学生对植物各个组织器官的认识。植物标本的意义并不局限于植物分类学的研究，采集与制作过程可带给人们对自然与生命的感悟，亲身体会大自然的美感。

本教程共分五章。第一章种子植物标本的采集制作，内容包括标本采集准备工作；标本采集方法；腊叶标本、浸渍标本、干花标本、叶脉标本及琥珀标本的制作方法。第二章种子植物标本鉴定，内容包括常见植物分类系统简介；植物的命名；植物分类检索表的编制与使用；植物标木鉴定的方法和程序。第三章种子植物标本的保存，内容包括国内外主要植物标本馆简介；标本的处理；标本保存方法。第四章种子植物形态术语，为读者掌握常用植物分类形态术语的概念提供参考。为了使读者尽快掌握植物种类的鉴定方法，熟练使用植物检索表，在第五章编排了平行检索表和定距检索表应用实例。平行检索表以陕西秦巴山区常见乔灌木的科为检索内容，定距检索表以陕西秦巴山区常见乔灌木的“属、种”为检索内容，方便读者对植物分类形态术语的理解和熟练应用，也可作为陕西秦巴山区乔灌木种类快速鉴定的工具。

本教程可作为高等院校植物学、林学、园林、风景园林、森林资源与保护、水土保持、中药学等相关专业《植物学》《树木学》《园林树木学》《观赏植物学》《植物资源学》《药用植物学》等的实习教材，也可作为高等职业技术院校林业、园林设计、环境设计等相关专业课程实训教材。同时，也可作为基层林业人员专业技能提升培训教材。

本教程在编写过程中，得到西北农林科技大学吴振海、何景峰等老师的悉心指导和全方位帮助，在此一并表示感谢。

遗漏和错误之处，欢迎读者提出批评指正，以便重新修订。

编者

2023 年 10 月

目 录

第 1 章　种子植物标本的采集与制作

1.1 准备工作

1.1.1 采集用具

在进行植物标本采集之前应将可能需要的采集用具准备完善，主要的采集用具根据其用途可分为采样用具、制样用具以及辅助用具。

（1）采样用具

采样用具包括用于整株采样的采集镐和用于部分取样的枝剪。采集镐可挖掘具有深根、块茎、球茎、根状茎的草本植物或灌木。枝剪用以剪断木本或有刺及纤维较发达的植物。其中，手剪用于低矮的植物或对已采样的植物进行修形处理等，高枝剪则可用于具有一定高度的植物采样。

（2）制样用具

①采集袋：采集袋可采用硬质塑料自封袋，用于暂时存放野外采集的标本。采满后整理好压在标本夹内，轻而便于携带。优点是野外工作较方便，但易划破，不耐用。

②标本纸：标本纸一般用不太光滑且吸水性强的麻纸，以粗麻纸或皱纹纸最好。纸张缺乏时可用报纸代替，用以吸收植物标本内的水分。在采集标本时，每隔 2 ～ 3 页标本纸夹一份标本。

③标本夹：压制标本的主要用具之一，标本夹（长 40 ～ 50 cm，宽 30 ～ 40 cm）采用宽 3 cm，厚约 5 ～ 7 mm 的坚韧木条制成，横条间距 3 ～ 4 cm，用小钉钉牢，四周用较厚的木条（2 cm 左右）嵌实。其作用为压紧标本纸和标本，使标本形态完整，花叶不致皱缩凋落。通常边采边夹，使用起来较方便，但采夹量较少，可用于野外采样以及后期制样。见图 1–1。

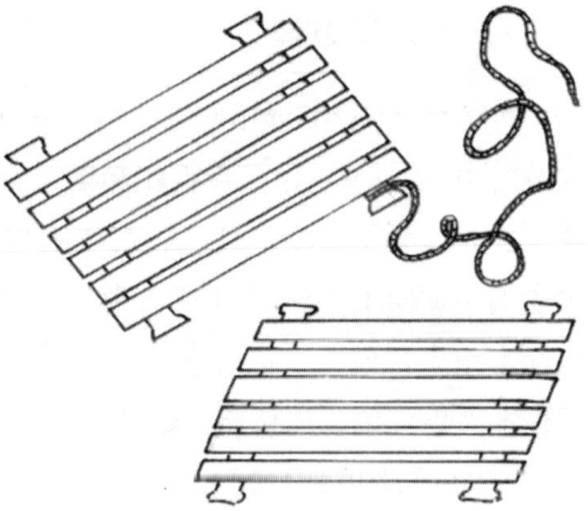

图 1–1　标本夹尺寸

④广口瓶和纸袋：用于保存花、果、

叶及采集种子。植物的花果一经压制，最易失掉原来的形态，为弥补此缺点，如遇特殊植物或作教学采用的标本时，除压制标本外，可采同一种植物的花和果实，浸放于盛有福尔马林或酒精的广口瓶，或存放于纸袋中，以便日后观察研究。

⑤标本采集记录册、标本号牌和定名标签：标本采集记录册用于记载植物各部分的应记事项。标本号牌可用网上出售的 3.6 cm × 2.5 cm 的 PVC 材质白色标签，挂在各个标本上。

（3）辅助用具

①手持放大镜：用于观察植物各器官的细微结构。体积小，方便野外携带。

②卷尺：用于测量树高、胸径等。

③ GPS：全球定位系统（Global Positioning System，GPS）是一种以人造地球卫星为基础的高精度无线电导航的定位系统，用于测量海拔、地理定位等，可提供不同植物的垂直分布界限、经纬度等信息。采集时，应详细记明采集地点、环境、海拔高度、植物名及用途或其他特殊事项。

④手电筒：用于野外在晚间行路照明和整理标本。

⑤解剖用具：主要包括体式显微镜、镊子和解剖针，体式显微镜用于观察更细微的植物解剖结构。

⑥其他用具：如铅笔、小刀、橡皮等文具用品，最好装于文具盒内，以免在野外丢失，还可带照相机、望远镜及雨衣、水壶等一些生活用品。

1.1.2 采集人员基本要求

采集人员须具有植物学专业知识，能正确地识别并完整地采集植物的特征器官；掌握交通安全、野外蚊虫叮咬防治、跌倒损伤防护等方面的安全知识。此外，还需专门携带负责管理药品及负责卫生保健工作的卫生人员。

1.2 标本采集

1.2.1 采集方法

种子植物标本采集时，应选择以最小面积且最具有代表特征的植物体各部分器官，并及时拍照。一般来说，没有花和果实的标本缺乏种类鉴定的依据，采集时尽量选择叶、花（或叶、果）齐全的枝条，最好附带二年生枝。若该植物典型特征是根、地下茎或树皮，则应同时采集少许压制。雌雄异株的植物，应分别采齐。每种植物至少采集 2 ～ 3 份标本作为备份，也可根据实际要求确定标本采集的份数。采集时应根据植物类型选择标本采集部位，用枝剪截取枝条，禁止用手折，以免伤树且影响标本美观。

（1）木本植物

标本采集一般在生长季节进行，应选择生长旺盛、无病虫害的植株，采集具有典型特征或带花（果）的枝条。对先花后叶的植物，应在同一植株上先采花，后采枝叶；雌雄异株或同株的，雌雄花应分别采取。尽量采集 2 年生枝条，因为 2 年生枝与 1 年生枝常有许多区别特征，且在 2 年生枝上还可观察到该种的芽鳞数量。采集好的枝条顶端勿剪，以区别于藤本。所采标本的尺寸应略小于台纸的长度和宽度，台纸一般长约 42 cm，宽 29 cm。

（2）草本植物标本采集

高大的草本植物标本采集方法一般与木本植物标本采集相同。矮小的草本植物的标本采集，除采集开花或结果的全株外，同时应采集地下部分，如根茎、匍匐枝、块茎、块根或根系等。

（3）藤本植物

剪取枝条中间一段，在剪取时应注意保留其藤本性状。

（4）寄生植物

采集标本时必须将寄生植物连同寄主上被寄生的部分同时采下，并把寄生种类、形态和寄生关系等记录在采集记录上。寄生植物如桑寄生、列当、菟丝子等。

（5）水生植物

水生植物的叶柄和花柄能够随着水的深度而增长，有些还具有地下茎。为清晰显示出花柄和叶柄的着生部位，采集时有地下茎的应采集地下茎。水生植物一提出水面，枝叶即彼此黏贴重叠，携回室内后常失去原来的形态，故而在采集时最好整株捞取，用塑料袋包好放在采集箱内。带回室内后应立即将其放在水盆中舒展，待枝叶恢复原来的形态时，用旧报纸慢慢从侧面浸入浮水标本下，轻轻将植株全部托出水面，立即放在吸水草纸里干燥并压制。

全株植物（包括根、茎、叶、花）采下后，先将花瓣舒展压放在草纸上，然后将茎、叶展平。为保持枝条原态，叶片正反面均应压平展示。若茎、根太长超过标本夹长度，可将茎或根折压在草纸上，其上铺几层吸水草纸，用木夹压紧绑好（图 1–2）。压在标本夹内的标本每天要翻晾数次以免霉变，每次应用干燥的吸水草纸替换标本夹原有潮湿的草纸。换下的潮湿草纸可晒干后循环使用。标本夹压标本主要是靠吸水草纸将植物的水分吸干。在野外如果没有标本夹，可用餐巾纸或卫生纸代替吸水草纸，夹在纸板或塑料箱板中用绳绑紧，或将植物的叶或花夹在笔记本中，待回去后精细制作。

图 1–2　压制标本

1.2.2 野外记录

植物的种类鉴定必须依靠实物标本，而反映标本基本特征的主要依据是野外原始记录。植物标本的产地、时间、生长环境及习性对于标本的鉴定、分析研究和使用具有重要的参考价值，这些原始信息不可能都填写在号牌上。同时，标本的压制无论如何精细，但与它在生活状态时相比，总会有些改变，部分特征如气味、花、果实的颜色、斑纹、腺点等很容易发生变化。因此，在标本采集过程中必须做好野外记录，并将较长的项目内容记入专门的记录本中，它是野外工作不可缺的档案之一。若采回的标本缺乏详细记录，日后记忆模糊，就不可能对这一种植物进行完全了解，给种类鉴定工作带来困难，因此，记录工作和采集工作是紧密联系的，是野外采集过程中极为重要的一环。在进行野外采集之前必须准备足够的采集记录纸（表 1-1），随采随记。只有熟练掌握野外采集、记录的方法，才能保证采集工作的顺利进行。

记录工作应掌握 2 条基本原则：一是在野外能看得见，而在制成标本后无法显示的内容；二是标本压干后会消失或改变的特征。例如：产地、生长环境、习性；叶、花、果的颜色；有无香气和乳汁；采集日期以及采集人和采集号等。记录时应该注意观察，在同一株植物上是否有不同叶形，若采集时只能采到其中一种叶形，则应将该种植物全部的叶形收入记录。禾本科植物（如芦苇）或高大的多年生草本植物，通常采集时只能采到整个植株的局部，因此必须将它们的高度、地上及地下茎节的数目和颜色记录下来，这样采回来的标本对植物分类工作者才有价值。

表 1-1　XX 大学植物标本室采集记录

采集号：		
采集时间：　　年　月　日		
采集地点：　省　县（市）　乡（镇、街办、林业局）　村（林场）		
生境：		多度：
海拔：　m	经度：	纬度：
体高：　m		胸径：　cm
叶：		树皮：
花：		
果实：		
根：		
茎（树干）：		
附记：		
科名：		署名：
种中文名（别名）：		
种学名：		
采集人：		

采集标本时按照以上采集记录的格式逐项填好后，必须立即用带有采集号的小标签挂在植物标本上，同时要注意检查采集记录上的采集编号与小标签上的编号是否一致。

（1）记录时间

野外记录原则上是边采集边记录，不要拿回居住地或第二天根据回忆记录，以防遗忘植物典型的生活环境特征，不利于植物调查的开展。

（2）记录用笔

记录本上的采集号必须与植物标本上挂的小标签号码保持一致，以免混乱。为防止雨淋、潮湿以及标本消毒浸泡等导致记录信息褪色，野外记录建议用铅笔（HB）或不会褪色的碳素笔填写。

（3）各项记录要点

①采集号

如何编号没有明确的规定。可使用本单位部门的统一号，避免重复。也可用年月编号，但不需用号太多，以免繁冗。专门从事野外采集或分类鉴定者可建立逐年累积号；协作课题工作者可分省区编号。若以年代累计为编号，如：202206001 或 2022001。若采集人数较多，为避免重复，可分队编号，如规定一个队 100 个号，如 2022001 ～ 2022100 为一个队，而另一个队使用 2022101 ～ 2022200，以此类推。同一采集人采集号要连续不重复，同种植物的备份标本要编同一号码。

②采集时间

所记录采集标本的时间必须准确，如 2022 年 5 月 10 日，日期错误将误导形态判断。

③采集地点

采集地点可以问当地带路人，也可以用手机上的地图定位查询，填写的地名在当地必须通用。必须写到…省…县…乡（镇）或者…省…县…林业局…林场…林班等，较固定的小地名也应写出来。小地名需咨询当地人，便于以后他人采集标本时寻找。植物的生长状态、药用植物的功效、资源植物的利用都与采收地有关。

④生境

本项务必填写，强调采集样品分布最多的环境，如生长在“林缘、路边、灌木丛等”，分布在“潮湿的水沟、树桩上、喜生于岩石上、腐生、寄生等”。

⑤海拔、多度、经度、纬度

海拔一定要填写，多个单一标本的海拔构成该物种分布幅度；多度是指记录标本处该物种分布的多少，可用极多、较多、少见表示。

⑥叶

凡是制成标本后会改变的特征必须记录，如颜色、白粉、斑纹、特殊毛、腺毛、极稀疏毛、乳汁、腺点形状颜色等，无须记录制成标本前后无变化的特征，如羽状复叶、叶对生、披针形等。

⑦花

记录比较特殊的且干燥后容易变色的部位，如花萼、花冠、花冠形状、雄蕊、花药、花蕊颜色、花序及单孕花的颜色等。重点是单孕花不同部位的颜色要准确。不必记录比较明显的特征。

⑧果实

具有果实的植物必须采集果实，记录采集时果实的颜色和剖开后果实内部的颜色，种子数量、颜色、气味，是否开裂等情况也须登记。当果实特小或特大时，须野外测量并记录其特征。

⑨根

草本植物必须挖根观察，记录其表面颜色、形状特征、皮孔及分支特点、断面颜色有无特殊特征（乳汁、同心环等）、有无刺激性味道等。

⑩ 茎（树干）

木本植物注意树皮颜色、枝条颜色、皮孔形状、有无分泌物、气味等，若药用茎可剥一小段皮进行观察，切忌大面积剥皮；草本植物应注意观察质地，实心或中空，表面特征的平滑、沟槽等。

⑪ 附记　记录与标本相关的其他信息。

⑫ 科名、种中文名（别名）、种学名

记录在野外初步判断的科属种名称，以及当地人叫的异名、俗名等。种学名是指该种的拉丁学名，如果采集人员记得可直接填写，如果不记得或者不确定，可在鉴定后补充填写。

⑬ 采集人

采集人填写实际采集和记录的所有人姓名。为了科学地写好植物的野外记录，采集人必须重视以下几点：

A. 野外工作前认真学习并掌握有关植物形态分类的基本术语。

B. 坚持实事求是，应如实详细记录植物的形态特征，诸如雄蕊的数量、植物根及块根的形态、叶片气味等。

C. 采集记录要装订成册，附上封面，注明采集地、时间、主要采集人等信息。

1.3 腊叶标本制作

腊叶标本又称压制标本，是将新鲜的植物材料压制并使之干燥后装订在白色硬纸（台纸）上制成的标本，是目前应用最为广泛的植物标本类型。腊叶标本对于植物分类工作意义重大，它使得植物学家在一年四季中都可以观察到来自不同地区的标本。16 世纪后半期植物分类的迅速发展在相当大的程度上是由腊叶标本这种新技术促成的。一些大的植物标本馆收藏有上百万份的腊叶标本，植物学家借助于这些标本从事描述和鉴定。

作为科普展览展示用的植物标本，或者作为装饰用的植物标本在制作的过程中对于标本是否平整、美观、色彩保持有更多的要求，具体制作程序如下。

1.3.1 整形

对采集到的标本按照代表性强、面积要小的原则作适当的修剪整形，剪去多余密叠的枝叶，以免遮盖花果而影响观察。较长的植株可折成“V”状、状“N”或“W”状再压。若 10 朵花聚集在一起时，一般留 4 ～ 5 朵为宜，注意保留一小段花、果、叶梗，以保持原来的生态情况。然后将标本的枝、叶、果、花展开平放，避免重叠。尽量使标本既保持自然状态又展现出美感。若叶片太大不能在夹板上压制，可沿着中脉一侧剪去全叶的百分之四十，保留叶尖；若是羽状复叶，可以将叶轴一侧的小叶剪短，除了保留小叶的基部以及小叶片的着生部位，还应保留羽状复叶的顶端小叶。对肉质植物如景天科、天南星科、仙人掌科等应先用开水杀死球茎、块茎、鳞茎，并且切除一半再压制，便于干燥。

1.3.2 压制

整形、修饰过的标本应及时挂上小标签。以有绳子的一块木夹板做底板，上铺吸水纸 4 ～ 5 张。压制前，检查校正花、叶的位置，方便全面观察。若枝叶拥挤、卷曲时要拉开伸展，叶片压制应正反面都有。平铺时须将标本的首尾不时调换位置。在一张吸湿纸上放一种或同一种植物。然后将标本逐个与吸湿纸相互间隔，平铺在平板上（图 1–3）。这样层叠摆好、放齐，最后将另一块木夹板盖上，用粗绳捆紧标本夹，把整理好的标本夹在干燥的旧报纸或草纸中，用标本夹压起来，或者放在两块木板中间，上面用书或砖头等身边易获得的重物压紧，并置通风处。茎干过长的草本或藤本植物可作“N”“V”“W”形的弯折，见图 1–4。

图 1–3　植物标本的压制

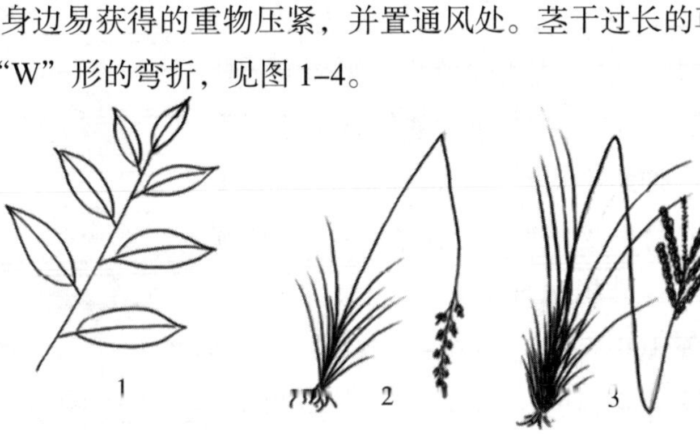

图 1–4　植物标本的形状（1.“I”字形，2.“V”字形，3.“N”形）

1.3.3 换纸干燥

换纸频率和草纸干燥程度是压制标本成败的关键。压制的第一天，每隔 5 小时换一次干纸，次日可每天换干纸 2 次，再过 2 天，24 小时换一次。一般植物标本需要换纸 3 ～ 7 天，也可在第三天换纸后，增加压力（夹内有 250 ～ 300 份标本的夹板，可施加 125 ～ 150 kg 压力）。需注意的是，若两天内不换干纸，标本则颜色转暗，花、果及叶脱落，甚至发霉腐烂。标本在第 2 ～ 3 次换纸时，对标本要注意整形，使之枝叶展开，不使折皱。易脱落的果实、种子和花，要用小纸袋装好并做好相应标记，放在标本旁边，以免翻压时丢失。多雨地区，每日换干纸 2 次，可置于微火上烘烤，大约 3 ～ 4 日可制干。

（1）初次换纸时必须将标本上的叶子翻转，使标本上保持有腹面和背面两种叶子，如果标本的枝叶过密时还可以适当地疏剪去一部分。

（2）初次换纸时必须将覆压的枝条、折叠的叶和花等展开，这是压制标本好坏的关键。

（3）在换纸的过程中，发现叶、花、果脱落或多余部分须放入纸袋中与标本压在一起，但必须在纸袋外面写上与标本相同的编号避免混乱。连续换纸 6 ～ 8 天，即可使标本全部干燥。

此外，兰科、天南星科、景天科等植物的营养器官厚而多肉，用以上的压制方法处理，数日不能干燥，而且还能继续生长。因此这类植物压制时最好放在沸水内煮 0.5 分钟至 1 分钟，将其外层细胞杀死，促进干燥。大戟科植物有些种类压制时容易落叶，压制后只剩枝条，失去原有形态，也可先以少量食盐沸水浸 0.5 ～ 1 分钟，再以 75% 酒精浸泡，待稍风干后再进行压制。

1.3.4 干燥器干燥

标本也可用便携式植物标本干燥器烘干，见图 1–5。其工作原理是通过轴流风机将聚热室中的普通电炉丝和红外辐射同步加热的热气流均匀地吹向干燥室，这些热气流从瓦楞纸中间的空隙穿过，能够将植物标本中的水分迅速带走，使之快速干燥。标本压制方法与上述一样，不同的是在每份或每两份标本之间插入 1 张瓦楞纸，以利水汽散发。体积为 50 cm^3 × 30 cm^3 × 30 cm^3 的干燥器每次可干燥 100 ～ 120 份标本。标本上的枝、叶干燥一般耗时 20 ～ 24 小时，花、果因类型不同干燥耗时有所不同。利用干燥器压制标本，不需要人工

图 1–5　植物标本干燥器

频繁地更换和晾晒吸水草纸，能够提高干燥速度，降低工作量。标本更不会因频繁换纸而损失，亦不受气候影响，且能较好地保持标本的色泽。干燥器所用的红外辐射还具有杀虫、灭菌作用，有利于植物标本的长期保存。

1.3.5 标本临时保存

标本干后，若不马上缝合于台纸（一种比较硬质的纸张，用于植物标本的固定），可在吸水草纸中保存较长时间。如吸水纸不够用，也可用报纸代替。

1.3.6 装帧

标本压制干燥后即可装订，装订前对标本消毒和做最后定形修整，然后缝合在规格为 30 cm × 40 cm 的台纸上。一张台纸只能订一种植物标本，标本的大小、形状、位置要适当地修剪和布局，用棉线或纸条固定于台布上，也可用胶水粘贴。固定时要顺其自然，稍加摆布，使标本各个部分，尤其是叶的正背面均得到展现，也可以根据实际情况再次取舍整形，但要注意保持标本的特征。固定时可将纸条两端粘在台纸上，或用小刀在固定处切一道小口，把纸条的端头穿过小口，贴在台纸的背面，也可用白棉线把标本的茎或枝缝在台纸上。体量较小的植物标本或枝条柔软的标本，可直接用胶水涂在标本的背面，直接粘贴在台纸上。台纸上应留出空位，以便贴上鉴定名签和野外采集记录。脱落的花、果、叶等，装入小纸袋，粘贴于台纸上。将野外记录贴在左上方，照片、散落物小袋等贴在其他角落。标本布局应注意匀称均衡、自然。装订后的标本再经过消毒，夹纸或装入塑料袋保存于专门的标本柜中。标本消毒也可在装订前进行，一般用 75% 酒精消毒，条件许可时，也可用 $HgCl_2$ 消毒。

有些不易上台纸装帧成腊叶标本的种类或器官，可参照下列方法处理：

（1）常绿、针叶带球果标本，如云杉、油松等，可待其干燥后托以棉花放入标本盒中。

（2）树皮标本可干燥后钉、贴于薄板上，存于塑料袋中。

（3）不宜压制的果实、花及含水高的枝叶，可制成液浸标本。程序为：清洗标本，缚于玻璃棒（条）上；放入药液标本缸中，药液应浸没标本；蜡封瓶盖；贴上标签。

1.3.7 贴鉴定标签

上完台纸后，要在台纸下方贴上鉴定标签。鉴定标签必须写清楚标本鉴定的中文名、拉丁学名、鉴定人及鉴定时间。最后将一张与台纸同样大小的硫酸纸贴在台纸上端边缘上，使标本得到保护。定名签填好贴右下角，此签不得随意改动，对定名签鉴定的名称有异议的，可另附临时定名签。

1.4 浸渍标本制作

用化学药剂制成的保存液将植物浸泡起来制成的标本叫液浸标本或浸制标本。主要用途是为了满足教学、科研展览或陈列展览等，植物整体和根、茎、叶、花、果实各部分器官均可以制成浸制标本。尤其是植物的花、果实和幼嫩、微小、多肉的植物，经压干后，容易变色、变形，不易观察。制成浸制标本后，可保持原有的形态，这对教学和科研工作具有重要的意义。

植物液浸标本根据不同要求，常见处理方法有以下几种：

（1）整体液浸标本：将整个植物按原来的形态浸泡在保存液中。

（2）解剖液浸标本：将植物的某一器官加以解剖，显露出主要观察部位，将之浸泡在保存液中。

（3）系统发育浸制标本：将植物系统发育如生活史各阶段的材料放在一起，浸泡于保存液中。

（4）比较浸制标本：将植物相同器官但不同类型的材料放在一起浸泡于保存液中。

在制作植物的浸渍标本时，要选择发育正常，具有代表性的新鲜标本。采集后，先在清水中除去污泥，经过整形，放入保存液中。若标本浮在液面，可用玻璃棒暂时固定，待细胞吸水后，即自然下沉。

1.4.1 普通浸渍标本制作

浸渍标本的制作，主要是保存液的配制，常用的方法是将市售的福尔马林用清水配成 5% 或 10% 的溶液（表 1–2），放在标本瓶（标本缸）中。然后将采集好的植物标本清洗干净，浸泡在药液中即可（如标本内含有空气较多，不能在溶液中下沉时，则可用玻片或其他瓷器等重物将植物标本压入浸渍药液中）。最后盖上瓶盖，进行封口，并在标本瓶的外面贴上标签，注明植物标本的名称、特征及浸渍日期等。制成的植物标本应放在阴凉无强光照射的地方保存。此方法简单经济，但不能保持标本原有的色泽，往往会降低标本的使用效果。

表 1–2　普通浸渍标本液配制方法

序号	名称	配制药品	用量比例（mL）	特点
1	甲醛液	甲醛（40%） 蒸馏水	5 ～ 10 100	最常用，价格最低
2	酒精液	95% 酒精 蒸馏水 甘油	100 195 5 ～ 10	价格略贵，所浸制的标本较甲醛液软一些
3	混合液（FAA）	70% 酒精 甲醛 醋酸	90 5 5	浸制效果较前 2 种好，但价格较贵

1.4.2 绿色浸渍标本制作

植物呈绿色是因为植物细胞中存在有叶绿素，叶绿素是以镁离子为中心所形成的络合物结构。普通的浸渍标本，其分子结构中的镁离子很容易被酒精和福尔马林等保存溶液破坏，从而失去植物原本的颜色。绿色浸制标本的基本原理，是用铜离子置换叶绿素中的镁离子，这样可以形成以铜离子为中心，在酒精和福尔马林等保存溶液中能够稳定保存的新的“叶绿素分子”，做法是利用酸作用把叶绿素分子中的镁分离出来，使它成为没有镁的叶绿素——植物黑素。然后使另一种金属（醋酸铜中的铜）进入植物黑素中，使叶绿素分子中心核的结构恢复有机金属化合状态。根据这种原理，可以用下述几种方法制作（表 1–3）。

表 1–3　绿色浸渍标本液配制方法

序号	名称	配制药品	用量比例	特点
1	薄嫩植物标本保存液	50% 酒精 甲醛 甘油 冰醋酸 氯化铜	90 mL 5 mL 2.5 mL 2.5 mL 10 g	适用于比较薄嫩的植物标本，不用加热。在保存液中浸泡 2 周后放入 4% ～ 5% 的甲醛溶液中保存。
2	腊质植物标本保存液	硫酸铜饱和水溶液 甲醛 蒸馏水	750 mL 50 mL 250 mL	适用于表面附有腊质、不易浸泡的标本。在保存液中浸泡 2 周后放入 4% ～ 5% 的甲醛溶液中保存。
3	植物绿色果实保存液	a 液：硫酸铜 亚硫酸 蒸馏水 b 液：亚硫酸 蒸馏水	85 g 28.4 mL 2485 mL 284 mL 3785 mL	适用于植物的绿色果实。在 a 保存溶液中浸泡 3 周后，再放入 b 保存液中长久保存。

较常使用的方法是，取醋酸铜粉末，徐徐加入 50% 的冰醋酸中，用玻璃棒搅拌，直至饱和为止，称为母液。将 1 份母液加 4 份水稀释，加热至 85℃时，将标本放进去，这时标本由绿色变成黄绿色，表明叶绿素已转变为植物黑素（醋酸作用），继续加热时，标本又变成偏蓝的绿色，表明铜原子已替代镁原子，此时停止加热，用清水冲洗标本上的药液，然后放入 5% 的甲醛液或 70% 的酒精中保存。因为由铜原子作核心的叶绿素是不溶解在甲醛溶液或酒精中的，同时这种化合物很稳定，不易分解破坏，因此经过这样处理过的绿色就可以长久保存。

1.4.3 红色浸渍标本制作

植物显现红色主要是由于体内含有花青素，通常花青素溶于水，会随着 pH 的变化使植物的花呈现各种颜色。在酸性条件下可保持红色反应。

（1）福尔马林－硼酸混合固定液

将红色植物标本（如桃子）投放到 1% 福尔马林和 0.08% 硼酸混合固定溶液中，固定 1～3 天，待植物标本由红色变为褐色时，将标本取出洗净，再将其投放到 1%～2% 亚硫酸和 0.2% 硼酸混合保存液中保存即可。若植物标本带有绿色（如桃子），可在保存液中加入少量硫酸铜，待标本绿色部分颜色加深时，取出标本，洗净后再重新将标本投放到 1%～2% 亚硫酸和 0.2% 硼酸混合保存液中保存。保存液具体配置方法见表 1–4。

表 1–4　红色浸渍标本液配制方法

序号	名称	配制药品	用量比例
1	福尔马林－硼酸混合固定液	硼酸 75%～90% 酒精 甲醛 蒸馏水	450 g 200 mL 300 mL 400 mL
2	硫酸铜固定液	6% 亚硫酸 氯化钠 甲醛 硝酸钾 甘油 蒸馏水	4 mL 60 g 8 mL 4 g 240 mL 3875 mL

（2）硫酸铜固定液

针对红中带绿的植物标本，如红色果实带有绿色花萼和枝叶的红辣椒、西瓜（果肉红色胎座部位应切开剖面进行固定），或绿中带红如甘蔗等，可用 5% 硫酸铜溶液固定 10～15 天，待植物标本由红色变为褐色时，取出洗净，用 1%～2% 亚硫酸保存即可。

1.4.4 黄色浸渍标本制作

（1）硫酸铜固定液

黄绿色或黄色的植物标本如南瓜、马铃薯、甜瓜、沙梨等，先用 1%～5% 硫酸铜固定 1～5 天，取出洗净，再用 2% 亚硫酸与 1%～2% 酒精，并加少量甘油进行保存即可。

（2）亚硫酸—福尔马林混合固定液

黄色沙梨、马铃薯、慈姑等植物标本可直接用 2% 亚硫酸（568 mL 亚硫酸，568 mL 80%～90% 酒精，4500 mL 蒸馏水）和 0.1% 福尔马林混合溶液固定保持。药液浑浊时需要及时更换新药液。

1.4.5 紫色浸渍标本制作

（1）氯化钠—福尔马林混合固定液

紫色植物标本，如紫葡萄，可用 3% 食盐（氯化钠）和 2%～3% 福尔马林混合溶液固定植物标本 2 ～ 3 个月后，取出洗净，再用 1% ～ 2% 福尔马林溶液保存即可。

（2）赫氏溶液

氯化锌 200 g，溶解于 4000 mL 蒸馏水中，则呈乳白色，趁热过滤（不易过滤可用抽气机），滤液再加入 100 mL 福尔马林及 100 mL 甘油即成赫氏滤液，待溶液冷却后，将备好的植物标本放入标本瓶内密封，即可保存数年。

1.4.6 粉红色浸渍标本制作

桃花、玫瑰、四季海棠等粉色花，放入 0.2% ～ 0.3% 的亚硫酸溶液中，约经 5 ～ 10 小时，待粉红色被亚硫酸漂白后，及时加入少量的福尔马林，1 ～ 2 小时又复原为粉红色，经 10 ～ 20 小时粉红色变为紫色时，立刻将植物标本转移到 0.2% ～ 0.3% 亚硫酸溶液中保存即可。

1.4.7 白色、浅绿色浸渍标本制作

（1）亚硫酸固定液

用 3% ～ 5% 的亚硫酸漂白 7 ～ 10 天，取出洗净，换用 1% 亚硫酸保存即可。

（2）硫酸铜—亚硫酸混合固定液

将带有绿色茎叶的植物标本，如白萝卜、茭白等标本，先用 5% 硫酸铜固定绿色 1 ～ 3 天（茭白固定 3 ～ 10 天为宜）后，取出标本洗净，再放入 1% 亚硫酸保存；如颜色不白，可用 1% ～ 2% 亚硫酸或盐酸漂白以后再用 1% 亚硫酸保存。这种方法的优点是能把原有植物的颜色保存下来。

1.4.8 无色透明浸渍标本制作

将标本放入 95% 酒精之中，在强烈的日光下漂白，并不断更换酒精，直至植物体透明坚硬为止。将植物标本放入磨口标本缸用酒精（75%）浸泡，加盖后用溶化的石蜡将瓶口严密封闭。贴上标签，注明标本的科名、学名、中文名、产地、采集时间与制作人。

浸渍标本和腊叶标本是同号标本，可将腊叶标本的采集号注在浸渍标本的标签上，以防混乱。浸渍标本做好后，应放在阴凉不受日光照射处妥善保存。

1.5 干花标本制作

干花标本能够保持花的原有姿态及自然色泽，常用的制作方法有硅胶干燥法、电热恒温箱法以及低温法，其中硅胶法效果最佳，适用范围广，且能较好地保持植物原有色泽。电热恒温法及低温法受设备空间限制，适用于小型花。大型花在干燥前需先

固定好姿态。

硅胶干燥法：取鲜花标本放入稍大一些的干燥器中，用细小颗粒硅胶（1 mm）掩埋固定，注意保持花的自然姿态，然后用塑料膜密封一天，之后小心移去硅胶，取出干花并置于盛有干燥剂的标本瓶中，用大烧杯罩住并密封抽掉空气，贴上标签即可。

电热恒温箱法：将采到的花放入电热恒温箱内，调节温度至40℃左右（超过45℃则不能保持花的原有色泽），两天后小心取出花的干制标本，装入标本瓶，瓶中放入少量硅胶保持干燥，贴上标签密封即可。

低温法：将花放入冰箱的冷藏室（温度4℃），10天左右便能得到干制标本。

1.6 叶脉标本的制作

选取叶质较厚、大小适中、叶面平整、叶脉丰富的叶片，用清水洗净备用。称取35 g NaOH和25 g Na_2CO_3放入烧杯中，加入1 L水混溶使之溶解，制成溶液。把溶液放到电炉中加热，近沸时把叶片浸入溶液内，此时把电炉温度调低些，边加热边搅拌；加热时间长短要根据叶片而定，可以过两三分钟取出一片叶子观察，直至叶片变成褐色（或叶肉有脱落）即可停止加热。用镊子取出叶片，放入盛有清水的小塑料桶中漂洗干净（一般在两次以上）。将叶片放在塑料盘中，加入一层水，用牙刷斜向（与水平面大约成45°）顺叶脉轻轻地刷净叶肉。刷时注意：只向一个方向刷，绝对不能来回刷，以免将叶脉刷坏。刷时先从背面开始，背面刷净后再刷正面，主叶脉边沿处可用敲出法。刷洗干净后放到吸水纸或草纸上晾干。用20%的双氧水（或漂白粉）漂白叶脉。可以用红药水、紫药水、品红和染料等对叶脉进行染色，也可以在叶脉上绘图。晾干后，可用纸粘住，塑封保存。

1.7 琥珀标本制作

天然琥珀是古代松、柏、枫等树分泌的树脂经过地壳的变动深埋地下，逐渐演化成的一种天然化石。人工琥珀是根据天然琥珀的形成原理，采用人工合成树脂包埋标本的方法制成。

取尿素63 g、甲醛180 mL放入锥形瓶中，加5滴25% NaOH溶液搅拌。迅速用水浴加热。温度上升至90℃时，加入30滴冰乙酸。温度上升至100℃时，停止加热。保温反应（95℃以上）5分钟后继续加热，用玻璃棒蘸液滴滴于清水中，液滴成云雾状扩散时，立即加入30滴25% NaOH溶液，停止加热。再加1小滴彩色墨水，制成有色脲醛单体。将脲醛单体避开强酸强碱保存。放置时间不超过50天。取20份脲醛单体，加1份冰乙酸，混合后充分搅拌即聚合成脲醛树脂。脲醛树脂宜在浇底板、包埋标本或盖顶板的前一天合成。合成后静置一天，以利于排除气泡和清除杂质。

选取有一定硬度，且不与脲醛树脂发生反应的塑料模具，模面要光滑齐整。模具大小视标本大小而定，略大于标本即可。浇底板前要将模具擦拭干净。浇注时，将前一天合成的脲醛树脂沿玻璃棒倒入模具内。厚度以不超过 5 mm 为宜，浇注好后将底板放入干燥器内。浇底板后的第 3 天，将事先采集并整形的新鲜植物标本浸入新配制的脲醛树脂中（注意及时整理姿态，植物标本包埋前还应进行保色处理）。第 4 天模内底板硬化，此时将上述标本置于底板上，再放回干燥器内。2 天后标本被牢固地粘在底板上，之后开始包埋标本，包埋时每次浇注的树脂以不超过 5 mm 为宜，浇注好后放入干燥器内。3 天后待树脂硬化时，再浇第 2 层、第 3 层 …… 如此反复直至标本全部被包埋为止。

标本全部被封埋后，上层树脂硬化，再浇 5 mm 顶层，放入干燥器内。待标本变硬压无印痕，从模具内取出琥珀标本。将制成的琥珀放在特制的标本盒内保存。保存时应避免接触强酸、强碱，不可重压，要保持空气干燥。此法制得的琥珀标本，晶莹透亮，栩栩如生。一般只需将边缘稍作修饰整理即可。

第 2 章　植物标本鉴定

2.1 植物分类系统简介

种是分类的基本单位，是指具有相同形态学、生理学特征和占据一定自然分布区的种群。同种个体具有相同的遗传性状，彼此间可交配产生可育的后代，其中，分类学种（taxonomic species）是指以外部形态为主的标准来划分的种，而生物学种（biological species）则是指以生殖隔离为标准来划分的种。

植物分类是根据植物的用途、形态等，选择植物的一个或几个特征作为标准进行分类，也就是人为分类法（见图 2–1）。人为分类法有很多分类方式，例如可以按茎的形态分为乔木、灌木、藤本、草本；按植物的用途分为经济作物、观赏植物；李时珍《本草纲目》将植物分为草、谷、菜、果、木等 5 部 30 类；吴其濬《植物名实图考》将植物分为谷、蔬、山草等 12 类，等等。

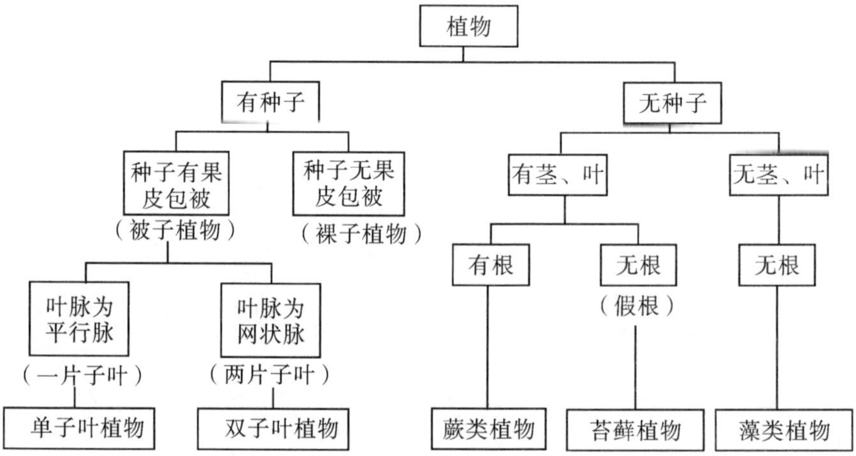

图 2–1　人为分类法

广义的植物界可以根据一定特征划分成不同的基本类群，如藻类植物、菌类植物、地衣植物、苔藓植物、蕨类植物、裸子植物和被子植物。然而更科学系统的分类是依据进化的观点，将具有相似的遗传性，表现出相似的形态、结构、习性等方面的植物，根据亲缘关系以及形态结构和生理功能上的相似程度分为不同等级的分类单位。

这种分类方法利用界、门、纲、目、科、属、种等的分类单位，按照其高低和从属关系的顺序排列起来，这就是分类的阶层系统（表 2–1）。

表 2–1　植物分类等级示例

分类的阶元（单位、等级）				植物举例	
中文	英文	拉丁文	词尾	中文	拉丁文
界	Kingdom	Regnum		植物界	Plantae
门	Division	Divisio	–phyta	被子植物门（木兰门）	Angiosperma（Magnoliophyta）
纲	Class	Classis	–opsida，eae	双子叶植物纲（木兰纲）	Dicotyledoneae（Magnoliopsida）
目	Order	Ordo	–ales	蔷薇目	Rosales
科	Family	Familia	–aceae	蔷薇科	Rosaceae
属	Genus	*Genus*	–us，–α，um	苹果属	*Malus*
种	Species	*Species*		苹果	*Malus pumila*

其中界 > 门 > 纲 > 目 > 科 > 属 > 种；有时在各主要分类等级中还需要用到一些亚单位，在各分类等级之下根据需要建立亚级分类，如：亚门、亚纲、亚目、亚科、亚属、亚种等。种以下的分类等级则根据该类群与原种性状的差异程度分为亚种、变种和变型。亚种比变种包括的范围更广泛一些，除了在形态上有显著的区别外，在地理分布上也有一定的区域性。关于植物的自然分类，不同的学者提出了不同的分类系统，比较常用的有：恩格勒系统、哈钦松系统、克朗奎斯特系统、塔赫他间系统等。

2.1.1 恩格勒系统

恩格勒系统是由德国分类学家恩格勒（A. Engler）和勃兰特（K. Prantl）于 1897 年在其《植物自然分科志》中使用的系统，是分类学史上第一个比较完整的系统。它将植物界分为 13 门，第 13 门为种子植物门，再分为裸子植物和被子植物两个亚门，被子植物亚门包括单子叶植物和双子叶植物两个纲，并将双子叶植物纲分为离瓣花亚纲（古生花被亚纲）和合瓣花亚纲（后生花被亚纲）。恩格勒系统将单子叶植物放在双子叶植物之前，将合瓣花植物归并一类，认为是进化的一群植物，将葇荑花序植物作为双子叶植物中最原始的类群，而把木兰目、毛茛目等认为是较为进化的类群。

恩格勒系统几经修订，在 1964 年出版的《植物分科志要》第 12 版中，已把双子叶植物放在单子叶植物之前。共有 62 目，344 科，其中双子叶植物 48 目，290 科，单子叶植物 14 目，54 科。

恩格勒系统的特点如下：

（1）认为单子叶植物较双子叶植物为原始。

（2）双子叶植物纲分为离瓣花和合瓣花两个亚纲，离瓣花亚纲在前。

（3）离瓣花亚纲中，按无被花、单被花、异被花的次序排序，因此柔荑花序列（无被花和单被花类）作为最原始的双子叶植物处理，放在最前面。

（4）在各类植物中又大致按子房上位→子房半下位→子房下位的次序排列。

（5）目与科的范围较大，直到 1964 年修订后作了一些合理的调整。

2.1.2 哈钦松系统

哈钦松系统是英国植物学家哈钦松（J. Hutchinson）于 1926 年和 1934 年在其《有花植物科志》Ⅰ、Ⅱ中所建立的分类系统。在 1973 年修订的第三版中，共有 111 目，411 科，其中双子叶植物 82 目，342 科，单子叶植物 29 目，69 科。

哈钦松认为已灭绝了的裸子植物中的本内苏铁目的两性孢子叶球演化出了被子植物的花，即孢子叶球主轴的顶端演化为花托，生于伸长主轴上的大孢子叶演化为雌蕊，其下的小孢子叶演化为雄蕊，下部的苞片演化为花被。这种学说称为真花学说。哈钦松认为两性花比单性花原始；花各部分分离、多数的比连合、定数的较为原始；花各部螺旋状排列的比轮状排列的较为原始等。他还认为，被子植物是单元起源的，双子叶植物以木兰目和毛茛目为起点，从木兰目演化出一支木本植物，从毛茛目演化出一支草本植物，且这两支是平行发展的；无被花和有被花是后来演化过程中蜕化而成的；柔荑花序类各科来源于金缕梅目。单子叶植物起源于双子叶植物的毛茛目。

相比之下，哈钦松系统较为合理。恩格勒系统忽视了木麻黄科、杨柳科等雌蕊都是合生心皮的进化特征。哈钦松系统把多心皮类作为演化的起点，在不少方面阐明了被子植物的演化关系，有了很大进步，但过分强调了木本和草本两个来源，认为木本植物均由木兰目演化而来，草本植物均由毛茛目演化而来，结果使得亲缘关系很近的一些科在系统位置上都相隔很远，如草本的伞形科和木本的山茱萸科、五加科；草本的唇形科和木本的马鞭草科等。这种观点亦受到现代多数分类学家所反对。这个系统发表，在世界上很少使用，但在中国受到了相当的重视，如北京大学生物系、华南植物研究所、广西植物研究所和昆明植物研究所等单位的植物标本馆（室）都采用了这个系统排列标本，由这三个研究所分别编写的《广东植物志》《云南植物志》等都采用了这个系统。后来的塔赫他间系统、克朗奎斯特系统都是在此系统基础上发展起来的。

哈钦松系统的特点如下：

（1）认为离瓣花较合瓣花原始。花各部螺旋状排列的比轮状排列的原始；两性花比单性花原始，认为木兰目（Magnoliales）和毛茛目（Ranales）为被子植物中最原始的类型，是被子植物演化的起点，所以排在系统的最前面。

（2）认为被子植物的演化分为木本和草本两大支。木本支起源于木兰目，草本支起源于毛茛目。

（3）认为单被花及无被花是后来演化过程中蜕化而成的。

（4）认为单子叶植物起源于双子叶植物的毛茛目，因此将单子叶植物排在双子叶植物的后面。双子叶植物有 82 目，348 科；单子叶植物有 29 目，69 科，合计 111 目 417 科。

（5）赞成真花学说，认为木兰目、毛茛目为原始类群，而葇荑花序类不是原始类群。认为被子植物是单元起源的；单子叶植物起源于毛茛目。

2.1.3 克朗奎斯特系统

克朗奎斯特系统是美国植物学家克朗奎斯特（A. Cronquist）于 1968 年在《有花植物的分类和演化》一书中发表的系统。在 1981 年修订版中，共有 83 目，388 科，其中双子叶植物 64 目，318 科，单子叶植物 19 目，65 科。

克朗奎斯特系统的安排基本上和塔赫他间系统相似，把被子植物门（称木兰植物门）分成木兰纲和百合纲。在细节上也有所不同，如把大花草目从木兰亚纲移出，放在蔷薇亚纲檀香目之后；把木犀科从蔷薇亚纲鼠李目移出，放在紫菀亚纲玄参目内；把大戟目从五桠果亚纲分出，放在蔷薇亚纲卫矛目之后；把姜目从百合亚纲移出，独立成姜亚纲；把香蒲目从槟榔亚纲中移出，放在鸭跖草亚纲莎草目之后。另外，本系统简化了塔赫他间系统，取消了“超目”一级分类单元，把后一个系统的木兰亚纲和毛茛亚纲合并成木兰亚纲，科的数目有了压缩。

总之，克郎奎斯特系统在各级分类系统的安排上，似乎比前几个分类系统更为合理，科的数目及范围较适中，有利于教学使用，部分教科书采用这一系统，但大部分科学家都倾向于最新的 APG IV 系统。

2.1.4 塔赫他间系统

塔赫他间系统是苏联植物学家塔赫他间（A. Takhtajan）于 1954 年在《被子植物起源》一书中公布的系统，他首先打破了传统把双子叶植物分为离瓣花亚纲和合瓣花亚纲的分类；在分类等级上增设了“超目”一级分类单元。他将原属毛茛科的芍药属独立成芍药科等，和当今植物解剖学、孢粉学、植物细胞分类学和化学分类学的发展相吻合，在国际上得到共识。塔赫他间系统经过多次修订，在 1980 年修订版中，共有 28 超目，92 目，416 科，其中双子叶植物（木兰纲）20 超目，71 目 333 科，单子叶植物（百合纲）8 超目，21 目，77 科，显得较烦锁。

该系统的要点如下：

（1）赞成真花说，认为被子植物可能来源于裸子植物的原始类群种子蕨，并通过幼态成熟演化而成；主张单元起源说。

（2）认为两性花、双被花、虫媒花是原始的性状。

（3）取消了离瓣花类、合瓣花类、单被花类（葇荑花序类）；认为杨柳目与其他葇荑花序类差别大，这与恩格勒和哈钦松系统都不同。

（4）草本植物是由木本植物演化而来的；双子叶植物中木兰目最原始，单子叶植物中泽泻目最原始；泽泻目起源于双子叶植物的睡莲目。

塔赫他间的分类系统，打破了离瓣花和合瓣花亚纲的传统分类法，增加了亚纲，调整了一些目、科，使目、科的安排更为合理，比以往的系统前进了一步。但不足的是，增设“超目”分类单元，科数过于繁杂，不利于学习与应用。

2.1.5 APG 分类法

（1）APG I 分类法

被子植物种系发生学组 APG （Angiosperm Phylogeny Group）是一个国际植物分类学组织，该组织将分子生物学原理应用到显花植物的分类中，以期形成大多数学者所共认的分类方法。显花植物（也被称为有花植物、雌蕊植物、被子植物、木兰植物等）是在分类过程中应用分子生物学数据最多的生物群。1981 年美国植物学家阿瑟·克朗奎斯特出版了最新的被子植物分类系统，但 1990 年就受到了分子生物学最新发展大量数据的冲击，由于研究的迅速进展，分类法也必须随之改变。被子植物种系发生学组在 1998 年出版了《被子植物 APG 分类法》，集合了全世界所有主要研究机构的最新研究成果，但由于许多领域尚未被完全了解，这个分类法也无法包括所有种类的被子植物，不可能最终确定下来。

APG 分类法和传统的依照形态分类不同，主要是依照植物的两个叶绿体和一个核糖体的基因编码，以亲缘分支的方法进行分类。从细胞器中筛选基因是非常重要的，细胞体的基因组和细胞核的基因组是分离的，叶绿体和核糖体都有自己原始的 DNA，核苷酸的顺序取决于进化和细胞核的 DNA 之间产生的差异程度。虽然 APG 分类方法主要依据分子生物学的数据，但是也参照其他方面的理论，例如根据花粉形态学的理论将真双子叶植物分支和其他原来分到双子叶植物纲中的种类区分。

（2）APG Ⅱ分类法

每种分类都不可能是最终结果，只是代表某一时间段内的研究结果，新的结论层出不穷。APG 的成员还在不断地依照当代比较权威的结论发表对于被子植物分类的新观点。《被子植物 APG Ⅱ分类法（修订版）》是由被子植物种系发生学组（APG）于 2003 年出版的，属于 1998 年出版的《被子植物 APG 分类法》的修订版，两个版本和传统分类法之间的差别主要有：

①在目以上的分类没有采取传统的名称门和纲，而是应用‘分支’，例如真双子叶植物分支、单子叶植物分支、蔷薇分支等。

②对于传统分类不确定的分类名称用数字标记。

③提供可以选择的分类群体，例如有的科可以单列，也可以合并到某一其他科、

目中，叫作括号分类名。括号分类名能有效地将传统的依形态分类转换到新的依基因分类中来。

（3）APG Ⅲ分类法

被子植物APG Ⅲ分类法是被子植物种系发生学组（APG）继1998年APG分类法及2003年APG Ⅱ分类法之后，花了6年半时间修订的被子植物分类法，于2009年10月正式在林奈学会植物学报发表。

APG Ⅲ在早前版本的所有45目基础上新增了14个目，共计59目。和APG Ⅱ相比，APG Ⅲ被子植物之中许多类群的关系已经进一步厘清，地位未定的科从早前的39科大幅度减少到10科，即离花科、锁阳科、多须草科、清风藤科、五桠果科、紫草科、二歧草科、茶茱萸科、管花木科及五蕊茶科。这10科中有8科的位置也已经大致确定，只有离花科及锁阳科未有归属。

此外，还有3个属的地位未定，即Gumillea、Nicobariodendron及Petenaea；其中Nicobariodendron及Petenaea是首次在此列出。

在APG Ⅲ分类法中，无油樟目、睡莲目及木兰藤目形成了被子植物的基底旁系群，而木兰类植物、单子叶植物及真双子叶植物则形成了被子植物的核心类群，其中金粟兰目及金鱼藻目个别是木兰类及真双子叶植物的旁系群。

在单子叶植物之下，鸭跖草类植物成为了其核心类群，而在真双子叶植物之下，蔷薇类及菊类则是核心真双子叶植物中最主要的两大分支。其中，蔷薇类的核心类群主要由豆类植物（即APG Ⅱ里的真蔷薇Ⅰ）及锦葵类植物（真蔷薇Ⅱ）组成；菊类的核心则由唇形类（真菊Ⅰ）及桔梗类（真菊Ⅱ）植物组成。

（4）APG Ⅳ法

APG Ⅳ系统是由APG建立的被子植物分类系统的第四版，于2016年发表在《林奈学会植物学报》（Botanical Journal of the Linnean Society）上，是一个基本建立在分子系统发育研究之上的现代被子植物分类系统。APG IV系统把被子植物简单地作为一个无等级的演化支，方便与植物界的各种高等级分类系统对接。比如，切斯和里维尔在他们提出的切斯—里维尔有胚植物系统中就把被子植物作为木兰亚纲（Magnoliidae），与苔藓、蕨类和裸子植物的各个亚纲并列，共同组成包括所有有胚植物（也叫陆生植物或高等植物）的木贼纲（Equisetopsida）。多识植物界系统则把被子植物处理为木兰纲（Magnoliopsida）与松纲（Pinopsida，即现生裸子植物），共同置于无等级的演化支种子植物（seed plants）之下。

APG Ⅳ系统共有64个目，416个科，数目适宜，便于应用和教学。因此，国际植物分类学界有不少人推荐用APG Ⅳ系统代替传统分类系统，作为学术研究和科学传播的基础工具和交流框架，与APG Ⅳ系统类似。裸子植物、石松植物和蕨类植物也有基于分子系统发育的新系统，即克里斯滕许斯裸子植物系统和PPG Ⅰ系统。

与 APG Ⅲ 系统相比，APG Ⅳ系统新命名了两个新的演化支，即超蔷薇类（superrosids）和超菊类（superasterids）；承认了 5 个新目，即紫草目（Boraginales）、五桠果目（Dilleniales）、茶茱萸目（Icacinales）、水螅花目（Metteniusales）和黄漆姑目（Vahliales）；此外还承认了几个新科。与此同时，也有一些目和科被归并。值得指出的是，APG Ⅳ系统有的地方并没有采纳已经发表的一些研究成果（比如并未拆分水玉簪科、铁青树科和檀香科），而是认为这些研究成果需要进一步的研究支持，才能作为修改系统的依据。APG Ⅳ系统也没有采用超目这一等级，这为超目的划分提供了开放性，使 APG Ⅳ系统可以更多地与被子植物目上的分类系统对接。

2.2 植物的命名

2.2.1 命名的意义

植物命名是植物分类的基础，是植物学的重要组成部分。由于国家地区不同、语言不同，同一种植物在各地的称呼也不同，因此会产生大量的同物异名、同名异物的现象，例如我们常吃的马铃薯，有土豆、洋芋、洋山芋、山药蛋等多个中文别名；而“紫荆”则可能指的是豆科的紫荆或者红花羊蹄甲，或是千屈菜科的紫薇。为了避免混乱，制定了国际统一的科学名称，也就是植物的学名。

俗名：分布地区人民给予的名字，能反映一定的特征。如七叶树、马尾松、紫叶小檗、鹅掌楸、月季、珍珠梅、醉鱼草等。

学名：植物种的名称，不但因各国语言而异，即使在同一国家也往往由于不同地区而发生差异，“同物异名”或“同名异物”普遍存在。例如北京的玉兰在湖北叫‘应春花’，在河南叫‘白玉兰’，浙江叫‘迎春花’，江西叫‘望春花’，四川峨眉叫‘木花树’。

植物学名采用拉丁文，因为拉丁文是一种已经定型的古典文字，词汇和词法不再发生变化，可以避免混乱。植物学名的命名方法主要有两种：双名法和三名法。双名法可以对植物命名到物种，而三名法用于给物种以下的分类层级命名。

2.2.2 命名的方法

植物名称的不统一，对植物的考察研究，开发利用和国际、国内间的学术交流非常不利，为避免混乱，很早以前，植物学家就对制定国际通用的植物命名法规作了很多努力，1753 年瑞典植物学家林奈发表的《植物种志》一书创用了双名法，后被世界植物学家所采用，并经国际植物学会确认，于 1869 年由德坎多等人拟定出国际植物命名法规，后经多次国际植物学会讨论修改而成。

《国际植物命名法规》中规定，以“双名法”命名，双名法是从两个拉丁词或拉丁化的词给每种植物命名，第一个字是属名，用名词（第一个字母要大写），第二字是种加词（种名或种区别词），一般用形容词，少数为名词（第一个字母要小写），由此共同组成国际通用的植物科学名即学名，一个完全的学名还要在种名之后附以命名人的姓氏缩写，即完整的学名应为：属名 + 种加词 + 命名人（缩写）。例如银白杨的种名 *Populus alba* Linn.：第一个字是属名，是拉丁词的“白杨树”之意（名词），第二个字中文意为“白色的”（形容词），第三个字是定名人林奈的缩写（Linnaeus）

种以下的分类单位亚种、变种和变型的命名：

亚种 subspecies。在种加词后加 ssp. 或 subsp. 加亚种加词和定名人，如郁香忍冬 *Lonicera standishii* ssp. *fragrantissima* (Lindl. et Paxt.) Hsu et H. J. Wang。

变种 varietas。在种加词后加 var. 表示，如樟子松 *Pinus sylvestris* L. var. *mongolica* Litv. 是分布在欧洲的欧洲赤松 *Pinus sylvestris* L. 的变种。

变型 forma。白碧桃 *Prunus persica* (L.) Batsch f. *alba* Schneid 为桃 *Prunus persica* (L.) Batsch 的变型、银荆（白花紫荆）*Cercis chinensis* Bunge f. *alba* Hsu 为紫荆的 *Cercis chinensis* Bunge 的变型。

栽培变种 cultivated varietas。其名称以缩写 cv. 表示或加单引号表示，如：千头柏 *Platycladus orientalis* (L.) Franco cv. Sieboldii 或 *P. orientalis*'Sieboldii' 其后不附定名人。千头柏为侧柏 *Platycladus orientalis* (L.) Franco 的栽培变种。

属 Genus。种的形态特征相似，亲缘关系密切者集合为属。中国古代已有属的概念，与林奈的拉丁属名一致，而且许多名称沿用至今，如松 *Pinus*，榆 *Ulmus*，桑 *Morus*，栎 *Quercus*，榛 *Corylus*，柳 *Salix*，等等。属名的构成是用一个拉丁文名词、单数、第一格，性别有阴、阳、中 3 性，属名第一字母必须大写。属名的形成有些是来自希腊文经拉丁化后形成，如 *Crataegus*（山楂属），有些是地名拉丁化形成的，如台湾杉属 *Taiwania*，有些是由人名形成的如 *Lonicera*（忍冬属）、*Davidia*（珙桐属）、*Linnaea*（北极花属）；等等。

科 Familia。集形态相似，亲缘关系相近的属为科。如松科 Pinaceae、杨柳科 Salicaceae、榆科 Ulmaceae、桑科 Moraceae 等等。科名的命名一般是以模式属名去掉词尾加 –aceae 而成，如 Pinus 去掉词尾 –us 加上科名的词尾 –aceae 而成松科的科名。科的范围相差很大，银杏科、杜仲科只包括 1 属 1 种，而兰科包括 1000 属，15 000 ～ 20 000 种，蝶形花科包括 440 属 12 000 多种。

常见命名表达式有 7 种：

（1）一般第一个字是属名，第一个字母应大写，多为名词；第二个字母是种名，多是形容词，双名之后附上命名人的姓氏缩写（第一个字符应大写）如华山松 *Pinus armandii* Franch.

（2）由两个人命名的，这时应将二人的缩写均附上而且在其间加上连词“et”或“&”符号。如水杉 *Metasequoia glyptostroboides* Hu et Cheng.

（3）某植物由某一人命名，但由另一人代为发表的，则应先写原命名人的缩写，再写一前置词，表示“来自”之意，最后再写代为发表论文的作者姓氏缩写。如榛 *Corylus heterophylla* Fisch. ex Trautv.

（4）有些植物的学名后附上二人缩写人名，而前一人名括在括号之内，表示括号内的人是原命名人，但后来经后者研究而更换了属名之意。如青冈栎 *Cyclobalanopsis glauca* (Thunb) Oerst.(*Quercus glauca* Thunb)。

（5）拉丁学名之后写 syn 的缩写字，其后又写许多学名，同一植物有几个学名，为避免异名同物的误会起见，常正式学名之后，附上缩写，再将其余的异名附上，如新疆杨 *Populus alba* cv. *Pyramidalis* (*P. bolleana* Lauche，*P. alba* var. *bolleana* Lauche.)。

（6）种以下的变种，则在种名之后加缩写字 var. 后，再写上拉丁变种名，如红玫瑰 *Rosa rugosa* Thuab. var. *rosea* Rehd。

（7）栽培品种，则在种名后加写 cv，然后将品种名用大写或正体字写出或不写 cv，而仅大写或正体写于单引号内，首字母均用大写，其后不必附命名人。例如：日本花柏的一个栽培品种叫绒柏的学名：*Chamaecyparis pisifera* Endl. cv. Squarrosa. 或写为 *Chamaecyparis pisifera* ‘Squarrosa.’

2.2.3 种名的命名原则

1867 年在法国巴黎召开了第一次国际植物学会议，通过起草植物命名法规决议，1905 年第二次国际植物学会上讨论了起草的法规。从 1935 年起正式采用国际命名法规，并且规定在每 5 年召开的国际植物学会上进行修订。现将 1975 年第十二届国际植物学会通过的国际植物命名法规摘要如下：

合格名称：发表新分类群时，必须指定模式标本，有拉丁文描述，按照一个分类群只能有一个正确名称的规定，在一个公开出版的刊物上发表，方算有效发表。有效发表后如果符合法规其他有关规定才算合格名称。

模式方法：科或科级以下的分类群的名称，都是由命名模式来决定的，但更高等级（科级以上）分类群的名称，只有当其名称是基于属名的也是由命名模式来决定的。种或种级以下的分类群的命名必须有模式标本根据。模式标本必须要永久保存，不能是活植物。模式标本有下列几种：

（1）主模式标本（全模式标本、正模式标本）（holotype）。是由命名人指定的模式标本，即著者发表新分类群时据此命名、描述和绘图的那一份标本。

（2）等模式标本（同号模式标本、复模式标本）（isotype）。系与主模式标本同为一采集者在同一地点与时间所采集的同号复份标本。

（3）合模式标本（等值模式标本）（syntype）。著者在发表一分类群时未曾指定主模式而引证了 2 个以上的标本或被著者指定为模式的标本，其数目在 2 个以上时，此等标本中的任何 1 份，均可称为合模式标本。

（4）后选模式标本（选定模式标本）（lectotype）。当发表新分类群时，著作未曾指定主模式标本或主模式已遗失或损坏时，是后来的作者根据原始资料，在等模式或依次从合模式、副模式、新模式和原产地模式标本中，选定 1 份作为命名模式的标本，即为后选模式标本。

（5）副模式标本（同举模式标本）（paratype）。对于某一分类群，著者在原描述中除主模式、等模式或合模式标本以外同时引证的标本，称为副模式标本。

（6）新模式标本（neotype）。当主模式、等模式、合模式、副模式标本均有错误、损坏或遗失时，根据原始资料从其他标本中重新选定出来充当命名模式的标本。

（7）原产地模式标本（topotype）。当不能获得某种植物的模式标本时，便从该植物的模式标本产地采到同种植物的标本，与原始资料核对，完全符合者用以代替模式标本，称为原产地模式标本。

优先律原则：同一种植物或某一分类群，如有两个以上名称时，只能承认合格发表的第一个名称。

学名的废弃和改变：凡符合国际命名法规发表的名称不能随意废弃或改变。废弃的原则主要有 2 项，一是同属于一个分类群，而且早已有了正名，后来的名称应废弃；二是晚出名，同一模式，同一等级的同物异名或同名异物的名称应当废弃。经过认真研究，确认某一属的植物名称需转移到另一属时，或某一等级需转移到另一等级时，都应将原来的作者名置于括号中一并转移。

2.3 植物分类检索表

2.3.1 植物分类检索表的编制

检索表是根据法国拉马克（Lamarck，1744—1829）二歧分类原则，把原来一群动植物相对应的特征、特性分成对应的两个分支，再把每个分支中相对的性状又分成相对应的两个分支，据此依次分下去直到编制到科、属或种检索表的终点为止。为了便于使用，各分支按其出现先后顺序，前边加上一定的顺序数字，相对应的两个分支前的数字或符号应是相同的。植物界主要是分科、分属、分种三种检索表，检索表编制采取“由一般到特殊”和“由特殊到一般”的原则。首先必须将所采集到的地区植物标本进行有关习性、形态上的记载，将根、茎、叶、花、果和种子的各种特点进行详细的描述和绘图，在深入了解各种植物特征之后，再按照各种特征的异同来进行汇同辨异，找出相互差异和相互显著对立的主要特征，依主、次要特征进行排列。常用植物形态比较方法，按照划分科、属、种的标准和特征，选用一对明显不同的特征，将植物分为两类，如双子叶类和单子叶类，又从每类中再找出相对的特征再区分为两类，依次下去，最后分出科、属、种或品种，制定其原则、种类和具体用法，简述如下：

1. 植物检索表是依据植物的花、果实和种子以及根、茎、叶的主要特征，按照二歧分类原则排列制定的(个别情况下亦分为三歧的)。所谓二歧分类原则就是事物的两分法，植物的性状也不例外。例如种子裸露或包被，单子叶或双子叶，离瓣花或合瓣花，直根系或须根系，子房上位或下位，等等，都可以划分为相对立的两种性状。

2. 检索表的排列方式主要有两种：一种为平行检索表，即相对的两个特征，相互平行排列紧密相连；另一种为定距检索表，即相对的两个特征，相隔一定的距离。不论是哪种检索表，它们的结构都是以两个相对的特征进行编写的，且两项的号码是相同的，排的位置是相对称的。

3. 检索表有分门、分纲、分目、分科、分属等多种。后面附的检索表为“种子植物分科检索表”，只有种子植物方能应用，且仅能检索到科。被查植物究竟属何属、何种，还需分属检索表和植物图鉴的配合。不过能查出科来，范围已大大缩小。

编制检索表时，先将要编制在检索表中的植物，进行全面细致地研究，而后对其各种形态特征进行比较分析，找出各种形态的相对性状（注意一定要选择醒目特征），然后再根据所拟采用的检索表形式，按先后顺序，分清主次，逐项排列起来加以叙述，并在各项文字描述之前用数字编排。最后到检索出某一等级的名称时，应写出具体名称（科名、属名和种名）。在名称之前与文字描述之间要用“……”连接。例如，在被子植物这一大类群中，有些胚是两片子叶，有些胚只是一片子叶，可根据这一对立特征及其他一些特征将被子植物分为两大类。

常见的植物分类检索表有定距式（级次式）、平行式和连续平行式三种。

（1）定距式

这是最常用的一种，每对特征写在左边一定的距离处，前有号码为1，2…与之相对立的特征写在同样距离处，如此下去每行字数减少，距离越来越短，逐级向右收缩，使用上较为方便，每组对应性状一目了然，便于查找核对。优点是同号同位，将相对性质的特征都排列在同样距离，一目了然。缺点是如果编排的种类过多，检索表偏斜而浪费很多篇幅。

定距式检索表通用表达式为：

1...2

  2. ....①

  2. ....②

1...3

  3. ....③

  3. ....④

示例一：6 个门的定距式检索表如下。

1. 植物体构造简单，无根、茎、叶的分化，无胚。（低等植物）
  2. 植物体为藻类和菌类所组成的共生体……地衣植物门
  2. 植物体不为藻类和菌类所组成的共生体。
    3. 植物体不含叶绿素或其他光合色素，营寄生或腐生……菌类植物门
    3. 植物体内含叶绿素或其他光合色素，营自养生活方式……藻类植物门
1. 植物体构造复杂，有根、茎、叶的分化，有胚。（高等植物）
    4. 植物体有茎和叶及假根……苔藓植物门
    4. 植物体有茎、叶和根。
      5. 植物以孢子繁殖……蕨类植物门
      5. 植物以种子繁殖……种子植物门

示例二：蓼科 6 个属的定距式检索表如下。

1. 花被 6 片。
  2. 小坚果具翅；柱头头状；雄蕊通常 9；内轮花被片在结果时不增大……1. 大黄属 *Rheum*
  2. 小坚果无翅；柱头画笔状；雄蕊通常 6；内轮花被片在结果时增大……2. 酸模属 *Rumex*
1. 花被片 4 或 5，很少为 6 片（裂）。
  3. 灌木。
    4. 叶常退化成鳞片状；雄蕊 12 ～ 18；小坚果具 4 条肋状突起，有翅或刺毛……3. 沙拐枣属 *Calligonum*
    4. 叶不退化成鳞片状，雄蕊 6 ～ 8；小坚果不具肋状突起，亦无翅或刺毛……4. 针枝蓼属 *Atraphaxia*
  3. 草本，很少为灌木。
    5. 小坚果与花被等长或未露出……5. 蓼属 *Polygonum*
    5. 小坚果超出花被 1 ～ 2 倍……6. 荞麦属 *Fagopyrum*

（2）平行式

将每一对互相区别的特征编以同样的项号，并紧接并列，项号虽变但不退格，项末注明应查的下一项号或查到的分类等级。其优点在于同号相邻，左边对齐，排列整齐美观。缺点是使用起来不是一目了然。

通用表达式为：

1……①
1……2
2……②

2...3

3...③

3...④

示例一：6个门的平行式检索表如下。

1. 植物体构造简单，无根、茎、叶的分化，无胚（低等植物）............................2

1. 植物体构造复杂，有根、茎、叶的分化，有胚（高等植物）............................4

2. 植物体为菌类和藻类所组成的共生体..地衣植物门

2. 植物体不为菌类和藻类所组成的共生体..3

3. 植物体不含叶绿素或其他光合色素，营寄生或腐生..........................菌类植物门

3. 植物体含有叶绿素或其他光合色素，营自养生活方式........................藻类植物门

4. 植物体有茎、叶和假根...苔藓植物门

4. 植物体有根、茎和叶。

5. 植物以孢子繁殖...蕨类植物门

5. 植物以种子繁殖...种子植物门

示例二：蓼科6个属的平行式检索表

1. 花被6片...2

1. 花被4或5，很少为6片（裂）...3

2. 小坚果具翅；柱头头状；雄蕊通常9；内轮花被片在结果时不增大

....1. 大黄属 *Rheum*

2. 小坚果无翅；柱头画笔状；雄蕊通常6；内轮花被片在结果时增大

....2. 酸模属 *Rumex*

3. 灌木...4

3. 草本，很少为灌木...5

4. 叶常退化成鳞片状；雄蕊12～18；小坚果具4条肋状突起，有翅或刺毛..................

....3. 沙拐枣属 *Calligonum*

4. 叶不退化成鳞片状；雄蕊6～8；小坚果不具肋状突起，亦无翅或刺毛....................

....4. 针枝蓼属 *Atraphaxia*

5. 小坚果与花被等长或未露出...5. 蓼属 *Polygonum*

5. 小坚果超出花被1～2倍...6. 荞麦属 *Fagopyrum*

（3）连续平行式

将一对互相区别的特征用两个不同的项号表示，其中后一项号加括号，以表示它们是相对比的项目，如下列中的1（6）和6（1），排列按1. 2. 3. 的顺序。查阅时，若其性状符合1时，就向下查2。若不符合1时就查相对比的项号6，依次类推，直到查明其分类等级。

通用表达式为：

1（2）……………………………………………………………①

2（3）……………………………………………………………3

3（4）……………………………………………………………②

4（5）……………………………………………………………5

5（6）……………………………………………………………③

6（5）……………………………………………………………④

示例一：6 个门的连续平行式检索表如下。

1（6）植物体构造简单，无根、茎、叶分化，无胚（低等植物。）

2（5）植物体不为藻类和菌类所组成的共生体。

3（4）植物体有叶绿素或其他光合色素，营自养生活方式……………藻类植物门

4（3）植物体不含叶绿素或他它光合色素，营寄生或腐生……………菌类植物门

5（2）植物体为藻类和菌类的共生体……………………………地衣类植物门

6（1）植物体构造复杂，有根、茎和叶分化，有胚。（高等植物）

7（8）植物体有茎、叶和假根……………………………………苔藓植物门

8（7）植物体有根、茎和叶。

9（10）植物以孢子繁殖……………………………………………蕨类植物门

10（9）植物以种子繁殖……………………………………………种子植物门

示例二：蓼科 6 个属的连续平行式检索表

1（2）花被 6 片……………………………………………………3

2（1）花被 4 或 5，很少为 6 片（裂）…………………………5

3（4）小坚果具翅；柱头头状；雄蕊通常 9；内轮花被片在结果时不增大

……………………………………………………1. 大黄属 *Rheum*

4（3）小坚果无翅；柱头画笔状；雄蕊通常 6；内轮花被片在结果时增大……………

……………………………………………………2. 酸模属 *Rumex*

5（6）灌木……………………………………………………………7

6（5）草本，很少为灌木……………………………………………9

7（8）叶常退化成鳞片状；雄蕊 12～18；小坚果具 4 条肋状突起，有翅或刺毛……………

……………………………………………………3. 沙拐枣属 *Calligonum*

8（7）叶不退化成鳞片状；雄蕊 6～8；小坚果不具肋状突起，亦无翅或刺毛……………

……………………………………………………4. 针枝蓼属 *Atraphaxia*

9（10）小坚果与花被等长或未露出…………………………5. 蓼属 *Polygonum*

10（9）小坚果超出花被 1～2 倍……………………………6. 荞麦属 *Fagopyrum*

2.3.2 植物检索表的使用

植物检索表的种类很多，有全国性的；如《中国植物的科、属检索表》《中国高等植物图鉴》《中国植物志》；有地方性的：如一个省或一个市；有木本或草本植物的、有分科专著的等。在使用时应根据不同的需要，选择所需要的检索表和图鉴或植物志。最好是根据你要鉴定植物的产地来确定检索表和图鉴的范围。如：已知待鉴定的植物是从北京地区采来的，那么利用北京植物检索表和图鉴或北京植物志，就可以帮助你解决问题。

在使用植物检索表时，首先要能用科学规范的形态术语对鉴定植物的形态特征进行准确地描述，然后根据待鉴定植物的特点，对照检索表中所列的特征，一项一项逐次检索，首先鉴定出该种植物所属的科，再用该科的分属检索表查出其所属的属，最后利用该属的分种检索表检索确定其为哪一种植物。首先，将标本的特征与检索表上所记载的特征进行比较，若标本特征与记载相符合，则按项号逐次查阅，如其特征与检索表记载的某项号内容不符，则应查阅与该项相对应的一项。如此继续查对，检索出该标本的分类等级名称。最后将标本特征与该分类等级的特征进行全面的核对，若两者相符合，则表示所查阅的结果是准确的。

植物检索表的具体查法，依下列步骤进行。

（1）可根据季节，任意采有花、果的植物数种，如为草本，则采全株；如为大的木本，则采其带有花、果的一个枝条。

（2）首先仔细观察植物体的外形，着重解剖和观察花、果的结构。如花果太小时，可借助扩大镜和解剖镜如实解剖和观察，并写出花程式。

（3）鉴定时，要根据看到的特征，从头按顺序逐项往下查。

在看相对的两项特征时，要看到底哪一项符合要鉴定的特征，并要顺着符合的一项查下去，直至查出科名为止。

（4）根据被查植物的特征，如确能直接判断属于哪一大类，可直接从大类查起，不必从头检索。

（5）为了熟悉检索表的用法，初学时，应采用花果较大的植物去查，因为它便于观察和解剖。观察植物特征时，应以典型材料为依据，不应以个别变异材料为标准，否则将达不到目的。

注意：

（1）待鉴定植物要尽可能完整，不仅要有茎叶部分，最好还要有花和果实，特别是花的特征对准确鉴定尤其重要。

（2）在鉴定时，要根据看到的特征，从头按次序逐项检索，不允许跳过某一项而去查另一项，并且在确定待查标本属于某个特征两个对应状态中的哪一类时，最好把两个对应状态的描述都看一看，然后再根据待查标本的特点，确定属于哪一类，以免发生错误。

2.4 植物标本鉴定

2.4.1 植物标本鉴定用具

植物标本鉴定主要是根据植物的各部分形态特征来进行的，因此要对植物标本的微观形态特征进行全面细致的解剖观察，再根据检索表确定其准确的科、属、种，并做好记录，所需用具如下：

（1）手持放大镜：用于观察植物各器官的细微结构。

（2）解剖用具：剪刀、镊子和解剖针，用于解剖植物器官，以便于观察细微结构。

（3）体视解剖镜：用于观察更细微的植物解剖结构。

（4）鉴定工具书：《中国植物志》、地方植物志等，用于鉴定植物的科、属、种。

2.4.2 植物标本鉴定程序

植物标本鉴定是以植物形态和解剖上的相似性为基础，按照国际上共同遵循的植物命名法规定名，将自然界的植物分门别类，鉴别到种的工作。当遇到一种不知名的植物时，应当详细观察或解剖植物标本，根据植物的形态特征，按照中国植物志、各省及地区的植物志和《中国高等植物科属检索表》的顺序，逐项寻找该植物所处的分类地位。按照分析科、属、种的标准和特征，先选择一对具有明显不同特征的植物，分为两类，再从每类中找出相对的特征再区分为两类，依此下分，最后分出科、属、种。

植物标本鉴定的定名，须遵循国际植物命名法规，这样既能使命名方法统一和正确，又便于国际交流。法规规定：每一种植物只有一个合法的学名，其他名只能作异名或废弃处理；每种植物学名包括属名和种名，另加命名人；如果一种植物具有两个或两个以上的学名，应按照国际上的优先律，以最初的命名为有效命名。一种植物合法的拉丁学名必须正式发表，并有拉丁文描述。对于科或科以下各级新类群的发表必须指明其命名的模式种，其标本即为新种模式标本，是作为发表新种根据的选定标本，对于鉴别植物物种十分重要，要妥善保存在标本室中。新种的描述以模式标本为主要依据，模式标本模式的方法也可用到属、科和目，属中有模式种，科中有模式属，目中有模式科。

植物标本鉴定要做得细致、深入。有些种在外表形态上与其邻近种相似，但化学成分有异，不能混淆。如八角属约有 60 种，其中只有八角、茴香没有毒，其成熟果实可用作调味香料。另外的种如莽草，果实则有剧毒。中草药的同物异名和同名异物现象十分复杂，常常影响用药的准确性，要依据植物标本分类鉴定，正确命名。相近种类有相同化学成分，可据此寻找代用植物，例如石油开采用的瓜尔豆，可用豆科的田菁来替代。

第 3 章　植物标本的保存

3.1 植物标本保存的重要性

植物标本保存具有多方面的重要性，主要体现在以下几个方面。

3.1.1 科学研究

植物标本的保存对于科学研究具有极其重要的意义。妥善保存的植物标本是植物科学研究的重要宝库，对于推动植物学及相关领域的发展具有不可替代的作用。

植物标本是物种鉴定和分类的重要依据。通过对保存的标本进行形态学特征的观察和分析，可以准确地确定植物的种类，为植物分类学的研究提供坚实的基础。

植物标本能够记录植物在特定时间和地点的存在状态。这对于研究植物的分布范围、变迁以及生态适应性的演变具有关键作用。通过对比不同时期、不同地区采集的同一物种标本，可以揭示植物种群的动态变化以及环境因素对其的影响。

保存的植物标本有助于研究植物的演化历程。通过对大量标本的形态特征比较和遗传分析，可以推断植物物种之间的亲缘关系，从而构建植物的演化树，深入理解植物的进化机制。

在植物遗传学研究中，标本可以为研究基因多样性和遗传变异提供材料。通过对标本的基因分析，能够揭示物种内部的遗传结构和遗传变异模式。

植物标本还能为植物病理学、植物生理学等相关领域的研究提供参考。例如，通过观察患病植物的标本，可以了解病害的症状和发展过程，为病害的防治提供线索。

3.1.2 教育教学

植物标本在教育教学中具有显著的作用，而妥善地保存对于发挥这些作用至关重要。保存良好的植物标本能够为教学提供直观、真实的素材。学生可以通过观察标本，清晰地看到植物的根、茎、叶、花、果实等各个器官的形态、结构和特征，从而增强对植物学知识的理解和记忆。相比图片或文字描述，标本更具有说服力和感染力，能够激发学生对自然科学的兴趣和探索欲望。

植物标本的保存有助于开展实践教学活动。教师可以引导学生亲手制作标本，在这个过程中，学生不仅能掌握标本制作的技能，还能培养他们的观察力、动手能力和科学思维。

保存的植物标本可以用于对比教学。比如，展示同一物种在不同生长阶段或不同环境下的标本，帮助学生理解植物的生长发育规律和对环境的适应性。

此外，对于一些稀有或濒危植物的标本保存，能够让学生意识到生物多样性保护的重要性，培养他们的环保意识和责任感。

3.1.3 物种鉴定

植物标本的保存对于物种鉴定具有至关重要的意义，为物种鉴定工作提供了不可或缺的物质基础和重要保障。保存完好的植物标本能够精确地呈现植物的形态特征，包括叶形、叶缘、叶脉、花的结构、果实和种子的形态等。这些详细且稳定的形态特征是鉴定物种的关键依据。即使在植物活体难以获取的情况下，标本依然能够提供准确的信息。

标本的保存可以长期保留植物的特征，不受时间和环境变化的影响。这使得研究人员能够在不同的时间和地点对同一标本进行重复观察和比较，确保鉴定结果的准确性和一致性。

大量保存的植物标本形成了丰富的标本库。通过对不同地区、不同生境采集的同种植物标本进行对比，可以更全面地了解该物种的形态变异范围，从而制定更准确的鉴定标准。对于一些稀有或濒危物种，植物标本的保存更是显得尤为重要。它们为这些物种的鉴定和保护提供了珍贵的资料，有助于确定其分类地位和保护需求。

随着科学技术的发展，如分子生物学技术在物种鉴定中的应用，保存的植物标本可以为提取 DNA 等生物材料提供来源，进一步从分子水平上辅助物种的鉴定。

3.1.4 生态监测

植物标本的保存是生态监测工作中的重要组成部分，对于了解生态系统的动态变化、保护生物多样性以及制定合理的生态保护策略都具有不可忽视的作用。保存的植物标本能够作为历史数据，用于对比分析不同时期生态环境的变化。通过比较同一地点在不同时间采集的植物标本，可以了解植物群落的组成和结构的改变，从而推断出生态系统的演替方向和速度。

植物标本可以反映特定时期的生态条件。例如，某些植物对环境中的温度、湿度、土壤酸碱度等因素具有特定的适应范围。通过分析标本所代表的植物种类及其分布，可以间接了解当时当地的生态环境特征，为评估生态环境的质量提供参考。

在长期的生态监测中，保存的植物标本有助于发现物种的入侵和消失情况。新出现的物种标本可能暗示了外来物种的入侵，而某些曾经常见物种标本的缺失则可能提示生态系统受到干扰或破坏。

植物标本还能为建立生态监测数据库提供基础资料。这些数据可以与其他环境监测数据（如气象数据、土壤数据等）相结合，更全面地评估生态系统的健康状况和变化趋势。

3.1.5 文化传承

植物标本的保存不仅是对植物本身的留存，更是对人类与植物相关的文化记忆的守护和传承，承载着丰富的文化内涵和科学精神，有助于传承和弘扬科学文化，也为子孙后代留下了宝贵的文化遗产。

植物标本承载着人类对自然界的观察和认知历史。从古代的草药学研究到现代的植物学探索，标本见证了人类不断积累的植物知识，传承了探索自然的精神和智慧。

在许多文化中，植物具有象征意义和文化价值。保存的植物标本能够让后人了解特定植物在传统文化中的地位和寓意，如某些植物在宗教仪式、民俗活动或文学艺术中的象征作用，有助于传承和弘扬这些独特的文化元素。

植物标本的收集和保存往往与地域文化相关。不同地区的标本反映了当地的植物资源特色和人们与植物的特殊关系，成为地域文化的一部分。通过保存和展示这些标本，可以传递地域文化的独特魅力，增强人们对家乡的认同感和自豪感。

植物标本的保存还促进了跨文化的交流与理解。不同文化背景下对植物的利用和认知在标本中得以体现，为文化的比较和交流提供了直观的素材，增进了不同文化之间的相互尊重和欣赏。

3.1.6 资源保护

植物标本的保存是植物资源保护工作中不可或缺的环节，对于保护生物多样性、维护生态平衡以及促进可持续发展都具有深远的意义。保存的植物标本为资源保护提供了基础数据和参考。通过对大量标本的研究和分析，可以了解植物物种的分布范围、种群数量以及生态需求等信息。这有助于确定哪些植物物种处于濒危状态，哪些地区的植物资源需要重点保护，从而为制定针对性的保护策略和规划提供科学依据。

标本保存能够记录植物的遗传信息。即使某些植物在野外的生存受到威胁甚至灭绝，保存的标本仍可以为未来的物种恢复和繁育提供遗传材料和参考模型。

植物标本的保存有助于提高公众对植物资源保护的意识。在博物馆、展览馆等地展示的植物标本，能够让公众直观地感受到植物的多样性和美丽，认识到植物资源的珍贵和脆弱，从而激发公众参与植物资源保护的积极性和责任感。

此外，对于具有重要经济价值或生态功能的植物，标本保存可以为合理开发和利用这些资源提供指导。在确保资源可持续利用的前提下，最大程度地发挥植物资源的效益，同时避免过度开发导致资源枯竭。

3.1.7 学术交流

植物标本的保存为学术交流搭建了坚实的平台，对于推动植物学及相关领域的学术进步发挥着不可或缺的作用。保存完好的植物标本是学术交流中直观且有力的证据，在不同地区、不同机构的学者们交流时，标本能够清晰地展示植物的特征，避免了因语言描述或图片展示的局限性而可能产生的误解，使交流更加准确和高效。

丰富的植物标本收藏为学术交流提供了丰富的话题和研究素材。学者们可以围绕标本所呈现的形态特征、地理分布、生态习性等方面展开深入探讨，促进学术思想的碰撞和创新。通过共享和展示植物标本，不同研究团队能够相互借鉴研究方法和技术手段。这有助于提升整个学术界在植物学研究领域的水平，推动学科的发展。

在国际学术交流中，植物标本的交流与合作能够促进不同国家和地区之间的文化和知识融合，共同研究和保护植物资源，加强了全球范围内的学术合作和友谊。保存的珍贵或稀有的植物标本在学术交流中往往能引起广泛关注，吸引更多的学者投身于相关领域的研究，从而拓展研究的深度和广度。

3.2 植物标本保存历史

在现代植物分类学研究中，标本是物种存在的永久凭证。植物标本制作技术的发明和标本馆的建立是植物分类学研究的重要条件，分类学的发展首先需要建立标本馆。植物标本保存的历史可以追溯到 16 世纪。现代意义上的标本起源于 16 世纪 30 年代的意大利，意大利植物学家卢卡 · 哥亥尼发现将植物压制干燥后，可以长久保存且方便运输，他因此被认为是植物标本制作技术的创始人。18 世纪，瑞典著名植物分类学家林奈对植物标本的制作和保存方法进行了改进，使得植物标本的制作和数量逐渐增加。

我国的植物分类学研究始于 20 世纪 20 年代。不少人利用庚子赔款留学国外，学习植物学。他们归国后迅速在全国各种大学或研究机构开展工作，很多植物学或生物学研究机构在 20 世纪 30 年代前后建立，并成为解放前植物分类学发展的一个关键时期，标本采集量出现了历史上的第一个高峰。

20 世纪 40 年代，由于抗日战争和内战的缘故，标本采集受到影响。新中国成立后，开展全国各种资源普查，成为我国标本采集的黄金时期。尽管有各种方面的影响，20 世纪 60 年代和 70 年代较 50 年代的采集大幅度减少，但是仍然保持了比较好的记录，与改革开放后的 80 年代并不逊色多少。然而，90 年代以来，我国的标本采集量较前大幅度下降。

装订好的标本，经定名后，都应放入标本柜中保存，标本柜应有专门的标本室（规模较大、存放标本数量较多时称作标本馆）放置，注意干燥、防蛀（放入樟脑丸等除虫剂）。标本室中的标本应按一定的顺序排列，科通常按分类系统排列，也有按地区排列或按科名拉丁字母的顺序排列；属、种一般按学名的拉丁字母顺序排列。

3.2.1 国内外主要植物标本馆简介

据不完全统计，目前世界上约有大小植物标本馆（室）2639个，共收藏标本近3亿份。这些标本的76%保存在15个国家内，其中美国占22.1%，法国占7.4%，苏联占6.6%，英国占5.7%，德国占5.6%，中国占3.7%。世界上馆藏100万份以上的标本馆有55个，其中500万份以上的标本馆有7个。这55个标本馆分布在22个国家，其中美国最多有12个，其次是英国、瑞典、德国和苏联各4个，再次是法国、瑞士、日本各3个。上述数据表明植物标本收藏数量与国家的发达程度成正相关，不仅发达国家标本搜集起步早、搜集范围广，而且近年来增长速度也是最快的。如瑞典自然博物馆以每年16万份的速度增长；美国不仅大标本馆最多、占世界标本总数的比例最高，标本增加速度也最快，5年增加490万，占同期世界增长量的27.7%。

3.2.1.1 世界主要植物标本馆

（1）法国国家自然历史博物馆标本馆。法国国家自然历史博物馆位于巴黎市中心的塞纳河畔，在距巴黎圣母院不远的巴黎植物园内。这座博物馆历史悠久，占地达22 hm^2，是集世界最丰富、最罕见的动植物和矿物标本之大成的地方，保存了约800万份重要的植物标本，涵盖了世界上自然和人类科学方面的众多收藏，其在基础和应用研究方面涉及天文学、地质学、地理学、人类学以及生物学的各个重要分支。该博物馆由众多的展览建筑组成，其中比较解剖馆和古生物馆占据了植物园入口左侧的一幢巨大的红砖建筑。比较解剖馆在一层，展出了上千件令人印象深刻的脊椎动物骨架；古生物馆在二层，人们可以在此追溯6亿年来地球上的生命演化史。这里有丰富的脊椎动物化石，如产自马斯特·里赫特的沧龙和蒙马特石膏中的古兽等。其馆藏的一具完整的内蒙古野驴骨架和一具完整的披毛犀骨架，都产自中国的萨拉乌苏地区，还有在泥河湾发现的三门马的正型标本，即完整的头骨和下颌骨，是由法国的德日进和桑志华神父于20世纪20年代采集的。除了比较解剖馆和古生物馆，博物馆还有矿物馆，拥有超过60万件矿物标本，包括世界独一无二的巨大水晶以及从前皇家收藏的贵重宝石；古植物馆可以让人追索植物在地球上起源以来的历史；昆虫馆则展出了从世界上最漂亮或最奇特的昆虫中挑选出来的1500件标本，它们具有奇特的形状、色彩或对其生存环境的适应性状。人类馆收藏着涵盖各大洲各人种的人类学资料，包括法国人早年在中国的西藏和凉山地区拍摄的珍贵照片和收集的生活用品，还有人类进化的陈列，以及大量的化石和石器，其门厅内随时有最新的人类学考察和发掘的图片和实物展览。博物馆的进化大展馆是由 19 世纪的动物馆改建而成，有 6000 m^2 的永久性陈列，完全围绕生命进化的主题展开，包括生物界的多样性、地球历史上的生命演化以及人类活动对环境的影响等内容。巴黎植物园也是自然博物馆的一部分，园内小径被灿烂的鲜花簇拥，将植物园分为多个部分，包括植物学院、阿尔卑斯花园、玫瑰园、迷宫和鸢尾花园等。法国国家自然历史博物馆的标本馆保存了世界上自然和人类科学方面大量的收藏，使公众感受到自然科学的巨大吸引力。它不仅是一个重要的博物馆，也是进行科学研究、教育和文化交流的场所，是川金丝猴、滇金丝猴、大熊猫、喜马拉雅旱獭等模式标本的保藏地。同时，该博物馆的研究生院在 10 个博士研究方向提供优质教育，还有来自全世界各个国家的研究人员在此进行工作。

（2）英国皇家植物园标本馆。英国皇家植物园（Royal Botanic Gardens, Kew）的标本馆是世界著名的植物标本收藏机构之一。1853 年建成，馆藏 700 万份植物标本，代表了地球上近 98% 的属，其中 35 万份是模式标本。真菌标本馆建于 1879 年，收集了 80 万份真菌标本，3.5 万份是模式标本，为植物分类学、系统发育、生态学等领域的研究提供了重要的资料。英国皇家植物园还积极进行标本的数字化工作，以便让世界各地的研究人员更方便地获取和利用这些宝贵的资源，从而促进全球范围内的植物学研究与合作。邱园的数字化项目始于 2022 年 3 月，截至 2023 年 8 月已扫描了第一百万个样本。该项目对英国皇家植物园植物标本馆和真菌标本馆的标本记录及扫描图像进行数字化，预计秋季上线新数据门户网站，供科学家使用。其数字存储库将为地球面临的一些重大挑战提供宝贵见解，包括绘制单个物种的灭绝风险图，以及了解气候变化对生态系统、常见作物和当地社区的潜在影响等。邱园的历史藏品也被用于了解植物和真菌如何随着环境条件和农业实践的变化而进化，以确定可能在这一过程中失去的有用的遗传多样性。研究人员正在以多种方式使用邱园和其他主要机构的数据，从揭示野生咖啡物种面临的灭绝威胁，到绘制红木濒危物种的状况，再到了解不同文化中不同时期用于食物的豆类的变化等。

（3）荷兰国家植物标本馆。成立于 1999 年，由瓦赫宁恩、乌得勒支和莱顿重点大学的植物标本馆合并而成。共收藏了约 550 万份标本，是世界上最大的植物标本馆之一。其馆藏对于植物学研究具有重要价值，为科研人员提供了研究植物分类、系统演化、地理分布等方面的宝贵材料。其中，莱顿植物标本馆（Rijksherbarium Leiden）是其重要组成部分，建立于 1590 年，已有 420 年历史。它与乌得勒支大学植物标本馆（Utrecht University Herbarium）、瓦赫宁恩植物标本馆（Herbarium Vadense）共同构成了荷兰国家植物标本馆。莱顿植物标本馆位于莱顿大学植物园内，该植物园有着超过 1000 种不同的植物，并且拥有大量亚热带和热带植物，并用于相关研究。这里不仅是植物标本的收藏地，也是进行植物学研究和教学的重要场所。这里曾活跃着致力于亚洲热带植物分类学研究的队伍，编研着世界上最大的自然区域植物志马来西亚植物志项目，还出版了一系列相关的杂志和专著。

（4）阿诺德树木园标本馆。属于美国哈佛大学，以引种栽培乔、灌木植物著称的植物学综合研究机构。1872 年 3 月 29 日建立，坐落于马萨诸塞州的首府波士顿，面积 132 hm^2，活植物 6200 余种，馆藏标本 520 万份，其中野生植物标本约 113 万份，栽培乔、灌木植物标本约 17 万份。设有植物分类、植物化学和遗传育种等实验室，并定期出版《阿诺德树木园植物学报》和《阿诺德树木园》等杂志。其引种栽培乔、灌木植物的种类居世界各国植物园之首。特别是中国的植物，经其首次引入美国栽培的经济和园林观赏乔、灌木树种 700 多种（包括变种和品种）。它对木兰科、槭树科、杜鹃花科、柳属、海棠属、山楂属、丁香属和矮生松柏类等植物搜集较为齐全，其中丁香属植物搜集近 500 个品种。1922 年，美国哈佛大学的植物猎人约瑟夫·洛克沿湄公河—澜沧江从泰国北上香格里拉途中路过景洪时，采集了火烧花的标本，现存于美国阿诺德树木园标本馆。又如，1912 年英国植物学家乔治·福雷斯特在腾冲首次采集到的卷边球兰植物标本，也存放在该标本馆。中国植物学家蒋英和李秉滔先生于 1974 年命名发表了卷边球兰，标志着它有了正式的“身份”。自首次采集到该物种标本以来的 110 年时间里，卷边球兰消失在人们视野中，再没有过关于该物种的监测记录或科学报道，直至 2022 年它再次现身于云南龙陵。

（5）纽约植物园标本馆。建于 1891 年，1967 年成为国家历史地标，是美国重要的植物园之一，位于纽约布朗克斯公园，占地约 100 hm^2。其标本馆的馆藏超过 700 万份，且部分标本距今已有 300 年，在世界上较为著名。该植物园包含 50 个不同的园区，有阶梯瀑布、湿地及占地约 20 hm^2 未砍伐过的原始纽约森林，里面生长着山毛榉、白蜡树、橡树和桦树等，部分树龄超过 200 年。此外，纽约植物园还有世界领先的植物实验室，全年举办大型花展，每年吸引众多游客前来参观。学术设施包括一个传播中心、馆藏达 55 万册的图书馆等。纽约植物园在植物学研究、保护和教育等方面发挥着重要作用，为科研人员和植物爱好者提供了宝贵的资源和学习机会。其标本馆的丰富收藏有助于植物分类学、系统发育学、生态学等领域的研究，对于了解全球植物多样性和植物的演化具有重要意义。

（6）密苏里植物园标本馆。位于美国圣路易斯市，其标本馆是世界上杰出的研究资源之一，拥有丰富的植物标本收藏。该植物园由商人 Henry Shaw 创建于 1859 年，他在植物学家 George Engelmann 的指导下，决定将花园打造成一个教育、科学研究和园艺展示的中心。在 George Engelmann 的建议下，以及哈佛大学植物学家 Asa Gray 和英国丘园主任 William Hooker 的帮助下，Henry Shaw 在园内设立了植物标本室和图书馆，并委托 Engelmann 在欧洲购买图书和标本。截至 1999 年已收藏各类植物、昆虫标本 500 万份。其中植物标本室有 300 万份腊叶标本并按种分类编排，是美国第三大标本室，还收有约 30 万份非洲植物的标本，是非洲植物在北美的陈列室。这些标本对于植物学研究具有重要价值，为科研人员提供了研究植物分类、系统演化、地理分布等方面的宝贵材料，出版过多种重要的植物学相关刊物。除了标本馆，密苏里植物园还有丰富多彩的园艺展览，包括各种不同气候区域典型植物的收集，如大型人工气候室、沙漠室、地中海室等。此外，植物园内还有多个专类园，如玫瑰园、杜鹃园、日本式花园、鸢尾园等。

（7）爱丁堡皇家植物园标本馆。苏格兰爱丁堡皇家植物园以物种丰富和历史悠久成为世界著名植物园，始建于 17 世纪，最初是一个药用植物园，面积较小。经过多年的发展，如今它已成为一个拥有爱丁堡（Edinburgh）、本莫（Benmore）、娄根（Logan）和道克（Dawyck）四个园区的国际一流植物园，收集保存了 3.4 万种活植物，其中高等植物 16405 种（包括 1279 种珍稀濒危植物），占全世界有花植物的 6.5%。在植物园的东北角是典雅的图书馆和标本室，保存有 20 多万册专业书籍，包括 1500 多种国际期刊及许多有价值的档案资料，收藏着 300 余万份高等植物（包含苔藓、蕨类、种子植物）标本。在其标本馆的众多藏品中，有一块巨大的树干圆盘格外引人注目。它的直径超过 65 cm，树龄约为 280 岁，这是大树杜鹃的标本。1931 年，受爱丁堡皇家植物园标本室派遣的乔治・福雷斯特在中国云南腾冲的高黎贡山，将一棵高达约 27.5 m 的大树杜鹃砍倒，并从其基部砍下一段树干制作成了这个圆盘标本。从 19 世纪末开始，爱丁堡皇家植物园成为杜鹃花研究中心，也是全球保育杜鹃花野生种最多的植物园之一。其丰富的植物标本收藏为植物学研究提供了重要的资源，科研人员利用这些资源从事世界顶尖级的学术研究，包括保育生物学和种群遗传学、植物分类学、系统演化和进化、生物多样性、隐花植物和真菌等方面，并将研究成果向全世界传播。

（8）比利时国家植物园标本馆。创建于 1958 年，坐落于布鲁塞尔以北，是世界上闻名遐迩的植物园之一。园中占地 1 hm^2 的植物宫是当今世界上最大的温室，内设 15 个展览大厅，展出各种热带植物，尤其注重展示商业价值较高的热带植物。其标本室拥有 300 万份来自全世界的植物标本，且每年增加 10 万份，是世界上 25 个最大的标本室之一，还设有一个木材陈列馆和一个历史性收集区，主要收藏着南美和扎伊尔的有价值的木材标本。这里的植物种类繁多，园中生长有 18000 多种植物，这一数字大概是全球所有植物种类的 6%，其一半生长于温室中，另一半则生长于户外，户外植物不仅有比利时本土的，还有来自其他地方的栽植植物。植物园中最引人注目的要数维多利亚温室（Victoria Hothouse），里面有水生和生活在潮湿或沼泽中的植物，以及一些热带和亚热带植物，因此被称为“植物圣殿”（Palais des Plantes）。植物园的图书馆拥有 65000 册著作和 3300 种刊物，其中 1300 种为现刊，估计共有 200000 册书籍和 350 万余张检索卡。植物园的公园和部分收集区免费向公众开放。

（9）中国科学院植物研究所植物标本馆。是一个占地面积约 1 万平方米的大型植物标本馆，其历史可追溯到 1928 年成立的北平静生生物调查所和 1929 年成立的北平研究院植物学研究所。截至 2021 年 12 月，馆藏植物标本约 295 万份，其中腊叶标本 280 万份、种子标本 8 万号、化石标本 7 万号，包括模式标本 2.1 万余份，涵盖 1 万多个分类群，是亚洲最大的植物标本馆，也是研究亚洲植物的重要植物馆之一。它在对外交流、标本国际交换等方面已与 41 个国家和地区的 100 多家标本馆建立了业务联系，收集了来自世界上 141 个国家和地区的国外标本约 30 万份。2019 年 6 月，由中国科学院植物研究所牵头，联合全国 17 家单位和原"国家标本资源共享平台"的植物、教学、保护区和极地子平台等 4 个子平台共同组建了国家植物标本资源库，该标本馆作为主体馆负责资源库的管理、组织和协调。截至 2021 年，国家植物标本资源库收藏植物腊叶标本约 1100 万号，建有中国植物图像库、中国植物 DNA 库、中国数字植物标本馆等。其主要功能包括提供实体标本的查阅、标本数据和图片的在线浏览和检索等；提供植物物种信息批量处理服务，开展科技部项目标本数据汇交；开展植物多样性调查、评估工作，提供植物物种鉴定等服务；进行国内外分类学人才培养和科普教育。中国数字植物标本馆是在科技部"国家科技基础条件平台"项目资助下建立的网站（cvh.ac.cn），旨在为用户提供一个方便快捷获取中国植物标本及相关植物学信息的电子网络平台，其参与建设单位 20 余家。该网站包含数字化标本库、植物数据库、电子植物志、植物图片库等。数字化标本库目前收录有 200 多万号一般标本和部分模式标本；植物数据库提供中国植物名录、植物文献数据库等多项查询；电子植物志包括多部相关著作；网站还上载了众多植物彩色照片，并设有主要国际干燥标本集以及相关数据的搜索引擎。

（10）墨尔本皇家植物园标本馆。建于 1845 年，是澳大利亚最好的植物园之一。它位于墨尔本市中心以南约五公里的地方，占地 40 hm^2，以 19 世纪园林艺术布置，汇聚了来自全球各地的三万多种植物。馆内珍藏有 150 余万份植物标本，大部分来自澳大利亚的维多利亚州，一半以上的标本至少有上百年的历史。该植物园有许多著名的澳大利亚和外国历史名人亲手种下的纪念树。植物园内的建筑与体验活动丰富多样，除了植物标本馆，还有儿童花园、天文台、热带温室等。儿童花园有许多互动设施，帮助孩子们探索自然世界；天文台建于 1861—1863 年，内部只对旅行团开放；热带温室则展示了来自世界各地的热带植物。游客可以在植物园内一望无际的绿茵花园中休息，或在长满奇异植物的草坪和走道上散步，欣赏佳木葱茏、芳草如茵的美景，感受曲径通幽的意境。

3.2.1.1 亚洲主要植物标本馆

亚洲有许多重要的植物标本馆，具体排名可能会随着时间和新的发展而有所变化，而且不同的评估标准也可能会导致结果的差异。中国科学院植物研究所标本馆是亚洲最大的植物标本馆（前面已作介绍），以下列举部分亚洲其他规模较大、具有重要影响力的植物标本馆。

（1）印尼茂物植物园标本馆。茂物植物园建于1817年，位于印度尼西亚爪哇岛西部的茂物市，坐落在茂物市中心，毗邻茂物总统府。现占地约100 hm^2，种植着从印尼各地和世界各地引进的1万多种树木，涵盖4000多属科，还有160多万份植物标本。印度尼西亚全国植物研究所就设在这里，该研究所也称特鲁柏化验所，建立于1884年，可供世界各地的热带植物学家到此研究。它不仅保存了大量的植物标本，为科研人员提供了研究材料，有助于深入了解植物的分类、形态、生态等方面的知识；同时也为保护植物的遗传多样性做出了贡献，确保了一些稀有或濒危植物的基因得以保存。此外，对于普通游客来说，标本馆也是一个科普教育的场所，可以增加人们对植物世界的认识和了解。茂物植物园是世界著名且最大的热带植物园之一，也被称作首都雅加达的绿肺，所内有一块大理石碑，碑上刻着近200名世界植物学家的姓名，还有化验所创始人特鲁柏的雕像。植物园的布局十分考究，园内有一条十几米宽的林荫大道，两旁的树木沿着自然形成的山坡缓缓伸展开去。许多树种都有标示牌，标明树的名称和来源，在一些特殊的品种前，还有印尼语和英语的说明牌。这里有各种奇特的植物，如高大挺拔、参天入云的白橄榄树，上面蔓生着许多寄生植物，绿荫蔽日；奇特的板根植物根露在地面上，像几块巨大的三角尺板支架着大树；还有又粗又壮的大树，四五个人才能合抱。此外，植物园内还种有世界稀有的加里曼丹和巨港的铁木树，其木材呈乌黑色，质地坚硬，是优良的建筑材料。园内的奇花异草种类也很多，栽培的兰花就有五六百个品种，著名的“兰花皇后”（又名“甘蔗兰”）茎高3～5 m，每株可开七八十朵花，花朵直径达15 cm，花色黄中带淡青，有棕色斑点，香气很浓，唯印尼独产。还有一种被称为“尸骸花”的花，1 m多高，每3年开一次花，形状丑陋，傍晚时会发出一股尸臭味。园内莲花池中的王莲，原产南美亚马孙河，叶子的直径有的可达2.5 m，可以负重40～70 kg，碧绿的莲叶像一张张碧玉盘紧贴在水面。植物园里还建有莱佛士夫人纪念亭和曾在园中工作36年的前园长德斯曼纪念碑等。

（2）日本东京大学植物园标本馆。日本东京大学植物园标本馆（TI）是亚洲较大的植物标本馆之一，拥有约145万份标本。该标本馆历史悠久，其搜藏的标本涵盖了众多植物物种，包含植物的形态特征、地理分布、生态环境等信息，为植物分类学、植物区系研究、植物资源调查以及保护等方面提供了重要的科学依据。它在本土植物研究工作上具有重要地位，对于推动植物学研究和知识传播发挥了重要作用。东京大学大学院理学部研究科附属植物园原先是德川幕府所设置的御用医学药草园，自明治维新起，成为日本现代植物学研究的发源地之一。其培育了许多植物分类人才，历任园长在植物分类学界都颇有名气。由于空间的关系，部分开花植物标本存于东大校本部的综合研究博物馆。此外，该植物园中的相关图书、仪器也非常完备。

（3）印度加尔各答国家中心标本馆。建立于19世纪初，最初可能采用了相对简单的标本分类和保存方法。早期的重点可能是收集、整理和保存植物标本，以建立起基本的馆藏，现拥有约 130 万份标本。它的馆藏丰富多样，涵盖了众多植物物种，这些标本为植物分类学、植物区系研究、植物资源调查以及保护等方面提供了重要的科学依据。

（4）日本东京自然历史博物馆标本馆。日本东京自然历史博物馆成立于 1877 年，是日本历史最悠久的博物馆之一，也是日本唯一提供自然和科学技术史综合展览的国家博物馆。该博物馆积极收集来自世界各地的标本，类型丰富，包括动物、植物、矿物、化石以及与科技史有关的其他材料等。其馆藏数量众多，目前拥有超过 116 万件标本。在标本的管理和保存技术上，注重数字转化。例如使用 3D 数字技术全面分析并存储标本信息，以便作为最直接的物理证据永久流传。还会将标本信息分类整理，通过图文、音视频等多种方式在官网公开共享，让更多人能够了解和使用这些资源。同时，博物馆与大学、研究机构和各类博物馆开展合作，整合资源并广泛传播、共享有关信息，以促进相关资源的应用。通过合作，以标准化数据格式存储的藏品或标本信息，可通过门户网站“科学博物馆网”实现共享，也会提供给“全球生物多样性信息设施”平台，以在全球范围内共享和传播。为防止珍贵标本和藏品流失，博物馆还与众多组织、机构之间建立安全网络。

3.2.1.3 **中国主要植物标本馆**

（1）中国科学院植物研究所植物标本馆。馆藏植物标本约有 195 余万号，包括蕨类植物、苔藓标本等。其馆藏标本数目和整体规模在亚洲地区植物标本馆中名列前茅，种子标本数目位居世界第三，在东亚植物研究领域具有重要地位。

（2）中国科学院昆明植物研究所标本馆。中国科学院昆明植物研究所标本馆（以下简称“KUN”）的前身为云南农林植物研究所标本室，系原北平静生生物调查所与云南省教育厅合办，由著名植物学家胡先骕先生等于 1938 年创建的国内较早的植物标本室之一，为国内第二大植物标本馆，是为编研《中国植物志》、Flora of China、《云南植物志》等植物学巨著提供支撑的几个重要标本馆之一，也是国家大工程实验室“中国西南野生生物种质资源库”植物标本鉴定和保藏的主要支撑机构，其肩负着我国西南生物多样性热点地区植物物种信息的保藏和收集重任。本馆共收藏了除藻类外的植物标本 140 万余份。这些馆藏标本采自全国各地，以中国西南及横断山地区的最为丰富，通过与国内外各研究机构之间的合作考察、赠送、交换等方式，馆藏量还在以每年 20000 余份的速度增加。

（3）中国科学院华南植物园标本馆。中国科学院华南植物园标本馆历史悠久，馆藏丰富。其前身为中山大学农林植物研究所标本室，由著名植物学家陈焕镛院士于 1929 年创建。现藏有植物标本 118 万余份，其中种子植物 85 万份、苔藓植物 4 万份、蕨类植物 4 万份、模式标本近 7540 份等，该馆是我国三大植物标本馆之一，在植物分类学、植物区系学等研究领域具有重要价值，为相关学科的发展提供了重要的实物资料。华南植物园标本馆有许多珍贵的植物标本，其中包括：馆藏最古老的标本，采集于 1822—1824 年的大戟科沙戟属植物，这份标本是从大英博物馆交换得来，采集地在非洲的尼日利亚，已有超过两百年历史；最早的本土植物标本：1872 年 6 月采自广州的豆科植物短萼仪花；“活化石”银杉的标本。

此外，该标本馆还收藏有 1981 年采自广东龙门县南昆山林场竹坑嶂的紫花红豆标本（带果），这是中国二级重点保护野生植物；以及在广东龙门南昆山省级自然保护区新发现的博罗红豆标本，此物种之前仅在广东象头山国家级自然保护区内有分布记录。

另外，全世界仅保存 4 份的凌云龙须藤标本，其中有 2 份藏于中国科学院华南植物园标本馆。该物种曾于 1937 年在广西凌云县玉洪乡被发现，“隐世”80 多年后于近期在广西大化瑶族自治县被重新发现。

（4）西北农林科技大学生命科学学院植物研究所标本馆。西北农林科技大学植物标本馆始建于 1936 年，其前身为中国科学院西北植物研究所标本馆，1999 年并入西北农林科技大学生命科学学院。标本馆珍藏有自 20 世纪 20 年代以来采自我国西北、华北、西南等地的植物标本约 75 万余份，是我国目前馆藏量最为丰富的植物标本馆之一，也是我国西北地区收集最全、规模最大、建馆历史最为悠久的植物标本馆。馆藏标本植物种类丰富，涵盖了从地衣、苔藓、蕨类、裸子植物到被子植物的所有类群，采集地点遍布全国，尤其是秦岭和黄土高原的植物标本最为详尽，其丰富程度和现有的珍藏价值在国内外享有盛誉，还藏有植物模式标本 300 余份，植物照片三万余张。先后出版和参与编写了《中国植物志》《秦岭植物志》《黄土高原植物志》《Flora of China》《中国滩羊区植物志》《华北植物区系地理》等植物学专著，在秦岭地区和黄土高原地区乃至西北地区植物学研究中占据着重要地位。西北农林科技大学植物标本馆的相关研究工作包括经典分类研究、物种生物学研究、虚拟植物标本馆及标本馆信息化建设等。此外，依托该标本馆还建立了植物博物馆，由室内展厅和温室两部分组成，建筑面积约 4200 m^2，是目前我国西北地区较大的植物科学博览馆之一。室内展厅以植物体的生长发育为主线介绍相关知识，温室则重点展示植物界的主要类群和趣味植物。

（5）江苏省中国科学院植物研究所标本馆。江苏省中国科学院植物研究所标本馆（NAS）是国内建立较早的标本馆之一，其位于南京中山植物园内。该标本馆收藏了丰富的植物腊叶标本，达 70 余万份，是华东地区最大的植物标本馆。包含数千份珍贵的模式标本，收藏范围涵盖我国所有省份及世界各大洲，尤以华东地区较为全面，还收藏有相当数量的中国台湾及日本的标本。

（6）中国科学院沈阳应用生态研究所标本馆。中国科学院沈阳应用生态研究所标本馆始建于 1954 年，是目前东北地区标本保藏量最大、门类齐全的综合性生物标本馆。

现藏有各类标本 52.1 万份，其中包括维管束植物标本 26 万份、苔藓标本 12 万份、地衣标本 3 万份、高等真菌标本 1.5 万份、昆虫标本 6 万份、病害标本 1 万份、微生物菌种 2.5 万株、木材标本 1 千份及土壤标本 2 万份，收藏生物分类区系方面的文献资料一万多册。该标本馆的研究人员在植物系统与进化、植物多样性保护和持续利用、森林病虫害、微生物资源的系统学及应用开发等方面开展了诸多研究工作，已成为我国东北地区生物资源研究和开发利用的重要基地以及东亚苔藓植物研究中心之一。其标本馆的苔藓植物研究涵盖全国 34 个省区和直辖市（包括港、澳、台）以及国外欧、亚、北美、澳等 13 个国家。收藏有苔藓植物标本（基因库）15 万余份，积累资料 4 千余篇（册），与国外 30 余个重要的苔藓植物研究机构建立了友好的合作研究关系；发现中国新纪录 3 科 30 属 531 种，建立了 2 新亚目 2 新科 3 新属和 115 新种；首次发现了藓类植物传孢（粉）器官在长期生态环境过程中形成的主要形式和相应结构，有力地证明苔藓植物起源于绿藻及其内在演化过程，并提出了以科为单位的新演化系统；以苔类雌苞组成结构为基础，提出了世界苔类新修正演化系统。

（7）广西植物标本馆。广西植物标本馆的前身为广西大学植物研究所标本室，成立于 1935 年，现隶属于广西壮族自治区、中国科学院广西植物研究所。经过几代植物学家的努力，该标本馆馆藏维管束植物标本已达 40 万份，共收录国内外植物物种约 12000 种，涵盖了广西植物 8000 多种，其中模式标本 4000 余份，涉及 150 科 1100 余个分类群，馆藏标本年代最早的采集于 1889 年。其标本来源以广西各地为主，尤其以石灰岩地区的植物标本最为齐全，占本馆馆藏标本的 30% 以上，是全国馆藏广西石灰岩石山地区植物标本最多的植物标本馆，在石灰岩石山地区植物研究领域具有不可替代的地位。此外，该标本馆还广泛收集了华南、西南和东北等其他各省区的标本，并与周边国家和其他国家的标本馆建立了标本交流关系，收藏了美国、英国、日本、印尼、新西兰、越南等国的部分标本，在世界樟科、猕猴桃科、豆科、千屈菜科、柿科、苦苣苔科、茶科、苏铁科等的标本积累较为丰富，为广西相关的植物学专著编写、植物地理学和植物资源的开发保护等工作创造了有利条件，是广西植物研究的重要资源和平台。

（8）中国科学院西北高原生物研究所青藏高原生物标本馆。中国科学院西北高原生物研究所青藏高原生物标本馆是目前收藏、保存青藏高原生物标本数量最多、种类最全、馆藏最丰富、标本采集覆盖青藏高原范围最广的标本馆。该标本馆的前身动物标本室和植物标本室始建于 1962 年，经过近 60 多年来三代科学家的不懈努力，其生物标本收藏量已有 55 万多份。其中植物标本（蕨类植物、裸子植物、被子植物）34 万号，复份标本 4 万号；动物标本 16.25 万号，包括昆虫 11 万号，兽类 0.7 万号，鸟类 1 万号，两栖爬行类约 0.85 万尾，鱼类 2.7 万尾。除了大量具有青藏高原特色的标本外，该馆还收藏有许多珍稀、濒危、独特甚至已近灭绝的物种的标本及大约 300 个生物学新分类群的模式标本，具有独特的地位和不可替代性。其收藏的标本除主要来自青海和西藏外，还有来自川西、滇西北、甘南、新疆、陕西等省区的。通过对馆藏标本的采集和研究，该所培养了一支高水平的研究队伍，为青藏高原乃至全国的生物学教学、科研和生产作出了较大贡献。研究人员参加了全国生物“三志”及“泛喜马拉雅植物志”的编研，并相继编著了多部学术专著，前后共发表新分类群 300 余个，一些重要类群的研究处于国内外领先水平。在生物资源特别是藏药开发利用的研究方面，也取得了多项成果。建馆至今，每年都有国内外学者来此进行研究工作，国外许多大的标本馆、博物馆也与该馆交换或借阅标本，这提高了该馆在世界范围内的知名度和在标本馆业界的地位。

（9）四川大学植物标本馆。由我国植物学先驱钱崇澍教授于 1935 年创建，后经世界著名植物学家方文培教授发展壮大。该标本馆目前共收藏植物标本约 84 万份，其中经过研究发表的植物新种模式标本 1000 余份，其规模和数量名列我国高等院校首位，在国内外同行中具有重要影响。早在 20 世纪 50 年代初，该馆就被收入《世界著名植物标本馆专集》，是世界重要标本馆之一，在西南地区是贮藏资料最具权威性的单位之一。除了本校采集制作的标本外，该馆还通过馆际标本交换，收藏了云南、广东和东北等地的标本；通过国际交换，保存有美国、英国、日本、苏联、法国、保加利亚等 20 多个国家的标本。先后接待了数百名国内外学者来此查阅资料，开展研究工作。四川大学植物标本馆作为植物学的研究基地，为编写世界植物学专著、国家及区域性植物志提供了充足的标本资料，也为植物分类学、植物区系学、植物地理学、植物生态学、植物遗传学、植物化学、孢粉学、植物细胞学、古植物学及药用植物学等学科的发展提供了具体的实物标本，同时为农业、工业及医药卫生事业等生产应用部门提供了资料及依据。该馆先后主编或参与完成了多部植物学专著，如《峨嵋植物图志》（四卷）、《中国植物志》（六卷）、《中国四川杜鹃花》（一卷）、《中国高等植物图鉴》《中国树木志》《四川植物志》等 20 余部 60 余卷，在国内外发表论文共 300 余篇，获得国内外奖励（如有英国皇家园艺学会银质奖、国家自然科学一等奖等）20 余项。

3.2.2 植物标本馆未来发展方向——数字标本馆

20 世纪 80 年代，植物标本数字化开始兴起。随着计算机技术和网络技术的飞速发展，植物标本馆逐渐进入数字化时代，一些大型植物标本馆和研究机构开始建立自己的数字化标本库，并开发相应的管理系统和数据库。这些数字化标本库通常包括标本的图像、采集信息、分类鉴定信息等。

近年来，随着人工智能、大数据、云计算等技术的不断发展，植物标本数字化技术也得到了进一步的提升和应用。例如，利用图像识别技术可以实现植物标本的自动识别和分类；利用大数据分析可以挖掘植物标本中的潜在信息，为科学研究提供支持。

同时，植物标本数字化也面临着一些挑战和问题，如数字化标准不统一、数据质量参差不齐、数据共享困难等。因此，需要进一步加强标准化建设、提高数据质量、促进数据共享，以推动植物标本数字化技术的发展和应用。

3.2.2.1 数字化植物标本优点

（1）便捷访问和共享。数字化标本可以通过网络在全球范围内便捷地访问，促进了不同地区研究人员之间的合作与信息共享，打破了地理和机构的限制。

（2）便于长期保存。减少了对实体标本的频繁处理，降低了因频繁取用造成的损坏风险，有助于长期保存珍贵的标本。

（3）节省空间。无须大量的物理存储空间来存放实体标本，节省了标本馆的空间资源。

（4）高效检索。利用数据库和检索工具，可以快速准确地找到所需标本的信息，提高了研究效率。

（5）多维度展示。可以通过高清晰度的图像、多角度拍摄甚至 3D 模型等方式，更全面、细致地展示标本的特征。

（6）数据分析。能够对大量的数字化标本数据进行分析，发现物种分布、变迁等宏观趋势和规律。

（7）教育价值。方便用于教育领域，让学生和公众更容易接触和了解植物标本。

（8）备份与恢复。数据可以进行多重备份，降低了因灾害或意外导致数据丢失的风险。

3.2.2.2 数字化植物标本的发展方向

（1）技术融合。将与更先进的成像技术如高分辨率三维扫描、高光谱成像等相结合，以获取更丰富、更精确的标本信息。

（2）数据分析深化。利用大数据分析和机器学习算法，从海量的数字化标本数据中挖掘更深层次的生物学知识和生态模式。

（3）移动应用拓展。开发更多适用于移动设备的应用程序，方便科研人员、爱好者在野外或任何地方随时随地访问和使用数字化标本资源。

（4）虚拟现实（VR）和增强现实（AR）应用。通过 VR 和 AR 技术，为用户提供更沉浸式和交互式的标本观察体验，增强教育和科普效果。

（5）跨领域合作加强。与地理信息系统（GIS）、气候模型等领域的合作，以更好地理解植物分布与环境变化的关系。

（6）标准化与互操作性提升。制定和完善全球统一的数字化标本标准，促进不同机构和数据库之间的数据交换和整合。

（7）公众参与增加。鼓励公众通过众包等方式参与数字化标本的采集、鉴定和标注，丰富数据来源。

（8）与基因数据关联。将植物标本的形态特征数据与基因数据相结合，从更全面的角度研究植物的演化和分类。

3.3 植物标本保存的常用方法

3.3.1 腊叶标本

腊叶标本是将新鲜的植物经过采集、整理、压制、干燥后装订在白色硬纸上制成的标本。腊叶标本在适当的保存条件下可以长期保存，但也不是无限制的。如果保存环境干燥、通风良好、避免阳光直射、防虫防潮措施得当，腊叶标本可以保存数十年甚至上百年。如果保存条件不佳，例如环境潮湿容易受到虫害侵袭；频繁暴露在不良环境中，腊叶标本可能会出现变色、发霉、变形、破碎等问题，从而影响保存期限和使用价值。

优点：能长期保存植物的形态和结构特征；制作相对简单，成本较低；便于观察和研究植物的外部形态。

缺点：可能会导致植物颜色的改变和部分细节的损失；对于柔软或多汁的植物部分保存效果不佳。

3.3.2 浸渍标本

浸渍标本是将植物浸泡在特定的化学溶液中，以保持其形态、颜色和结构的标本保存方法。常用的化学溶液有福尔马林溶液、醋酸铜溶液（保持绿色）、酒石酸溶液（保持红色）、氯化钠饱和溶液、酒精溶液等，这种方法能较好地保存植物的颜色和形态。浸渍标本在保存前必须进行防虫处理，所采取的方法不会对浸渍标本造成损害，同时也要遵循相关的安全和环保规定。

（1）定期检查。定期查看浸渍标本，及时发现可能出现的虫害迹象。

（2）密封保存。确保标本容器密封良好，减少虫子进入的机会。可以使用密封性能好的盖子，并在盖子边缘涂抹凡士林等密封材料。

（3）放置防虫剂。在标本容器内放置适量的防虫剂，如樟脑丸、樟脑片等。但要注意防虫剂不能与标本直接接触，以免对标本产生不良影响。

（4）清洁环境。存放浸渍标本的环境要保持清洁，减少虫子滋生的条件。定期打扫存放区域，避免灰尘和杂物堆积。

（5）消毒处理。在制作浸渍标本前，对植物材料和容器进行消毒处理，可以减少带入虫卵和细菌的可能性。

（6）更换浸渍液。定期更换浸渍液，保持浸渍液的清洁和有效性，防止虫子在其中滋生。

（7）低温保存。如果条件允许，将浸渍标本存放在低温环境中，低温可以抑制虫子的活动和繁殖。

优点：能较好地保持植物的原有颜色和形态，尤其是对于柔软、多汁的部分；可以展示植物内部的细微结构，具有较高的观赏价值和研究价值。

缺点：浸渍液可能会随着时间变质，需要定期更换；保存条件要求较高，如密封、避光等；部分浸渍液可能对人体有一定的毒性；制作过程较为复杂，需要掌握特定的配方和处理技巧；成本相对较高。

3.3.3 风干法

风干法是一种相对简单且自然的植物标本保存方法。选择健康、完整且具有代表性的植物进行初步处理，去除植物上的残叶、病叶、泥土和杂质。对于较大的植物，可以适当修剪多余的枝叶和花朵，使其更便于干燥和保存。使用细铁丝、麻线或夹子等工具，将植物固定成所需的形态，以保持其在干燥过程中的自然姿态。选择一个通风良好、干燥且避免阳光直射的地方，如通风的阁楼、干燥室或通风橱。将准备好的植物平放在干净的纸张、筛网或架子上，确保植物各部分都能充分暴露在空气中等待干燥。根据植物的大小、厚度和环境条件，干燥时间可能从几天到几周不等。在此期间，要定期检查植物的干燥程度，避免受潮或受到虫害。当植物完全干燥后，小心地将其放入标本袋或标本盒中，并标注相关信息，如植物名称、采集地点、采集时间等。

优点：操作方法简单，无需特殊设备，成本低；对植物的形态破坏较小。

缺点：容易受到灰尘和虫蛀的影响；可能会使植物变得脆弱，容易折断，在干燥过程中可能会有一定程度的变形和颜色变化。

3.3.4 硅胶干燥法

硅胶干燥法是一种能较好保持植物原有形态和颜色的植物标本保存方法。以下是其主要步骤：

（1）准备材料。需要新鲜的植物、硅胶颗粒（通常为蓝色，吸湿后变为粉红色）、密封容器。

（2）处理植物。选择完整、无病虫害的植物，去掉多余的部分，并进行适当的整形。

（3）铺设硅胶。在密封容器底部铺上一层较厚的硅胶。

放置植物：将植物小心地放置在硅胶上，然后用硅胶颗粒将植物完全覆盖，确保植物的各个部分都被硅胶包裹。

（4）密封容器。盖上容器盖子，确保密封良好，以防止空气进入。

（5）等待干燥。通常在几天内植物就能干燥完成。可以通过观察硅胶的颜色变化来判断吸湿情况，当硅胶大部分变为粉红色时，说明已经吸湿较多，可能需要更换硅胶。

（6）取出标本。植物干燥后，小心地从硅胶中取出。

优点。干燥速度快，能在较短时间内完成标本制作；能够较好地保持植物的颜色和形态，细节清晰。

缺点：硅胶需要定期更换或再生，成本相对较高；操作过程相对较为烦琐，需要小心处理植物，避免损伤。

3.3.5 冷冻干燥法

冷冻干燥法是一种先进的植物标本保存技术，利用低温和真空条件，使植物中的水分直接升华，能够很好地保持植物的形态、颜色和细胞结构。

操作步骤如下：

（1）预处理。选择新鲜、完整的植物材料，进行适当的清洁和整理，去除表面的杂质和多余部分。

（2）冷冻。将植物材料迅速放入低温冰箱或液氮中冷冻，使植物内部的水分形成冰晶。

（3）真空干燥。把冷冻的植物放入真空干燥设备中。在真空环境下，冰晶直接升华变成水蒸气被抽走，从而实现干燥。

（4）稳定处理。干燥完成后，让标本在适当的环境中稳定一段时间，以消除可能的残余应力。

优点：能最大程度地保持植物的原始形态、颜色和细胞结构，保真度高；干燥过程对植物的损伤较小。

缺点：设备昂贵，操作复杂，需要专业的技术和知识；运行和维护成本高。

3.4 植物标本分类存放

3.4.1 植物标本分类存放的意义

植物标本的分类存放对于植物学研究、教育以及资源保护和利用都具有重要意义。

（1）便于检索和研究。分类存放使得研究者能够快速找到特定类型的植物标本，提高工作效率。无论是进行物种鉴定、形态比较还是生态研究，都能节省大量时间。

（2）系统整理知识。有助于构建清晰的植物学知识体系。通过按照一定的分类系统存放标本，可以更直观地展现植物之间的亲缘关系和进化脉络。

（3）保护和管理。明确分类后，能够更好地针对不同类型的标本采取相应的保护措施，确保标本的质量和完整性。

（4）促进学术交流。规范的分类存放方式便于不同学者之间交流和共享研究成果，减少因标本混乱带来的误解和错误。

（5）教育价值。对于教学活动，分类存放的标本能更有效地向学生展示植物的多样性和分类特征，提高教学效果。

（6）资源利用优化。方便对标本资源进行合理规划和利用，避免重复采集和浪费。

（7）历史和文化价值。能够反映不同时期、不同地区的植物分布情况，具有一定的历史和文化研究价值。

3.4.2 植物标本分类存放的标准

（1）植物分类学系统。依据植物界的分类阶元，如界、门、纲、目、科、属、种进行分类存放。这是最常见和科学的标准，遵循植物的亲缘关系和进化特征。例如，将所有菊科植物标本存放在一个区域，蔷薇科植物标本存放在另一个区域。存放时可以使用不同的抽屉、盒子或架子，并在上面标明科属名称。

（2）植物形态特征。例如按照植物的茎、叶、花、果等形态特征进行分类。比如，将具有相似叶片形态的植物标本放在一起。

（3）生活习性。根据植物是草本、木本、藤本，或者是水生、陆生、寄生等不同生活型来存放。为每种生活型植物准备专门的存放空间，如乔木标本放在较高的架子上，草本标本放在较矮的抽屉中。

（4）地理分布。按照植物的原产地或分布区域进行分类，比如亚洲植物、非洲植物、中国南方植物、北方植物等。如果标本采集自不同的地区或生态系统，可以据此分类存放。比如，将来自山区的标本与来自平原的标本分开存放。

（5）经济用途。如药用植物、观赏植物、食用植物、工业用植物等，分别为不同用途的植物标本设置存放区域，并做好相应的标识。

（6）采集时间。将在不同年份或季节采集的植物标本分别存放，有助于研究植物的物候变化。

在实际操作中，往往会综合考虑以上多个标准，根据具体的收藏目的和研究需求来确定最合适的分类存放方式。同时要确保存放环境干燥、通风、安全，做好标签和记录，方便查找和研究使用。

3.4.3 植物标本分类存放的步骤

（1）确定分类标准。根据研究目的、标本特点和使用需求，选择合适的分类标准，如植物分类学、形态特征、用途、地理分布等。

（2）整理标本信息。对现有的植物标本进行详细检查，记录其名称、采集地点、采集时间、所属类别等关键信息。

（3）初步分类。按照选定的分类标准，将标本大致分为不同的类别，如先按科属分类，或者按生活型分类等。

（4）细分整理。在初步分类的基础上，进行更细致的划分。例如，在科属分类中，再按照种进行细分。

（5）选择存放容器。根据标本的数量、大小和保存要求，选择合适的存放容器，如标本盒、抽屉、橱柜等。

（6）标记容器。为每个存放容器贴上清晰的标签，注明分类类别、编号等信息。

（7）放置标本。小心地将分类好的标本放入相应的存放容器中，注意摆放整齐，避免挤压和重叠。

（8）建立索引。创建一个标本索引或目录，记录每个标本的存放位置和相关信息，方便查询和检索。

（9）复查整理。完成存放后，再次检查标本的分类和存放是否准确，标签是否清晰完整。

（10）定期维护。定期检查标本的存放情况，维护存放环境，更新索引信息。

3.4.4 植物标本分类存放的关键问题

（1）明确分类体系。在开始存放前，确定清晰、合理且适合自身需求的分类标准，避免分类混乱。

（2）标记清晰准确。为每个存放区域、抽屉、盒子或架了做好明确的标记，包括分类类别、具体名称等详细信息，确保易于识别和查找。

（3）环境条件。存放环境要保持干燥、通风良好，温度和湿度相对稳定，以防止标本受潮、发霉或受损。

（4）防挤压碰撞。在存放过程中，注意标本之间保持适当间距，避免相互挤压和碰撞，以免破坏标本的形态。

（5）定期检查。定期对标本进行检查，及时发现可能出现的问题，如虫害、受潮、标签脱落等，并及时处理。

（6）安全防护。存放区域要做好防护措施，避免受到火灾、水淹等意外灾害的影响。

（7）遵循规范。如果是用于科研或教学等专业用途，应遵循相关的行业规范和标准进行分类存放。

（8）空间规划。合理规划存放空间，预留一定的扩展空间，以适应标本数量的增加。

3.4.5 植物标本分类存放索引创建

3.4.5.1 分类存放索引创建应考虑的问题

设计植物标本分类存放的索引检索功能时，可以考虑以下几个方面：

（1）多条件搜索。允许用户通过输入多个关键词或条件进行检索，例如植物名称、采集地点、采集时间、科属等。用户可以选择单个条件搜索，也可以组合多个条件进行精确查找。

（2）模糊搜索。支持用户输入不完整或近似的关键词，系统能智能匹配相关的标本信息。比如输入“玫瑰”，能检索出包含“玫瑰”字样的植物标本，如“红玫瑰”“白玫瑰”等。

（3）分类筛选。在检索界面提供分类选项，如按照植物的生活型、用途、地理分布等分类进行筛选，用户可以先选择分类，然后在该分类下进行关键词搜索。

（4）排序功能。提供按照不同字段进行排序的选项，如按照采集时间先后、标本编号大小、植物名称字母顺序等，方便用户快速找到所需标本。

（5）实时反馈。在用户输入关键词或进行筛选操作时，实时显示匹配的结果数量和部分结果，让用户能及时了解搜索的有效性。

（6）高级搜索选项。对于有更复杂需求的用户，提供高级搜索功能，如使用逻辑运算符（与、或、非）组合多个条件，以及指定关键词出现的位置（标题、正文等）。

（7）结果展示。检索结果应以清晰明了的方式展示，包括标本的关键信息、图片（如果有）、存放位置等，方便用户快速了解标本的基本情况。

（8）搜索历史记录。保存用户的搜索历史，方便用户重复查看或修改之前的搜索。

如果是设计电子索引检索功能，可以使用数据库编程语言（如 SQL）结合前端开发技术（如 HTML、CSS、JavaScript）来实现上述功能。如果是纸质索引，则可以通过设计清晰的目录和索引标签来提高检索效率。

3.4.5.2 分类存放索引创建的步骤

建立植物标本分类存放的索引可以按照以下步骤进行：

（1）选择索引格式。可以使用电子表格（如 Excel）、数据库软件（如 Access）或者纸质的索引册。

（2）确定索引字段。通常包括标本编号、植物名称（包括学名和俗名）、科属、采集地点、采集时间、存放位置、标本状态（如完好、受损）等重要信息。

（3）编号系统。为每个标本赋予唯一的编号，可以采用有规律的数字编号或者结合字母和数字的编号方式，确保编号易于理解和查找。

（4）录入信息。按照确定的字段，将每个标本的相关信息准确无误地录入到索引中。

（5）分类排序。根据您选择的分类标准，如科属、采集地点等，对索引中的数据进行排序，以便快速查找。

（6）建立交叉索引。如果有需要，可以根据不同的分类方式或关键信息建立交叉索引，提高查询的灵活性。

（7）定期更新。每当有新的标本加入或者原有标本信息发生变化时，及时更新索引内容。

（8）备份。定期进行数据备份，以防数据丢失。如果是电子索引，设计方便的检索功能，能够通过输入关键词快速定位到相关标本的信息。

例如，在 Excel 中建立索引时，可以将标本编号列在第一列，其他信息依次排列，然后使用筛选、排序等功能进行管理和查询。

3.4.5.3 分类存放索引创建示例

以下是一个简单的植物标本分类存放的索引检索系统原型的设计示例。

第一步：界面设计

（1）搜索栏。位于页面顶部，支持输入关键词进行搜索。

（2）分类筛选区。

◎植物科属：以下拉菜单形式展示常见的科属选项。

◎生活型：包括乔木、灌木、草本、藤本等选项。

◎用途：如药用、观赏、食用等。

◎地理分布：例如亚洲、欧洲、非洲等。

（3）排序选项。

◎按采集时间升序 / 降序。

◎按标本编号升序 / 降序。

◎按植物名称字母顺序。

（4）结果展示区。

◎以列表形式展示检索结果，每条结果包含标本图片（缩略图）、植物名称、采集地点、采集时间、科属、用途等关键信息。

◎点击每条结果可查看更详细的标本信息，包括标本的描述、存放位置等。

第二步：数据库设计

建立“植物标本”表，包含以下字段：

◎标本编号（主键，自动递增）

◎植物名称

◎科属

◎生活型

◎用途

◎地理分布

◎采集地点

◎采集时间

◎采集人员

◎标本图片路径

◎标本描述

◎鉴定人员

◎鉴定日期

◎存放位置

第三步：功能实现

（1）搜索功能。当用户在搜索栏输入关键词时，在“植物名称”“采集地点”“描述”等字段中进行模糊匹配，返回相关结果。

（2）分类筛选。根据用户选择的分类选项，从数据库中筛选出符合条件的标本。

（3）排序功能。按照用户选择的排序方式对结果进行排序。

这只是一个基本的原型设计，实际开发中还需要考虑用户界面的优化、数据库的优化、数据的安全性等方面。

以下是一些适合设计植物标本分类存放索引检索系统原型的工具，可以根据自己的需求和使用习惯进行选择。

（1）墨刀。一款强大的在线原型工具，操作简单，具有丰富的组件库和模板，支持实时协作和云端存储，方便团队成员之间的沟通与合作。但该软件必须在线操作，离线无法保存，且免费版对于项目数量和页面数量有限制。

（2）Axure。该软件支持在另一台电脑上阅读和编辑原型图，在预览模式下可以在浏览器左侧显示网页目录，且有 Mac 版本和 Windows 版本，但如果接收文件的电脑没安装 Axure，就打不开文件；且不能在手机微信聊天窗口上直接阅读 Axure 原型图，低版本也不能打开高版本的 Axure 文件。

（3）Mockplus。该软件制作效率高，适合“傻瓜式”设计师和产品经理，几乎不用学习，且支持最全面、便捷的原型演示，但需要 Mockplus 软件支持才能编辑和演示，一些复杂的交互效果暂时不支持，对 PRD（产品需求文档）的支持也不足。

3.5 植物标本保存注意事项

判断植物标本保存是否得当，可以从以下几个方面进行：

（1）外观完整性。观察标本的整体形态是否完整，叶片、花朵、茎干等部位有无断裂、缺失或严重变形。

（2）颜色保持。查看标本的颜色是否接近其原本的色泽，是否有明显的褪色、变色现象。

（3）干燥程度。用手轻轻触摸标本，感受其是否干燥，不应有潮湿或发软的感觉。

（4）虫害和霉变。检查标本上有无虫蛀的痕迹、虫卵，以及是否有霉菌生长的迹象，如白色、绿色或黑色的斑点。

（5）标签和记录。确认标本附带的标签和记录是否清晰、完整，信息准确无误。

（6）标本固定。观察标本在台纸上的固定是否牢固，有无松动或脱落。

（7）气味。正常保存得当的标本不应有刺鼻或异常的气味，若有腐臭或霉味表示保存不当。

（8）清晰度。查看标本的细节是否清晰可辨，纹理和结构是否明显。

3.5.1 杀虫消毒

植物表面往往附着有虫卵、细菌以及真菌孢子等，应进行消毒工作以避免标本的根茎叶部分被腐蚀损坏。以前植物标本制作过程中常用升汞酒精溶液直接消毒，随着时代的发展，植物标本消毒设备逐渐增多，可将植物标本放在消毒室或消毒箱内，约 3 天时间后取出。紫外线灯光照射植物标本也可以达到消毒的目的。可根据标本的种类以及制作与保存工作的实际情况采取不同的消毒方式，最后将消毒好的植物标本进行重新压制脱水后，进行接下来的装订工作。

将升汞即氯化汞（ $HgCl_2$，有剧毒，操作时需特别小心）配制成 0.5% 的升汞酒精溶液，倾入平底盆内，将标本浸入溶液处理 1 ～ 2 分钟，再拿出夹入吸湿草纸内干燥。此外，也可使用敌敌畏、二硫化碳或其他药剂熏蒸消毒杀虫。

在保存过程中也会发生虫害，如标本室不够干燥还会发霉，因此必须经常检查。对标本造成危害的昆虫有药材窃蠹（*Stegobium paniceum*）、烟草窃蠹（*Lasioderma serricorme*）、西洋衣鱼（*Lepisma saccharinq*）、线形薪甲（*Cartodere filum*）、地毯甲虫（*Anthrenus verbasci*）等，非昆虫有害生物有螨类、霉菌等。虫害和霉变的防治可以从以下三方面着手：

（1）隔绝虫源。包括门、窗安装纱网；标本柜的门应紧密关闭；新标本或借出归还的标本入柜前严格消毒杀虫。

（2）控制环境条件。标本室温度应保持在 20 ～ 23℃，湿度在 40% ～ 60%，并保持环境卫生。

（3）定期熏蒸。每隔 2 ～ 3 年或在发现虫害时，采用药物熏蒸的办法灭虫，常用药品有甲基溴、磷化氢、磷化铝、环氧乙烷等。这些药品均有很强的毒性，应由专业人员操作或在其指导下进行。此外，也可用除虫菊和硅石粉混合制成的杀虫粉除虫，毒性低，不残留，比较安全。在标本柜内放置樟脑能有效地防止标本的虫害。

3.5.2 标本防潮

植物标本受潮是一个需要及时处理的问题，否则可能会导致标本损坏、变色甚至腐烂。首先，应尽快将受潮的植物标本放置在通风良好且干燥的环境中，避免阳光直射，以免对标本造成进一步的损害。如果受潮情况不太严重，可以在标本周围放置干燥剂，如硅胶、生石灰等，吸收多余的水分。若受潮较为严重，可能需要小心地将标本取出，用干燥的纸巾或柔软的布轻轻吸干表面的水分，但要注意动作轻柔，避免损伤标本的结构。

在处理受潮的植物标本后，要对存放标本的容器或展示盒进行检查和处理，确保其密封性良好，以防止再次受潮。判断植物标本是否受潮，可以通过以下几种方法：

（1）外观观察。仔细察看标本的表面，如果有湿润、水珠或者明显的水痕，很可能是受潮了。

（2）触摸感觉。用手指轻轻触摸标本，如果感觉有潮湿或者发软的情况，说明标本可能受潮。

（3）颜色变化。受潮的标本颜色可能会变得暗淡、模糊，或者出现色斑、褪色不均匀等现象。

（4）气味判断。闻一闻标本，如果有发霉、腐臭或者潮湿的气味，通常意味着受潮。

（5）纸张状况。如果标本是压制在纸张上的，观察纸张是否有潮湿、起皱、变形或者发黄的情况。

（6）霉菌生长。检查标本上是否有白色、绿色或黑色的霉菌斑点或菌丝。

（7）质地变化。原本干燥脆硬的植物部分变得柔软易折，也可能是受潮所致。

综合以上几个方面的观察和判断，可以较为准确地确定植物标本是否受潮。

3.5.3 容器选择

常见的植物标本保存容器有：

（1）玻璃标本盒。透明度高，能清晰展示标本，密封性较好，能有效防潮防虫。

（2）塑料标本盒。重量较轻，不易破碎，价格相对较低，但可能不如玻璃的密封性好。

（3）木质标本盒。具有一定的美观性和质感，但要注意木材的防潮处理，以防影响标本。

（4）密封袋。简单方便，成本低，适合短期保存或临时存放小型标本。

（5）金属标本盒。坚固耐用，但可能较重，且价格相对较高。

在选择植物标本保存容器时，要考虑密封性、透明度、耐用性以及与标本大小的适配性等因素。

（1）密封性。应具有良好的密封性能，以防止空气、湿气和害虫进入。可以选择带有密封盖或密封条的容器。

（2）材质。玻璃容器透明度高，便于观察标本，且化学性质稳定，不易与标本发生反应。但要注意玻璃易碎。塑料容器较为轻便、不易破碎，一些高质量的塑料如聚碳酸酯等具有较好的耐化学腐蚀性和密封性。

（3）大小和形状。容器的大小应足以容纳标本，同时留出适当的空间，避免标本与容器壁接触过度挤压。形状应便于放置和取出标本。

（4）防紫外线。如果标本对紫外线敏感，应选择能阻挡紫外线的容器，以防止标本褪色。

（5）内部环境。有些容器内部可以放置干燥剂或防虫剂，有助于保持标本的干燥和防止虫害。

（6）稳定性。容器应能够稳定放置，不易倾倒或滑动，避免对标本造成损坏。例如，对于一些小型、脆弱的植物标本，可以选择小尺寸的玻璃密封罐；对于较大的标本，可以使用较大的塑料收纳箱，并在内部放置干燥剂和防虫剂。

第 4 章　种子植物分类学形态术语

4.1 根

4.1.1 按照发生情况区分

主根：自种子萌发出的最初的根，有些植物是一根圆柱状的主轴。

侧根：是由主根分叉出来的分支。

直根（单根）：侧根小而且少，主根特大时则叫直根，其几乎不分支的则叫单根（图 4-1）。如胡萝卜。

须根：种子萌发不久，主根萎缩而发生许多与主根难于区别的成簇的根，就叫须根。如小麦。

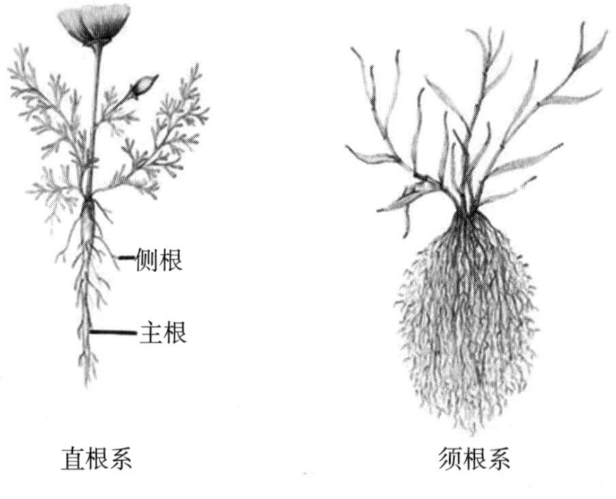

图 4-1　直根系与须根系

4.1.2 按照生存时间区分

一年生根：在一年内，从植物种子萌发到开花结果后即枯死的根。如莎草。

二年生根：从第一年植物种子萌发到翌年开花结果后即枯死的根。如冬小麦。

多年生根：是生存三年以上的根。如二色补血草。

4.1.3 按照生存环境区分

地生根：生于地下的根。如车前。

水生根：水生植物的根。如睡莲。

气生根：生于地面以上的根，主要具有吸水作用。如兰。

寄生根：深入寄主植物组织中的根。如菟丝子。

4.1.4 贮藏根

储藏根主要指具有贮藏作用的根。

肉质直根：由主根发育形成，包括下胚轴和节间缩短的茎。如萝卜、胡萝卜、甜菜。

块根：由侧根或不定根膨大形成的具有贮藏作用的根。如甘薯、麦冬。

4.1.5 气生根

气生根：生长于地面以上的根。

支持根：由茎及枝上产生的具有支持作用的不定根。如玉米。

呼吸根：一些生长在海岸等水地中的植物，其支根向上挺立出土层以外，有呼吸孔，根内有发达的通气组织，只有呼吸作用的根。如红树。

气生根：兰科植物由茎上产生悬垂于空中具吸水作用的不定根。

寄生根：一些植物茎上产生的不定根（吸器），伸入寄主体内吸收水分和营养物质。如菟丝子、槲寄生。

攀援根：一些植物的茎细长柔弱，依赖茎上产生的不定根固着于树干、山石、墙壁上攀援上升。如凌霄、常春藤。

4.2 茎

4.2.1 按照木质化程度区分

木本植物：植物的茎显著木质化，而木质部极发达。如油松。

草本植物：植物的茎不是木质化而为草质。如刺儿菜。

藤本：具有长而细弱不能直立的茎，只能依附于其他植物或有其他物质支持向上攀升的植物。

草质藤本：具有长而细弱不能直立的茎，只能依附于其他植物或有其他物质支持向上攀升的草本植物。如茑萝。

木质藤本：具有长而细弱不能直立的茎，只能依附于其他植物或有其他物质支持向上攀升的木本植物。如紫藤。

4.2.2 按照大小区分

乔木：多年生直立、木质部极发达、具单个树干，而且高达5 m以上的植物。如油松。

乔木状：一种中间类型，是指状如乔木的灌木。如 紫薇。

灌木：高 5 m 以下的木本植物，有时临近基部处发出数个干。如蜡梅。

灌木状：一种中间类型，是指状如灌木的植物。如女贞。

小灌木：高 1 m 以下的灌木。如黄杨。

半灌木：在木本与草本之间没有明显区别，仅在基部木质化的植物。如牡丹。

一年生草本：地上部分不木质化，当年萌发，当年开花结果后，整个植株枯死。如小麦。

二年生草本：地上部分不木质化，当年萌发，次年开花结实后，整个植株枯死。如诸葛菜。

多年生草本：地上部分不木质化，连续生存三年或更长时间，开花结实后，地上部分枯死，地下部分继续生存。如百合。

多年生常绿草本：地上部分不木质化、不枯死，保存绿叶，越冬连续生存三年或更长时间。如麦冬。

4.2.3 按照生长状态和生长方向区分

直立茎：茎垂直于地面，为最常见的茎。如油松。

斜倚茎：茎基部斜倚地上。如马齿苋。

平卧茎：茎平卧地上。如蒺藜。

匍匐茎：茎平卧地上，但节上生根。如委陵菜。

攀援茎：用卷须、小根、吸盘或其他特有的卷附器官攀援于他物上，具有这种茎的植物称为攀援藤本。如爬山虎。

缠绕茎：螺旋状缠绕于他物上，具有这种茎的植物称为缠绕藤本。如紫藤（左旋）、五味子（右旋）。

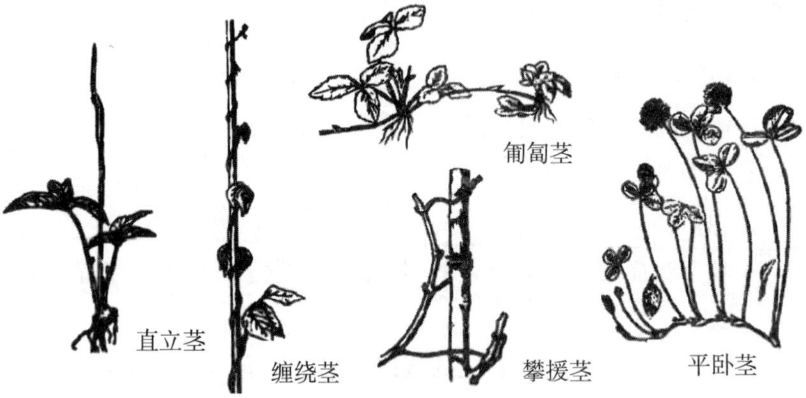

图 4–2　茎的生长习性

4.2.4 按照茎的变态形式区分

根状茎：延长直立或匍匐的多年生地下茎，有的极细长，有节和节间，并有鳞片叶；有的粗肥而肉质。如莲藕、姜。

块茎：短而肥厚的地下茎及假鳞茎。如马铃薯。

球茎：短而肥厚、肉质的地下茎，下部有无数的根，外面有干膜质的鳞片，芽藏于鳞片内。如半夏。

鳞茎：球形体或扁球形体，由肥厚的鳞片构成，基部的中央有一小的底盘，即退化的茎。

无被鳞茎：鳞片狭而呈覆瓦状排列。如百合。

有被鳞茎：鳞片宽阔，外面的鳞片完全包卷内面的鳞片（外面鳞片常呈干膜质）。如石蒜、洋葱。

珠芽：生于地上，鳞茎状的茎的变态结构，一般位于叶腋处。如卷丹、半夏、薯蓣。

叶状茎或叶状枝：茎或枝扁化，绿色如叶状，行使叶的作用。如天门冬。

棘刺（茎刺、枝刺）：枝变成硬针刺。如皂角。

卷须：枝变成卷须。如葡萄、南瓜。

纤匐枝：从叶丛的叶腋中发生的无叶细长的伏地枝，其顶端生根并形成莲花状叶丛而形成新植株，新植株成为独立个体后，纤匐枝的节间即行死去。如草莓。

地下纤匐茎：地下横卧的枝条，生长很快，末端具有芽、鳞茎或块茎。如马铃薯。

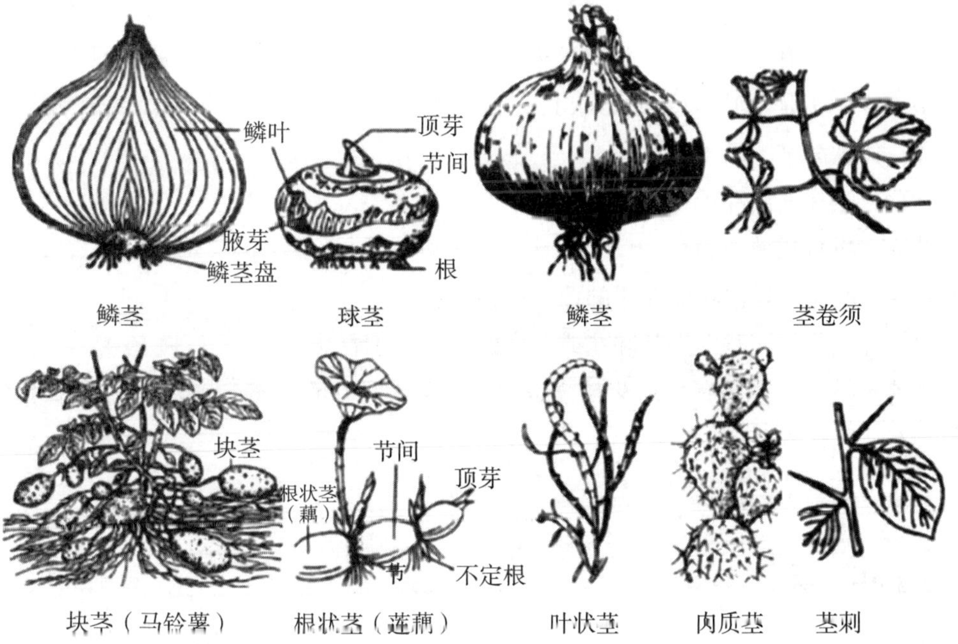

图 4–3　茎的变态类型

4.2.5 按照茎的分枝类型区分

二叉分枝：主要存在于苔藓和蕨类植物，顶端生长点一分为二，形成两个新枝，新枝生长后，其生长点又一分为二，形成二叉状的分枝系统，是一种原始的分枝类型。

假二叉分枝：具有对生叶序的种子植物，顶端停止生长或分化成花芽，顶芽下的两个对生的腋芽同时发育形成叉状分枝。如丁香、泡桐。

单轴分枝：从幼苗开始，主茎的顶芽活动开始始终占优势，形成明显的主干，主干上的侧枝生长量均不及主干，形成一个明显具主轴的分枝。如松柏类植物。

合轴分枝：大多数被子植物，当主干或侧枝的顶芽在生长发育一段时间后生长停滞或死亡，由其下方腋芽发育形成粗壮的侧枝，生长一段时间后生长优势又转向下一级侧枝，如此反复形成一个“之”字形弯曲的主轴。大多数被子植物是这种分枝方式，如苹果。

4.3 芽

单芽：是单独生于一处的芽。

复芽：是指数个芽上下生长在一处。

定芽：有固定着生位置的芽。

顶芽：是生于枝条顶端的芽。如莲藕。

腋芽（侧芽）：是生于叶腋内的芽。

副芽：有些植物的叶腋内可生多个芽，其中后生的芽称为副芽。如金银花。

叶柄下芽：有些植物的腋芽被叶柄包埋，落叶后才能显现出来。如悬铃木。

不定芽：不是从叶腋或枝顶发出，而是从叶子、根上、树干等部位或愈伤组织产生的芽。如秋海棠。

叶芽：是指发出叶子的芽。

枝芽：发育成枝条的芽。

花芽：是指仅发出花或花序的芽。如白玉兰。

混合芽：是指同时发生叶和花或花序的芽。如丁香。

鳞芽（被芽）：是有数片芽鳞覆盖的芽。芽鳞是叶的变态，大部分的温带木本植物都具有，如冬青卫矛。

裸芽：是指没有鳞片覆盖的芽。如枫杨。

4.4 叶

叶是植物制造食物和蒸腾水分的器官，一般的叶由叶片、叶柄和托叶组成；禾本科单子叶植物由叶鞘、叶片、叶耳、叶舌组成。

4.4.1 叶片的组成

叶片：是叶扁阔的部分。

叶柄：是叶着生于枝（茎）的连结部分。

托叶：是叶柄基部两侧的附属物，形状多种多样，有成叶状的，有成鳞片状的，有成鞘状的，也有变成刺的。（月季的托叶与叶柄基部合生）

基部：叶的一端接近于枝（茎）的部分。

尖部：与基部相对即远离枝（茎）的部分。

叶鞘：叶片基部或叶柄形成圆筒状扩大而包围茎的部分。

托叶鞘：蓼科植物的“叶鞘”是由托叶形成的。

抱茎叶：基部抱茎。

穿茎叶：叶基部深凹入，其两侧裂片相合生而包围茎部、好像茎贯穿于叶片中。

下延叶：叶片基部下延于茎上而成棱状或翼状。

盾状叶：叶柄不着生在叶片基底边缘，而是生在叶片背面。如：荷花。

茎生叶：生于茎（枝）上的叶。

4.4.2 叶片的形状

针形：细长而顶尖如针，横切面三角形或棱形。如：松树、云杉。

条形（线形）：长而狭，长约为宽的五倍以上，全长略等宽，两侧边缘近平行。如：小麦、水稻、韭、柳杉、华山松。

披针形：长约为宽的 4 至 5 倍，中部或中部以下最宽，向上下两端渐狭；中部以上最宽，渐下渐狭的特征为倒披针形。如：桃、柳、大戟、百合。

镰形：狭长形而弯曲如镰刀。如：合欢小叶。

矩圆形：长约为宽的 3 至 4 倍，两侧边缘略平行。如：卷耳。

椭圆形：长约为宽的 3 至 4 倍，但两侧边缘不平行而呈弧形，顶、基两端略相等。如：刺槐。

宽椭圆形：同上，但长为宽的 2 倍以下。如：冬青。

卵形：形如鸡卵，中部以下较宽。如：女贞。

倒卵形：形如鸡卵，中部以上较宽。如：大叶黄杨。

心形：长宽比例如卵形，但基部宽圆而凹缺，如：薯蓣。

倒心形：心脏形的颠倒，即顶端宽圆而凹缺，这个凹缺叫弯缺如。如酢浆草。

肾形：横径较长，似肾形。如：马蹄金、毛茛。

圆形：形如圆盘。 如：莲。

三角形：基部宽呈平截形，三边几乎相等。如：加拿大杨、千里光、忍冬。

棱形：即等边斜方形。如：连翘。

楔形：上端宽而两侧向下成直线渐变狭。如：花苜蓿、筋骨草。

匙形：全形狭长，上端宽而圆，向下，形如汤匙。如：泽漆。

扇形：顶端宽而圆，向下渐狭，似扇形。如：银杏。

提琴形：叶子的半段显然较另一半段为宽阔，而从宽阔的部分转变到较狭的半段时，缓慢地或由于其“腰部”紧缩即强烈地分成上下两部分。如：琼珊瑚、野豌豆。

钻形：长而细狭的大部分带革质的叶片，自基部至顶端渐变细瘦而顶端尖。如：钻叶紫菀、柽柳。

剑形：坚实的、通常厚而强壮的、具尖锐顶端的条形叶。如：剑麻、德国鸢尾、丝兰。

带形：宽阔而特别长的条形叶。如：玉米、莴苣基部叶。

管状：多汁，长度超过其宽度许多倍，横切面多少成圆形，中空。如：葱。

鳞形：叶子非常小，贴在枝条上面生长，形如鱼身上的鳞片。如：侧柏。

图 4–4　叶的形态

4.4.3 叶尖形态

卷须状：如：黄精、卷叶贝母。

急尖：先端成一个尖锐角，两边直或稍外弯。如：女贞。

芒尖：凸尖延长成一定芒状的附属物。

突尖：先端平圆，中央突出一短而钝的渐尖头。如：玉兰。

尾尖：先端有尾状延长。如：郁李、樱。

渐尖：尖头延长，但有内弯的边。如：杏、榆叶梅、垂柳。

锐尖：尖头成一锐角形而有直边。 如：金樱子。

钝圆：先端钝或狭圆形。如：厚朴、大叶黄杨。

圆形：如：白车轴草。

截形：先端平截而多少成一直边。如：鹅掌楸。

微凹：先端稍凹入。如：锦鸡儿。

凹缺：先端凹入的程度比前者更明显。如：凹头苋、黄杨。

倒心形：即颠倒的心脏形，或一倒卵而先端深凹入。如：酢浆草。

骤凸形：先端有一利尖头。如：宽苞野豌豆。

凸尖：即中脉延伸于外面而成一短锐尖。如：刺槐。

微凸：即中脉的顶端略伸出于外面。如：卫矛。

刺凸：先端有刺。如剑麻。

钩状凸：先端有一钩状刺。如：阔叶十大功劳。

啮断：即先端边缘呈啮蚀状。

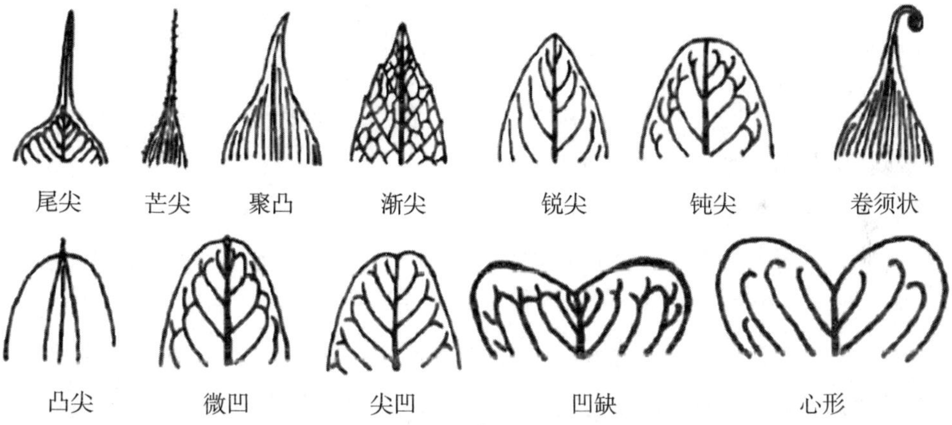

图 4-5　叶尖形状

4.4.4 叶片着生方式

对生：在枝（茎）节的相对面上着生一对叶。 如：芝麻、丁香、女贞、连翘。

交互对生：若上一节的一对叶向前后展开，下一节向左右展开，而上下十字交叉。如：紫薇。

轮生：三片或三片以上的叶有规则地排列于同一个节上。如：夹竹桃。

互生：一片叶着生于一个节的一面，而其上其下的叶着生于节的另一面。如：小麦、棉花。

簇生：两片或两片以上的叶着生于节间极度缩短的侧生短枝的顶端。如：雪松、落叶松。

叠生：若互生叶着生的茎节间不发达，而使叶集生在茎的基部依次套抱 。如：白菜、萝卜、莴苣。

基生：植物茎极度缩短而极不明显，其叶恰如从根上生出。如：车前、二色补血草、蒲公英、萱草。

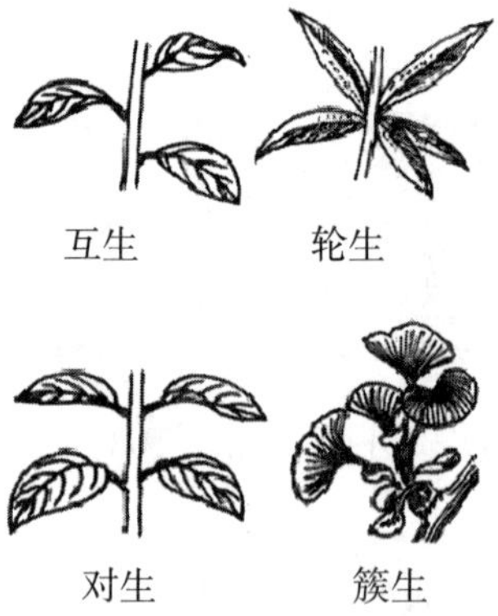

图 4–6　叶片着生方式

4.4.5 叶脉

主脉（中脉、中肋）：位于叶片中央较粗壮的一条叶脉。

侧脉：中脉两侧第一次分出的叶脉。

小脉：连接各侧脉之间的次级脉。

平行脉：侧脉与中脉平行达叶顶或自中脉分出走向叶缘而没有明显的小脉连接的脉序。如：小麦、芭蕉。

掌状脉：叶片有几条等粗的主脉，由叶柄部射出的脉序。如：棉花、甘薯、南瓜。

羽状脉：侧脉由中脉分出排列成羽毛状的脉序。如：枇杷、夹竹桃。

射出脉：盾状叶的叶脉之脉序。如：莲。

网状脉：叶脉数回分支而且有小脉将其连结成网状的脉序。如：芋、桑、构树。

4.4.6 叶缘

全缘：叶缘成一连续的平线，不具任何齿和缺刻。如：牛膝、千日红、丁香、全缘叶栾树。

波状：边缘起伏如微波。如：茄、桦叶荚蒾、槲栎。

深波状：边缘波浪状起伏较大。如：蒲公英、兔儿伞、银白杨。

皱波状：如：甜菜。

强皱波状：如：菊花。

钝齿状：边缘具钝头的齿。如：大叶黄杨、白屈菜、白果堇菜。

小钝齿状：具较小的钝齿。如：白桦、人参、黄檗。

有软骨状边：边缘具一无色的软骨质的肋条。

向外反卷：边缘向叶片的下面卷折。如：石楠、枇杷、夹竹桃。

向内反卷：边缘向叶片的上面卷折。如：披针叶胡颓子。

锯齿状：边缘有尖锐的锯齿，齿端向前。如：板栗、橡子树、桃。

细锯齿状：具较小的锯齿。如：玉米、水稻、冬青卫矛。

重锯齿状：锯齿边缘又具锯齿。如：珍珠梅、榆。

牙齿状：边缘具尖锐的齿，齿端外向。如：灰绿藜。

小牙齿状：具较小的牙齿。如：荣花。

有睫毛：边缘有细毛，似眼睫毛。如：桑、樱花。

有短睫毛：具较小的睫毛。如：猕猴桃。

缺刻的：如：裂叶荨麻、构树。

撕裂的：叶片边缘具不规则的浅裂。

条裂的：叶片边缘分裂成狭条。如：粗根老鑵草、棕榈。

羽状裂的：叶缘形成裂片，裂片排列成羽毛状。

掌状裂的：叶缘形成裂片，裂片排列成掌状。

浅裂的：叶片分裂约三分之一。如：油菜、扁担木。

半裂的：叶片分裂达中部。如：陆地棉。

深裂的：叶片分裂到达中脉或基部不远。如：委陵菜、夏至草。

全裂的：叶片的裂片彼此完全分开，使叶片成为数部分。如：益母草、秃疮花（茎生叶）“羽状全裂”。

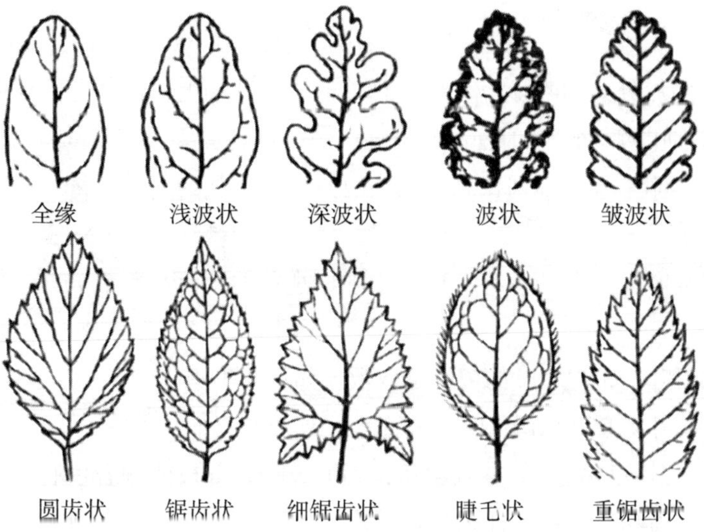

图 4–7　叶缘

4.4.7 按照叶片分裂的深浅

羽状浅裂：如：油菜。

羽状深裂：如：蒲公英。

大头羽裂：顶端裂片较大，向下渐小。如：萝卜。

倒向羽裂：各侧生裂片倒向基部。如：蒲公英。

掌状浅裂：叶子边缘有向内的裂片，呈掌状排列且不深，不超过叶片半径的二分之一。如：枫树。

掌状半裂：叶子边缘有向内的裂片，呈掌状排列且达到叶片半径的一半。如：掌叶大黄。

图 4-8　叶裂

4.4.8 复叶、变态叶

有两片至多片分离的叶片生在一个总叶柄或总叶轴上，这些叶片就叫小叶。小叶本身有柄的叫小叶柄，小叶的托叶叫小托叶。

羽状复叶：侧生小叶排列在总叶柄的两侧呈羽毛状的复叶，每一小叶相当于单叶的每一裂片。

单数羽状复叶：其顶端生有一顶生小叶，小叶的数目是单数。如：槐树、蚕豆、十大功劳。

双数羽状复叶：顶生小叶的数目是双数。如：花生。

一回羽状复叶：总叶柄两侧不分枝而具一列小叶。如：月季。

二回羽状复叶：叶柄两侧有成羽状排列的分枝，分枝两侧着生有羽状排列的羽状复叶，其分枝称为羽片。如：合欢、栾树。

三回羽状复叶：羽片如同总叶柄一样，再一次分枝。如：南天竹。

多回羽状复叶：再次一级的羽片再行同样的分枝以及依次类推，其最末一次的羽片就叫小羽片或末回小羽片。如：胡萝卜。

掌状复叶：其小叶在总叶柄顶端着生在一个点上，向各方展开而成手掌状的叶。

多回掌状复叶：掌状三出复叶的数回重复，如二回重复，三回重复，四回重复的就叫二回三出复叶，三回三出复叶，四回三出复叶，等等。

一小叶复叶或单叶（单身）复叶：侧生小叶退化仅留一枚顶生小叶，看起来好象是单叶，但在其总叶柄顶端与顶生小叶连接处有关节，可以与真正的单叶相区别。如：柑橘。

二出复叶或两小叶复叶：仅有二枚小叶 如：歪头菜。

三出叶或三出复叶：仅有三枚小叶。

羽状三出复叶：三出复叶的二枚侧生小叶着生在总叶柄顶端以下，而仅顶生小叶着生在总叶柄顶端。如：大豆。

掌状三出复叶：二枚侧生小叶和一枚顶生小叶都着生于总柄顶端。红车轴草、三叶草。

四小叶复叶：四枚小叶。如：锦鸡儿。

五出掌状复叶或五小叶掌状复叶：掌状复叶有五枚小叶。

七出掌状复叶：有七小叶。如：七叶树。

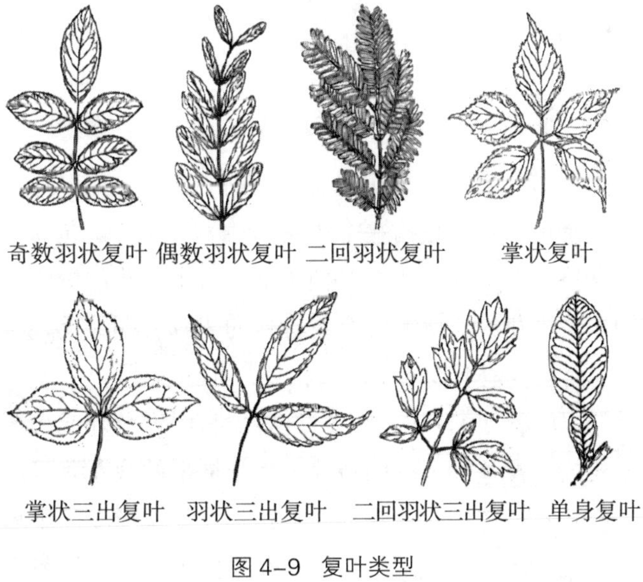

图 4–9　复叶类型

4.4.9 变态叶

苞叶：生于花与花序下面的与叶片形状有差异的变态叶。如：玉米、洋葱。

佛焰苞：是指天南星科植物特有的佛焰花序中，肉穗花序被形似花冠的总苞片包裹，此苞片被称为佛焰苞。如：鸢尾、天南星。

芽鳞：鳞芽外的鳞片状变态叶。

叶刺：叶的一部分或全部变态为刺。如：小檗、刺槐。

叶卷须：由复叶的叶柄、叶轴或托叶变态而成。如：野豌豆、香豌豆。

捕虫叶：叶特化为瓶状或其他形状，具有捕虫作用。如：猪笼草。

叶状柄：复叶的小叶退化，叶柄扁平状，代替叶片行使功能。本地无此种类型。如：台湾相思树。

叶卷须　捕虫草　猪笼草　托叶刺

图 4–10　叶的变态

4.5 花

4.5.1 花序的概念

花序是花序轴及其着生在上面的花的通称，也可特指花在花轴上不同形式的序列。花序的最简单的形式是单生花，是指一个单花单独生，支持这花的柄叫花梗（柄）。倘有数花成群，则支持这群花的柄叫总花梗（柄），个别花的柄叫花梗（柄），整个花枝的轴叫总花轴。单生花或花序的各个花有柄的叫花有柄，反之叫花无柄。倘总花轴或总花梗不具叶，而似从地下抽出来的叫花葶，如：葱兰。

花和花序常承托以叶状或鳞片的器官，这些器官叫作苞片或小苞片。那些生于花序下或花序每一分枝或花梗基部下的叫苞片，生于梗上的或花萼下的叫小苞片。当数枚或多枚苞片聚生成轮紧托花序或一花的叫总苞。在复伞形花序中承托小伞形花序的总苞叫小总苞。佛焰苞是指一枚包围整个肉穗花序的大苞片，这是天南星科和有些单子叶植物花序特有的器官。颖是一种干燥的苞片，专指禾本科小穗上的最下面的无花苞片。外稃专指禾本科的小穗上的有花外苞片。内稃是专指禾本科的小穗上的有花内苞片。

4.5.2 按花序着生位置区分

顶生花序：生于枝的顶端。如：鸡冠花。

腋生花序：生于叶腋内。如：大豆。

腋外生花序：生于叶腋和节之间的节间。

茎生花序：生于茎上或树干上。如：紫荆。

根生花序：由地下茎生出。如：葱兰。

4.5.3 按花序开放顺序区分

1. 无限花序或叫向心花序：是指花由轴的下部先开，渐及上部，且主轴不断增长，或者花由边缘开向中心的花序。

2. 有限花序或叫离心花序：是花序最顶点或最中心的花先开，后及于两侧枝的花序。

有些植物的花序是有限花序和无限花序混生的，即主轴可无限延长，而侧枝为有限花序或相反。

4.5.4 按花序结构形式区分

穗状花序：花多数，无柄，排列于一不分枝的主轴上，如车前草，马鞭草等。小穗是禾本科和莎草科花序中的一个最小单位，有一至数朵花。

总状花序：和穗状花序相似，但花有柄，如远志，荠菜等。

葇荑花序：是由单性花组成的一种穗状花序，但总轴纤弱下垂，雄花序于开花后全部脱落，雌花序于果实成熟后整个脱落，如杨柳科的花序及栎等的雄花序。

肉穗花序：为一种穗状花序，但总轴肉质肥厚，且由　佛焰苞所包围，如芋头，半夏等。

圆锥花序：总轴有分枝，分枝上生两朵以上花，也就是复生的总状花序或穗状花序，或泛指一切分枝疏松，外形呈尖塔形的花丛，如栾树、燕麦的花序。

头状花序：花无柄或近无柄，多数密集于一短而宽、平坦或隆起的总托上而成一头状体，此总托叫花序托（总花托），如菊。

伞形花序：花有柄，花梗近等长，且共同从花序梗的顶端发出，状如张开的伞。伞形花序有单的，即每一花梗或伞梗仅有一朵花，如五加科；也有复生的叫复伞形花序，即每一伞梗顶端再生出一个伞形花序，如伞形科的大多数种类，山茱萸。

伞房花序：花梗或分枝排列于总轴不同高度的各点上，但因最下面的花梗的最长，渐上渐短，使整个花序成一平头状，最外侧的或最下端的花先开，如苹果等。

隐头花序：花聚生于肉质中空的总花托内，同时又被花托包围，如无花果、榕树等。

簇生花序：花无柄或有柄而密集成簇，通常腋生，如鼠李和樟科的山苍子、乌药等。

聚伞花序：为一有限花序，最内的或中央的花最先开放，后渐及两侧。最简单的形式叫二岐聚伞花序，是由三朵花组成的，即在中央一朵顶生花下面，从花序梗顶生出二分枝，每枝顶上各生一枝花。聚伞花序有许多变型，有的为圆锥花序式，有的为复伞房花序式，它继续生长的侧枝有的是二歧状，有的是三歧状。这类花序因分枝次数的不同，或区分为多歧聚伞花序和单歧聚伞花序两种，前者是指相继的各级侧枝多于两个的花序，后者是指每一相继的侧分枝只有一个的花序。多歧聚伞花序的同等级的侧枝通常由每轴近顶端处分向各方向，面斜上呈放射排列，有时排成一轮，如大戟属的花序。单歧聚伞花序又因分枝排列的不同而区别为螺状聚伞花序和蝎尾状聚伞花序，前者是指相继的各级侧枝都由同方位生出而成螺壳状旋转的花序，如黄花，萱草的花序，后者是指相继的各级侧枝由两个方位交互生出成二列，但偏于一侧而成蝎尾状卷曲的花序，如紫草科的一些种类和唐菖蒲等。

轮伞花序：是指聚伞花序生于对生叶的腋间成轮状的形式，如一些唇形科植物的穗状花序是由许多轮伞花序形成的。

聚伞圆锥花序：为一收缩或卵形的圆锥花序，它的主轴生长，但第二次分轴和末轴则呈聚伞花序式。

4.5.5 按花的组成区分

完全花：花由花柄、花萼、花托、花冠、雄蕊群、雌蕊群组成。如：油菜。

不完全花：缺少完全花中包括的任一或几个部位。如：结香。

4.5.6 按花的性别区分

单性花：雄蕊或雌蕊不完备或缺一的花叫作单性花。只有雄蕊，雌蕊退化或不完备的花叫雄花。只有雌蕊，雄蕊退化或不完备的花叫作雌性花。如：杨树、垂柳。

两性花：雌蕊和雄蕊都存在而且充分发育的花叫作两性花。如：棉花、油菜。

中性花：花中雌蕊和雄蕊均不发育。如：向日葵的边花。

杂性花：在一个花序中的花，同时具有两性花和单性花。如：槭树科槭属植物的花。

雌雄同株：单性花中，雌花和雄花同生于一株植物上。如：南瓜、玉米。

雌雄异株：雌花生于一株植物上，而雄花生于另一株植物上。如：大麻。

4.5.7 按授粉方式区分

开花授粉花：多数植物的花及时开放，便于昆虫或风传播花粉。如：向日葵、番茄。

闭花授粉花：除有正常的花外，同时或后来还生出另一种小而不显著的、有时生在近地面附近处，而且永不开放的花。如：鸭跖草、豌豆。

4.5.8 按花冠对称方式区分

辐射对称花：一朵花，如果通过它的中心可以切成两个以上的相等对称面。如：梅花、桃花。

两侧对称花：如果花的任何一轮器官（尤其是花冠）的形状和大小不相等时，通过花的中心，沿一定方向，只可切成一个相等的两半。如：豆科、唇形科。

完全不对称花：花没有任何对称线或结构中心，是一种不整齐花。如：美人蕉。

4.5.9 按花被数量区分

两被花：同时具备花萼和花冠。如：李、荠菜、梨。

单被花：仅有花萼的花。这时花萼叫花被，每一片叫花被片。如：桑。

无被花（裸花）：花萼和花冠均缺少。如：杨柳科植物，如杨树。

4.5.10 按花各部分的结合方式区分

合生：凡同一器官的各部分相结合的。如：棉花、木槿。

贴生：若有一种器官和另一种器官合生的。如：结香。

4.5.11 花冠

花冠是花的第二轮，是最明显的部分，通常大于花萼，质地较薄，呈各种颜色，但通常不为绿色。花冠的每一片叫花瓣。

（1）按花冠各瓣的结合方式区分

离瓣花冠：花冠的各瓣完全彼此分离。如：玉兰。

合瓣花冠：花冠的各瓣有联合。如：矮牵牛。

花冠筒：在合瓣花中联合的部分。

花冠裂片：在合瓣花中分离的部分。

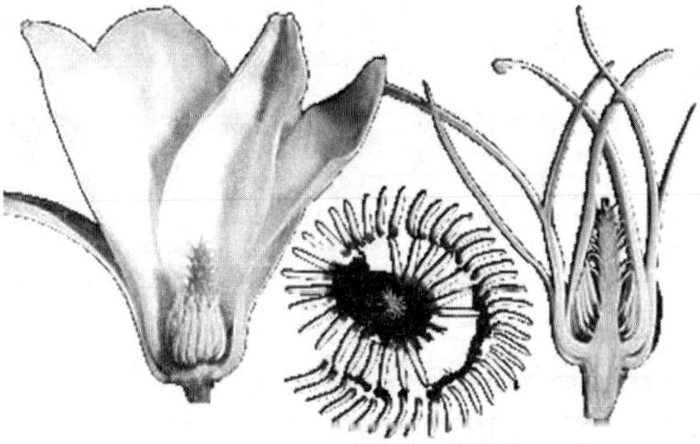

图 4–11　玉兰花的解剖结构

（2）**按花冠的形状区分**

管状花冠：花冠大部分呈一管状或圆筒状。如：多数菊科植物头状花序中的盘花。

十字花冠：花瓣四枚，离瓣，呈十字形排列。十字花科植物，如：荠菜。

蔷薇形花冠：花瓣一般为五基数，离瓣，辐射状排列。如：月季。

漏斗状：花冠下部筒状，由此向上渐渐阔成漏斗状。大多数旋花科植物，如：牵牛。

钟状：花冠筒宽而稍短，上部扩大成一钟形。如：桔梗科植物桔梗。

高脚碟状：花冠下部是狭圆筒状，上部忽然形成水平扩大，如：丁香。

坛状：花冠筒膨大呈卵形或球形，上部收缩成一短颈，然后略扩张成一狭口，如：石楠类植物。

辐射状：花冠筒短，裂片由基部向四面扩展，状如车轮， 如：茄。

蝶形：花瓣五枚，两侧对生，其上一片最大的花瓣叫旗瓣，侧面两片通常较旗瓣小，且不同形，叫翼瓣，最下两片下缘稍合生，状如龙骨，叫龙骨瓣，如：豆科植物，野豌豆。

假蝶形：各花瓣形状与蝶形花相似，但排列方式或花瓣之间的大小关系与蝶形花不同。如：苏木亚科植物。

唇形：花冠稍呈二唇形，上面（后面）两裂片多少合生为上唇，下面（前面）三裂片为下唇，唇形科植物，如：夏至草。

舌状：花冠基部成一短筒，上面的一边张开形成扁平舌状，如：菊科植物的头状花序的缘花。

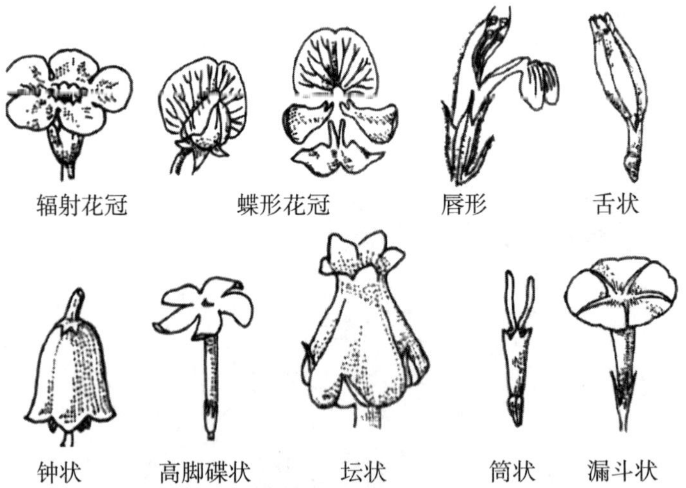

图 4–12　花冠类型

（3）**按花瓣和花萼在花芽内的排列方式区分**

镊合状：指各片的边缘彼此接触但不彼此覆盖。

内镊合状：花各片的边缘内弯。

外镊合状：花各片的边缘外弯而彼此接触。

折叠状：花各片边缘折叠。如：茄。

旋转状：指一片的一边覆盖其相邻的一片的一边，而另一边被另一片的一边所覆盖。如：棉花。

覆瓦状：和旋转状排列相似，只是各片中有一片或两片完全在外，另一片完全在内。若裂片为五片，其中两片完全在外，两片完全在内，剩余的一片在外，一片在内，叫重覆瓦状。如：油菜。

4.5.12 雄蕊

雄蕊是花的重要器官，由花丝和花药构成（图 4–13）。一朵花内的全部雄蕊总称雄蕊群。

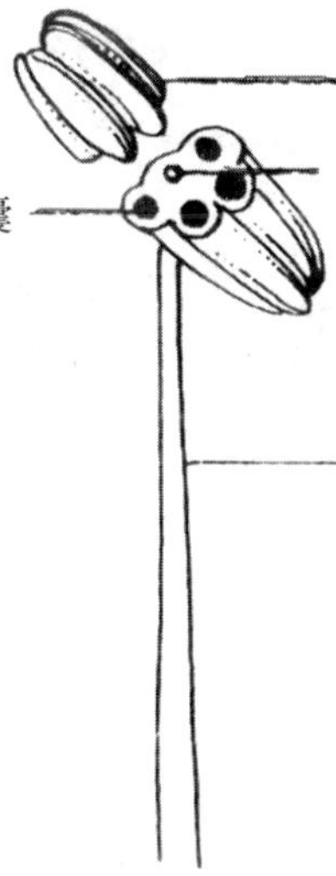

图 4–13　雄蕊的结构

（1）雄蕊的类型

离生雄蕊：雄蕊通常是彼此分离的，叫离生雄蕊，但是也有多种形式的合生。如：桃、杏。

单体雄蕊：当花丝合成一单束时，叫单体雄蕊。如：锦葵科植物，棉花、木槿。

二体雄蕊：成二束时叫二体雄蕊。如：豆科植物，蚕豆、花生、刺槐。

多体雄蕊：成多束时，叫多体雄蕊。如：蓖麻、金丝桃。

聚药雄蕊：当雄蕊花药合成或花丝分离时，叫聚药雄蕊。如菊科植物，向日葵。

雄蕊管：有时花丝完全合生成一球形或圆筒形的管，叫雄蕊管。如：野锦葵。

伸出雄蕊：当雄蕊伸出于花被时叫伸出雄蕊。

二强雄蕊：若雄蕊四枚，当一对强于其他一对时叫二强雄蕊。唇形科植物，如：夏至草。

四强雄蕊：若雄蕊六，其中四枚长于其他两枚时，叫作四强雄蕊。十字花科，如：油菜。

不发育雄蕊（退化雄蕊）：要是雄蕊没有花药或稍具药形而不含花粉时，这样的雄蕊叫不发育雄蕊或退化雄蕊，又叫作假雄蕊。

冠生雄蕊：雄蕊贴在花冠上着生。如：茄、紫草、益母草等。

雄蕊周位着生：着生在萼筒边上，并围着子房而与其分离的雄蕊。如：红花檵木。

雄蕊上位着生：着生在子房顶端的雄蕊。如苹果、南瓜、向日葵。

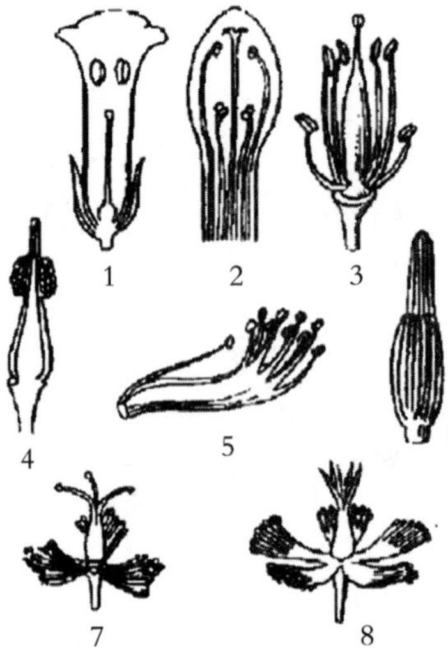

1. 无柄雄蕊；2. 二强雄蕊；3. 四强雄蕊；4. 单体雄蕊；
5. 二体雄蕊；6. 聚药雄蕊；7. 三体雄蕊；8. 五体雄蕊

图 4–14 雄蕊的类型

（2）花药的着生方式

全着药：花药全部着生于花丝上。如：莲。

背着药：当花药背部着生于花丝上。如：玉兰。

基着药：仅花药基部着生于花丝顶部。如：莎草。

丁字着药：花药背部中央一点着生于花丝极尖的顶上而易于摇动。如：小麦、水稻。

个字着药：药室基部张开而上部着生于花丝顶部。十字花科植物，如：荠菜。

广歧药：药室完全分离，几乎成一直线着生于花丝顶部。如：地黄。

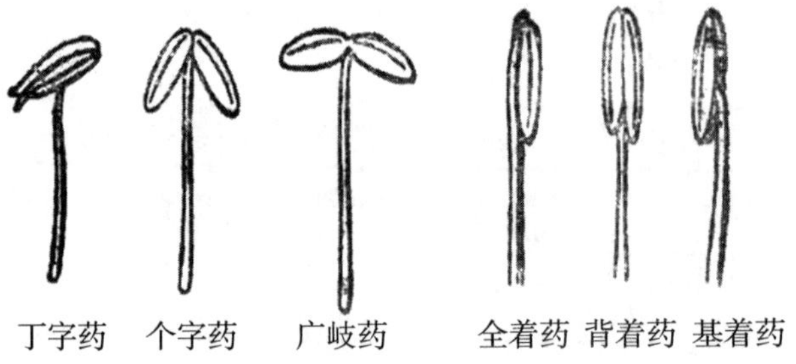

图 4–15 花药的着生方式

（3）花药的开裂方式

花药纵裂：即药室纵长开裂，这是最常见的。大多数植物都是这种形式，如：百合、桃。

花药孔裂：即药室顶部或近顶部有一小孔，花粉由此孔散出，如：茄。

花药瓣裂：即药室有一至四个活板状的盖，当雄蕊成熟时，盖就掀开，花粉由此孔散出，如：小檗。

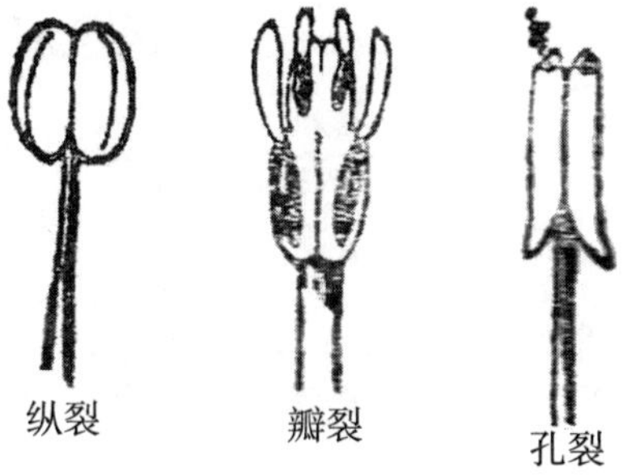

图 4–16　花药的开裂方式

4.5.13 雌蕊

1. 雌蕊：雌蕊是花的最内一个部分，将来由此形成果实。完全的雌蕊是由子房、花柱和柱头三部分构成。

雌蕊的类型：

单雌蕊：一朵花中只由一个心皮卷合而成的雌蕊。如：桃、刺槐。

雌蕊群：有些植物的雌蕊由若干个彼此分离的心皮组成。在这种情况下，可把每个分离的心皮叫作雌蕊，而把全部心皮或全部的雌蕊叫作雌蕊群。如：白玉兰。

离生心皮雌蕊：花中有多个分离的心皮卷合而成的雌蕊。如：八角、草莓。

合生心皮雌蕊：花中由多个心皮边缘相互连接卷合而成，仅具有一个雌蕊的雌蕊群。如：百合、棉。

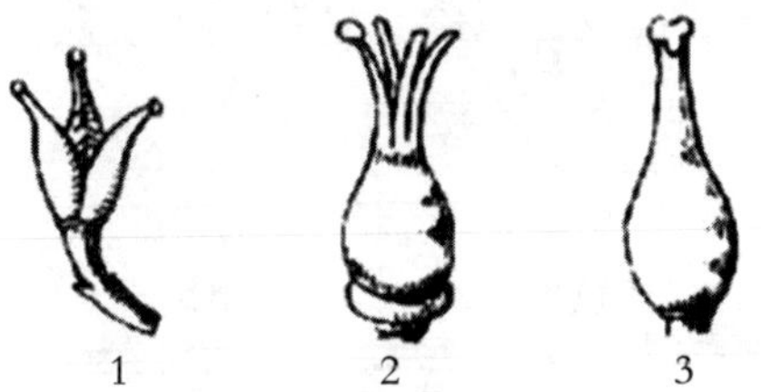

1. 离生心皮雌蕊；2、3. 复雌蕊

图 4–17　雌蕊类型

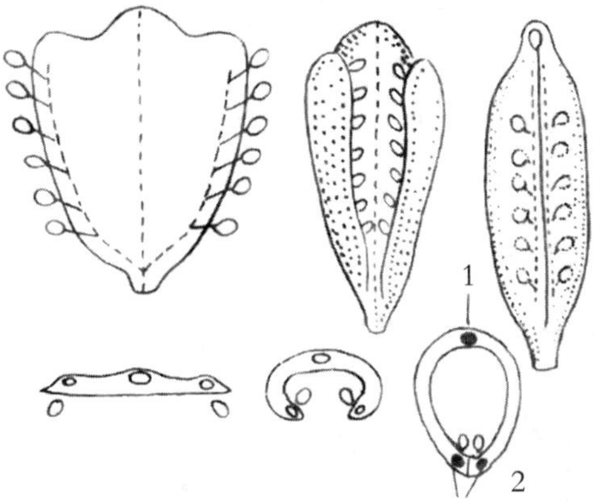

1. 背缝线处的维管束（背束）；2. 腹缝线处的维管束（腹束）

图 4-18 心皮形成雌蕊的图解

2. 花柱：指子房上部渐狭的部分，花柱类型有：单一的，分枝的，花瓣状的（如鸢尾），等等。

3. 柱头：指花柱的顶部，膨大或不膨大，分裂或不分裂，起接受花粉的作用。

4. 子房和胎座：雌蕊的基部，通常膨大，一至多室，每室具一至多个胚珠。胚珠着生的地方叫胎座，胎座有时为点，有时为线，有时隆起而肥厚。

（1）子房的类型

上位子房：子房仅以底部与花托相连，其余部分均与花的各部分分离。如：桃、李。

半下位子房：子房的下半部陷生于花托中，并与花托愈合，花的其他部分着生于子房周围的花托边缘上。如：马齿苋。

下位子房：整个子房埋于杯状花托中，并与花托愈合，花的其他部分着生于子房以上花托的边缘上。如：苹果、梨。

图 4-19 子房的位置

（2）胎座的形式

中轴胎座：在合生心皮多室的子房中它的中轴是由各心皮的内缝合成，胚珠着生于每一心皮的内角（即中轴）上。如：苹果、番茄。

特立中央胎座：在一室的复子房中，中轴由子房腔的基部升起，但不达子房的顶，胚珠着生在此轴上。如：石竹。

侧膜胎座：在合生心皮一室的子房里，胚珠着生于每一心皮的边缘。胎座通常稍厚或为一隆起线，或扩展而几乎充满子房腔内，有时也可凹进子房腔而形成一层假隔膜。如：黄瓜，十字花科植物。

边缘胎座：在单心皮一室的子房里，胚珠着生于心皮的边缘。如：花生、大豆。

基生胎座：胚珠着生于子房的基部。如：向日葵。

顶生胎座：胚珠着生于子房的顶部。如：榆、桑、瑞香科植物。

（3）胚珠

胚珠是将来发育成种子的部分，一至多数着生于子房室内的胎座上。胚珠通常由珠心和珠被两部分组成。珠被有两层的、一层的，也有无珠被的。

胚珠的着生方式有：

直生胚珠：胚珠的合点紧叠于种脐上，而珠柄与珠心在一条直线上。如：荞麦。

弯生胚珠：胚珠的合点紧叠于种脐上，但因其一边生长迅速，使胚珠的中轴弯曲，迫使珠孔倾向下方。如：油菜、扁豆、蚕豆。

倒生胚珠：珠孔从上方倒向下方，因此，合点在上而珠孔在下；有半倒生的，即胚珠平生于珠柄，珠孔和合点在弯曲或通直的中轴的两端，且离胚珠的着生点有同等的距离。如：棉花、稻、瓜类。

胚珠的结构包括胚囊、珠柄、种脐、珠孔、合点。胚囊指珠被之内的珠心，内有胚囊，是藏卵细胞之处。珠柄是指连接胚珠和胎座的部分。合点指的是珠被和珠心的结合点，是维管束输送养料入胚囊的通道。珠孔指珠被顶的一孔道，大多数植物花粉管由此进入胚囊。种脐是种子与珠柄或胎座的连接处，待种子成熟脱离后，其上会留下一个明显的疤痕。

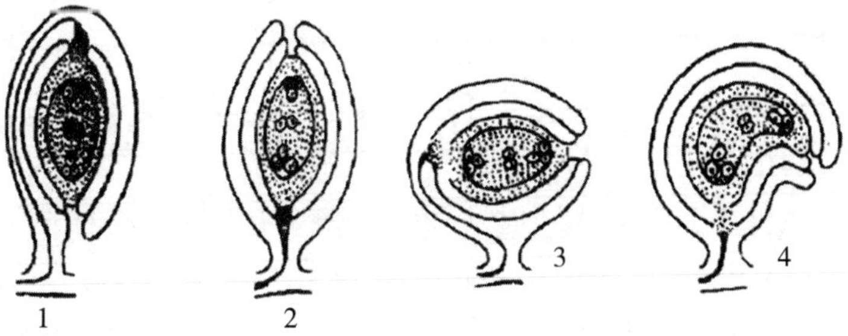

1. 倒性胚珠；2. 直生胚珠；3. 横生胚珠；弯生胚珠

图 4–20　胚珠类型

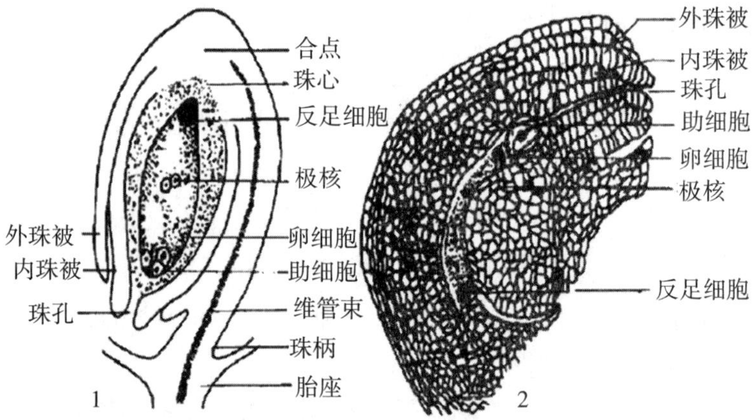

1. 胚珠结构模式图；2. 油菜的成熟胚珠，示胚囊的结构

图 4–21　成熟的胚珠结构

4.5.14 花托

花托是花柄膨大的顶部，是花的各部分着生处。在较原始的花里，花的各部分排列呈螺旋状，所以花托也多少伸长，如玉兰花，含笑花；但在较进化花里，花的各部分器官是轮状排列的，所以花托也就非常短。

1. 花盘：是花托的扩大部分，通常呈杯状，环状，扁平状或垫状。花盘或生于子房的基部，或介于雌蕊和花瓣之间，有全缘的，有分裂的，有齿牙状的。花盘也可分裂成疏离的腺体。

2. 蜜腺：是指花盘变形的小花瓣、花瓣或雄蕊的基部的附属体和附属小体。

3. 子房着生的位置关系

下位花：花朵中的各部位都是直接长在花托上的，如果花托的中部略微突起，将子房向上推，那萼片、花冠和雄蕊都长在子房之下，此种花就称下位花或子房上位。如：毛茛、金丝桃。

周位花：花托凹陷，且多少膨大呈环状或弧状，子房着生在中央，两者彼此分离，花萼、花冠和雄蕊生在花托上端内侧周围，而且围着子房，叫作周位花。这里子房本身位置未变，所以仍是上位子房，如桃，梅，杏等。有些周位花的子房一部分和花托愈合，而另一部分突出在外，这叫半下位子房。如：绣球花。

上位花：花托凹陷而膨大成种子形状，子房着生其中，且彼此愈合，花萼、花冠和雄蕊多在子房之上，仅有花柱部分突出在外，叫上位花；如果子房本身生在其他各轮成员之下，故叫下位子房。如：石榴、苹果、梨。

4.6 果实、种子

果实是由植物开花受精后的子房发育形成 。

果皮是指包围果实的壁，有时可区分为三层：最外面的一层叫外果皮，中间一层叫中果皮，最内一层叫内果皮。 假果说的是有许多果实的形成，除子房本身外，还有花的其他器官参与其中，比如草莓的果实大部分是它增大而肉质的花托；金樱子的花托膨大呈壶状而包于果实的外边。

4.6.1 果实的分类

聚合果：是由花内的若干离生心皮形成的一个整体。如：草莓、玉兰。

①聚合瘦果：小果为瘦果。如：草莓。

②聚合核果：小果为核果。如：悬钩子。

③聚合蓇葖果：小果为蓇葖果。如：芍药、木兰。

④聚合坚果：小果为坚果。如：莲。

聚花果（复果）：由一整个花序形成的一个整体，每一朵小花形成独立的小果，聚集在花序轴上。 如：桑椹、无花果、菠萝。

单果：是由花中的一个子房或一个心皮形成的单个果实。

干果：干燥而少汁的开裂果（裂果）。

蓇葖果：是由离生心皮的单个心皮形成的，成熟时沿背缝线或沿腹缝线一侧开裂。如：木兰、牡丹、梧桐、八角。

荚果：是由单心皮的上位子房形成的，与蓇葖果相似，但成熟时沿背腹两缝开裂，开裂后的果瓣片叫裂瓣。节荚基本上是荚果，仅在其种子间收缩变狭，成熟时在收缩处断裂或具有一颗种子的断片。如：大豆、落花生、合欢。

蒴果：由两个以上合生心皮的上位或下位子房形成。如：百合、虞美人、石竹、车前、萱草。参萼蒴果是特指由下位子房的萼筒参与形成的蒴果，如鸢尾。

短角果：蒴果的一种，仅由二两合生心皮的子房形成，侧膜胎座，有假隔膜。如：荠菜、独行菜。

长角果：如：白菜、油菜、不开裂的萝卜（闭果）。

瘦果：具有一颗种子而不开裂的干果，由离生心皮或合生心皮的上位或下位子房形成，其果皮紧包种子，不易分离， 如：菊科植物、毛茛、白头翁。有时菊科的瘦果特称为参萼瘦果，是由下位子房的萼筒参加形成的，其顶端常有一簇毛，称为冠毛。

颖果：瘦果的一种，果皮与种皮愈合，不能分离，有时还包有颖片。如：麦、稻、粟。

胞果：具有一颗种子而不开裂的干果，由合生心皮的上位子房形成，其果皮薄而膨胀，疏松地包围种子但与种子极易分离。如：藜、地肤。

翅果：瘦果状而有翅的干果，由合生心皮的上位子房形成，如：榆树、槭树、椿树。

坚果：一种硬而具有一颗种子的干果，由合生心皮的下位子房形成，如栎。这种果实常由总苞包围，如：榛子，或变形的总苞被壳斗包围，如：栎、栗、榛子。

分果：合生心皮复雌蕊子房发育形成，在果实成熟时，各心皮分离形成独立小果。有双悬果和四小坚果两种。

双悬果：由 2 心皮的子房发育成的果实，成熟后心皮分离成两瓣，并列悬于中央果柄的上端，种子仍包于心皮中，以后脱落果皮干燥，不开裂。大多伞形科植物果实属于双悬果。如：胡萝卜。

四小坚果：果实成熟后分离成四个小坚果。如：夏至草。

浆果：果皮肉质多浆，外果皮易分离，内中果皮肉质化，内部 1 至数粒种子。如：番茄、葡萄、柿。

核果：由单心皮或合生心皮组成，种子常 1 粒，外果皮较薄，肉质或革质，中果皮肉质肥厚，内果皮木质化，包于种子外，构成果核，如：桃、杏、李、枣。

柑果：复雌蕊形成，外果皮革质，中果皮较疏松，分布有维管束，中轴胎座，每室种子多数。如：枸橘。

瓠果：下位子房发育成的假果花托与外果皮结合成坚硬果壁，中果皮内果皮肉质，胎座发达，葫芦科植物特有。如：西瓜，南瓜。

梨果：花托与子房愈合一起发育成假果，果壁、外果皮、中果皮均肉质化，内果皮纸质或革质化，中轴胎座。如：梨，苹果。

4.6.2 种子

种子植物所特有的繁殖器官，是由胚珠发育而来的，凡是由胚珠发育形成的种子才是真正的种子。

种皮：种子的外侧由珠被形成，在种子与果实的皮密接而愈合的情况下，则两者之间的界限很不明显。

外种皮：种子的外皮，由外珠被形成，有时与珠心皮共同形成，其质地有：木质、革质、骨质、膜质等；从雕纹来说，有：具网纹、具疣状小突起、具蜂巢状凹点等；有时扩展成翅，有时生有称为种缨的簇毛。

内种皮：不一定存在，倘若存在，是由内珠被与珠心的皮共同形成，经常是一层薄软或脆弱的皮，有时因与外种皮愈合而不明显，但由具一层珠被的胚珠形成的种子，一定不存在有内种皮。

假种皮：在种子的形成过程中，由珠柄顶端扩大，或若不存在珠柄则由胎座扩大而形成一层膜质或肉质的包围种子的一部分或全部的附属物，如：粗榧。这种附属物倘若是由珠孔中生出，则有时特称为拟假种皮，例如卫矛。

种阜：是假种皮性质的附属物，成各种形状的凸起物，有从种脊上生出成鸡冠状的，如细辛属；有从珠柄上生出的凸起，例如豆科的植物；有从珠孔处生出的凸起，特称为珠孔阜，如：蓖麻。

种脐：种子成熟后从珠柄或胎座脱落下来而留下的一个疤痕。

4.6.3 胚

由胚芽、胚轴、胚根和子叶四部分组成，指的是初期发育的生物体，是种子植物种子的重要组成部分。胚是一个处于幼态的植物体，是由卵细胞受精后发育而成，胚的各个部分都由胚性细胞组成，这些细胞较小，细胞质浓厚，核大，分裂能力强。

胚芽：是植物胚的组成部分之一，与胚轴相连，位于胚轴的顶端，突破种子的皮后发育成叶和茎。就实生苗（由种子萌发长成的植株）而言，胚芽是植物体的第一个芽，形成于胚胎发生过程中。

胚根：种子植物胚的主要组成部分之一，是胚的下部未发育的根。它的尖端靠近发芽孔，当种子萌发时，胚根一般是首先突破种皮，发育成幼苗的主根。单子叶植物的胚根在植物长大后，会成为植物的主根，生存期短，入土后不久便停止生长，故无明显的主根。

子叶：为暂时性的叶性器官，它们的数目在被子植物中相当稳定。依据子叶的数目分为：

（1）多子叶胚：具有 3 个至多个子叶。如：松属植物。

（2）双子叶胚：具有两个子叶。绝大多数的双子叶植物类所特有，如大豆。

（3）单子叶胚：具有一个子叶。成熟胚只有一片子叶的称为单子叶植物，如小麦、百合等。

胚乳：一般是指被子植物在双受精过程中精子与极核融合后形成的滋养组织，也称内胚乳。这种组织既不是配子体，也不是孢子体，其染色体倍性一般为三倍体；为许多植物（如禾本科植物）种子的重要组成部分。裸子植物的雌配子体具有贮藏营养的功能，也称它为胚乳；但它是由未受精的大孢子发育形成的单倍体雌配子体组织，兼有分化产生卵细胞的功能，与被子植物的胚乳在起源及染色体倍性上都是不同的。有些植物的珠心组织（孢子体部分）在种子发育过程中，不但没有被吸收消耗，反而增殖并发育成充满丰富营养的组织——外胚乳。

（1）无胚乳种子：种子内除胚之外，不见有胚乳。如双子叶植物菜豆、豌豆、花生、棉的种子和单子叶植物慈姑的种子。

（2）有胚乳种子：胚乳未被吸收或未被完全吸收，种子内除胚之外，还有粉质、油质、肉质或角质等等的胚乳。如双子叶植物蓖麻、烟草、番茄、柿的种子和单子叶植物水稻、玉米、小麦、高粱的种子。

4.7 附属结构

4.7.1 附属器官

卷须：由枝条变态而成，或由枝条的顶端部分、花序柄、叶柄、复叶的上端部分小叶或托叶变成。卷须柔韧而旋转，有分叉的，也有不分叉的，一经触及别物即缠绕其上，是支撑植物体的一种器官，例如葫芦科、葡萄科等植物；又例如葡萄科的爬山虎属，其卷须顶端还生有能吸附于他物上的吸盘。如豌豆（叶卷须）、葡萄（茎卷须）。

棘刺：是由枝条、叶柄、托叶或花序柄变成。枝刺，又称茎刺，是由腋芽发育而成，不易剥落；皮刺，是由枝条、叶、花萼等的表皮细胞形成，如山楂（枝刺）、月季（皮刺）。

毛被：指一切由表皮细胞形成的毛茸。毛被类型分为腺毛和非腺毛两大类。一般认为，腺毛具有分泌作用，非腺毛只具有保护作用。对于许多药用植物来说，叶表皮毛被的生长发育状态可以直接影响药材的品质。因此，在植物学研究中，经常需要观察毛被的类型和分布。

4.7.2 被毛

无毛：表面没有任何毛。如：核桃叶、鹤草。

平滑：表面不仅没有任何毛，而且表面比较光滑。如：商陆。

变无毛：初有毛后来变为无毛或几乎无毛。如：君迁子。

几乎无毛：基本上无毛，但用放大镜观察仍有稀疏、极细的毛。

有腺毛：具有腺质的毛，或毛与毛状腺体混生的。如：紫丁香的小枝、幼叶花梗、番茄。

有短柔毛：具有极微细的柔毛，肉眼不易看出，在光线下才能看出。如：牛奶子的幼叶、地肤、板栗。

有茸毛：细而直立密毛，成丝绒状。如：米口袋茎叶上的茸毛。

有毡毛：具有羊毛状卷曲，或多或少交织而贴伏成毡状。如：毛毡草、毡毛雪莲。

有短毡毛：毛较有毡毛细小。

4.7.3 质地

透明质：薄而几乎是透明的。

膜质：薄而半透明的。如：蓼科的托叶、麻黄的叶。

草质：薄而柔软，绿色，如大多数温带的乔木，阔叶灌木的叶子。如：薄荷的叶。

纸质：似厚纸。如：梨内果皮。

革质：似皮革的。如：荷花玉兰、牡丹的叶子。

软骨质：硬而韧。

干膜质：薄、干而为膜质，脆，非绿色。如：石竹科的托叶。

木栓质：质如木栓。

海绵质：质如海绵，软而多孔。

角质：如牛角质地。

骨质：质如骨骼 。

木质：质如木材。如：核果内果皮。

肉质：肥厚而多汁的。如：马齿苋的叶、石榴的种皮。

蜡质：质如石蜡。

纤维质：质如纤维。

粉质：质如白粉擦之易掉。

4.8 非通用术语

主要针对裸子植物、凤仙花科、伞形科、夹竹桃科、萝藦科、唇形科等。

球花（孢子叶球）：是苏铁、松、杉等植物的生殖器官，是由一个中轴和围绕着这个中轴的许多紧密的、螺旋状排列的、能育的孢子叶组成，有雌雄之分。雄性的孢子叶球由小孢子叶组成，下面产生小孢子囊，即花粉囊，内产生大量的小孢子，即花粉。雌性的孢子叶球由大孢子叶组成，其基部或边缘（如苏铁）生大孢子囊，即裸露的胚珠，内生卵，受精后发育成种子内的胚。如：苏铁、杉木、侧柏、油松、龙柏、刺柏、圆柏、雪松。

球果：是指松科的松、杉的果实，即长大的雌球花，大孢子叶变成种鳞。如：油松。

唇瓣：凤仙花科的花通常有萼片 3（稀 5），侧面的 2 萼片小，绿色，后面的萼片变成花瓣状，有色，漏斗状、舟状、囊状、筒状等称为唇瓣。如：凤仙花。

旗瓣：花瓣 5，前面的一片大，盔状或兜状，背面中肋有龙骨突或喙状突起。

翼瓣：侧面的 4 片，成对合生或分离。

辐射瓣：小伞形花序外缘的花瓣，比中心和内侧的花瓣大得多，顶端凹陷较深。如：柴胡、水芹。

花柱基：指花柱与子房相连的扩大部分，常呈盘状，垫状或圆锥状。

心皮柄：悬果由两个成熟的心皮组成，每心皮由维管束和果柄相连，成丝状柄，位于合生面中间称心皮柄，通常分裂至基部，或裂至中部或顶端分裂，有时不裂。

合生面：两个心皮的腹面，在果实未充分成熟以前彼此紧贴着，成熟后易于分离。

侧棱：位于悬果合生面两侧的棱。

背棱：在悬果背面（和合生面平行）的一条棱。

中棱：位于悬果背棱和侧棱之间的棱。

主棱：每个悬果通常有 5 条棱脊，即 1 条背棱、2 条侧棱、2 条中棱，这 5 条棱脊总称为主棱。

副花冠：介于花冠和雄蕊之间的器官。如：夹竹桃。

膜片：雄蕊的花丝顶端具有花药，花药内有间隔部分，称为药隔，药隔顶端具有扁平内弯而膜质透明的附属体，这附属体称为膜片，其功能为保护花粉器。

着粉腺：萝藦科的花粉块通过花粉块柄与褐色腺体状的器官连接着，这褐色腺体状的器官，成为着粉腺。着粉腺黏生于柱头边缘，并连接着 2 个藏在花粉囊内的花粉块。当蜜蜂采蜜时，黏性的着粉腺则黏在蜜蜂脚上，当蜜蜂飞到别的花朵采蜜时，黏在蜜蜂脚上的花粉器便被带到别的花朵的柱头上，达到异花授粉作用。

黏盘：萝藦科内的杠柳亚科之花粉器呈匙形，其基部具有黏性的褐色盘状器官，称黏盘。黏盘黏生于柱头边缘，黏盘以上部分为载粉器柄和载粉器，载粉器内有四合花粉，并藏在花粉囊内。

假单唇花冠：花冠上唇不发达，下唇发达，接近 0/4 式。如：活血丹。

单唇形花冠：花冠裂片全部成单独的下唇，为 0/4 式。如：并头草。

2/3 式二唇形：唇形花冠的上唇有 2 个裂片，下唇有 3 个裂片。如：藿香、益母草。

4/1 式二唇形：唇形花冠的上唇有 4 个裂片，下唇有 1 个裂片。如：丹参。

3/2 式二唇形：唇形花冠的上唇有 3 个裂片，下唇有 2 个裂片。如：香青兰。

沙套：是黏附根外的细砂粒所形成的鞘状物。如：少花蒺藜草。

4.9 禾本科形态术语

单轴型：竹类地下茎生长方式的一种，即地下茎的顶芽能继续生长，使地下茎能在地下横走形成所谓的竹鞭。其侧芽有的发育成笋，另一些则长出新的竹鞭。这种地下茎生出的竹竿之间，常有相当的距离而呈散生状，可形成大面积的竹林。如：竹子。

合轴型：竹类地下茎生长方式的一种，这种地下茎大都很短，其顶芽发育成笋而伸出地面，其侧芽产生的新的地下茎相连而形成合轴，而这种地下茎产生的竹秆密集成丛，不能形成大面积竹林。如：竹子。

复轴型：竹类地下茎生长方式的一种，是单轴型与合轴型的混合型，它既有地下横走的竹鞭以萌发出散生的竹竿，也有少数缩短的地下茎以产生较小的竹丛。如：竹子。

节：禾本科植物的节，是秆上环状隆起而实心的部分。这些节大都由竿节与鞘节两个环组成。

鞘节：节的下面一环，即着生叶鞘的一环。如：小麦。

秆节：是节的上面一环。如：竹子。

节内：指秆节与鞘节之间的一段距离。如：竹子。

秆环：即竹竿上的秆节。如：竹子。

箨环：即竹竿上的鞘节。如：水稻。

叶：禾本科植物的叶，主要由叶鞘与叶片两部分组成。如：水稻。

叶鞘（箨鞘）：叶下包裹秆的部分。如：小麦、苦竹。

叶片：叶上部分与秆分开的部分，通常扁平，有时内卷。如：小麦。

叶舌（箨舌）：是叶鞘与叶片连接处的内侧，呈膜质或有时呈纤毛状的附属物。少数种类无叶舌。如：竹子。

叶耳（箨耳）：是叶片基部两侧质薄的耳状附属物。如：水稻、竹子。

箨（筒壳）：是竹类竿上的变形叶，有保护苗（笋）的作用，苗成长为秆时箨即脱落。箨是竹亚科分类的重要依据。

箨叶：相当于叶片，但形小而无明显的中脉。

叶颈：是叶片与叶鞘相连处的外侧部分。如：小麦。

花：禾本科植物的花通常仅由 2（3）枚鳞被（或称浆片），3（6）枚雄蕊及 2（3）心皮合成的雌蕊组成。如：小麦。

鳞被（浆片）：即花被片，很小，膜质透明，通常 2 枚位于接近外稃的一边，有时 6 枚，稀较多或较少，偶可缺。如：稗草。

小花（简称花）：禾本科的花同包被其外的内外稃合成小花。如：小麦。

外稃：是位于花下方的鳞片状苞片。如：小麦。

内稃：是位于花上方的鳞片状的小苞片，通常有 2 脊或 2 脉。如：小麦。

基盘：是小花或小穗基部加厚变硬的部分。如：芦苇。

小穗：是禾本科花序的基本单位，由紧密排列在穗轴上的 1 至多数小花，连同下端的 2 颖组成。

中性小穗：是小穗中的小花，既无雄蕊也无雌蕊，或者均发育不全。如：高粱。

假小穗：竹类某些种的小穗，可于颖片的腋内生芽（是另一枚不甚发育的小穗），称假小穗。

同性对：指蜀黍族的小穗成对生于穗轴的各节而有同性的小花。如：地筋。

异性对：指蜀黍族的小穗成对生于穗轴各节而有不同性的小花，如一枚小穗含雄性小花或中性小花，另一枚有两性小花。如：黄茅。

小穗轴（小花轴）：着生小花及颖片的轴。如：小麦。

小穗轴节间：小穗轴上相邻的颖或小花着生处（即节）之间的一段。如：小麦。

小穗轴延伸：指小穗最上面的一朵小花的内稃背后，有一段不生小花的穗轴，其外形纤细。如：龙爪茅。

颖：是不生小花的苞片，1～2 枚，生于小穗的最下端。下面一枚为第一颖，上面一枚为第二颖。如：小麦。

小穗两侧扁：指小穗两侧的宽度小于背腹面的宽度。如：小麦。

小穗背腹扁：指小穗背腹面的宽度小于两侧的宽度。如：柳叶箬。

芒：是颖、外稃或内稃的脉所延伸成的针状物。如：小麦。

膝曲：是秆节或芒作膝关节状弯曲。如：看麦娘。

直芒：是不作关节状弯曲但可作弧形弯曲的芒。如：大叶樟。

芒柱：是芒的膝曲以下部分，常作螺旋状扭转。若芒为两回膝曲时，第一次膝曲以下部分是第一芒柱，第二次膝曲与第一次膝曲之间是第二芒柱。如：针茅。

芒针：是芒的膝曲以上部分，较细而不扭转。如：针茅。

穗轴：是穗状花序或穗形总状花序着生小穗的轴。如：高粱。

穗轴节间：指穗轴上相邻两小穗着生处（即节）之间的一段距离。如：葫芦草。

真花序或顶生花序：在竹类的某些属，其花序的主轴及分枝上无明显的节环，多生于秆顶或具叶枝条的顶端，与禾草的花序完全一致。如：竹子。

假花序或侧生花序：在竹类的某些属，其花序的主轴或分枝上有明显的节环而不延续。

伪圆锥花序：总状花序或穗状花序生于有叶（呈佛焰苞状）的枝条上，再组成的圆锥花序。蜀黍族中的某些属有此花序。如：毛罗氏草。

总苞：是着生于花序基部的苞片总称，禾本科植物的总苞来源不一。真正属于变形叶的总苞如香茅属的佛焰苞。此外有由退化小枝形成的总苞，如狗尾草属。还有由不孕小穗形成的总苞如管属。

4.10 莎草科形态术语

小穗：莎草科的花通常单生于一鳞片（颖片）腋中，鳞片多数或少数（极少只有 1 鳞片），成二列状或螺旋状排列于一个穗轴上，构成小穗。莎草科的小穗一般有六种类型：藨草型、刺子莞型、莎草型、割鸡芒型、珍珠茅型和苔草型。如：水莎草、割鸡芒、荸荠。

先出叶：通常相当于双子叶植物花序梗基部的小苞片。莎草科植物的先出叶有两种类型；生于花序分枝基部或小穗梗基部的称为枝先出叶，生于雌花基部的，如在蒿草属中，其边缘分离或部分愈合，并不完全包裹雌花。也有一些是大部分愈合呈囊状，在苔草属中，其边缘则完全愈合呈囊状并全部包裹雌花，因此称为果囊。

下位刚毛：通常认为是由花被片变化而来。下位刚毛在藨草族的植物中为常见，多数为刚毛状，较少为丝状（羊胡子草属）或花瓣状（毛瓣莎属），如：为鳞片状（鳞籽莎属）则称下位组片。如：毛瓣莎、荸荠。

下位盘：位于小坚果的下面，骨质，盘状，顶端 3 裂或全缘，一般认为是由雌蕊柄的顶端膨大而成，常见于珍珠茅族的种类中。如：毛果珍珠茅。

第 5 章　植物检索表应用实例

5.1 陕西秦巴山区常见乔灌木分科检索表（平行检索表）

1. 胚珠裸露，不包于子房内；球花单性；种子具 1 至多数子叶（裸子植物 Gymnospermae）……………………………………………………………………………………………………… 2

1. 胚珠包于子房内；具典型的花，种子具 1 ～ 2 子叶（被子植物 Angiospermae）……………7

2. 落叶乔木；叶扇形，有多数叉状并列的细脉，具长柄……………………………银杏科 Ginkgoaceae

2. 常绿或落叶乔木；叶多形，不为扇形；无柄或有短柄……………………………………………3

3. 雌球花的胚珠着生于珠鳞腹面，形成球果或成熟时浆果状；种子常具翅…………………………4

3. 雌球花的胚珠着生于珠托上，不形成球果，而形成 1 或数个种子，种子核果状或坚果状，具肉质假种皮………………………………………………………………………………………………6

4. 球果的种鳞与苞鳞离生（仅基部合生），每种鳞具 2 种子，种子上端具翅或无翅；雄蕊有 2 花药；叶条形或针形，基部不下延，种鳞与叶均螺旋状排列…………………………松科 Pinaceae

4. 球果的种鳞与苞鳞半合生（先端分离）或完全合生；每种鳞具 1 至多粒种子，种子两侧具窄翅或无翅；雄蕊有 2 ～ 9 花药；叶的基部通常下延；种鳞与叶螺旋状着生或交叉对生或轮生……………………………………………………………………………………………………5

5. 种鳞与叶均螺旋状着生，稀交叉对生；每种鳞具 2 ～ 9 粒种子，叶披针形、钻形、鳞形或条形…………………………………………………………………………………………杉科 Taxodiaceae

5. 种鳞与叶均交叉对生或轮生，每种鳞具 1 至多粒种子；叶鳞形或刺形………柏科 Cupressaceae

6. 种子核果状，椭圆形，全部包于肉质的假种皮中…………………………三尖杉科 Cephalotaxaceae

6. 种子核果状或坚果状，几乎圆形，全部包于肉质假种皮中或包于杯状肉质假种皮中……红豆杉科 Taxaceae

7. 种子通常具 2 个子叶；茎具中央髓部，有年轮；叶具网状脉；花常为 5 或 4 数（双子叶植物纲 Dicotyledoneae）……………………………………………………………………………………8

7. 种子具 1 子叶；茎无中央髓部，无年轮；叶多具平行脉；花 3 数，稀 4 或 5 数（单子叶植物纲 Monocotyledoneae）…………………………………………………………………………179

8. 花无真正的花冠，有或无花萼……9
8. 花具花冠，或有两层以上的花被片，有时花冠可被密腺叶所代替……71
9. 花单性，雌雄同株或异株，成葇荑花序，或具少雄花成葇荑花序……10
9. 花两性或单性，但并不成葇荑花序……22
10. 花无花萼或在雄花中存在……11
10. 花有花萼或在雄花中不存在……13
11. 果实为具多数种子的蒴果；种子有丝状长毛……杨柳科 Salicaceae
11. 果实为仅具 1 种子的小坚果，核果或坚果有翅……12
12. 叶为羽状复叶；核果或坚果有翅……胡桃科 Juglandaceae
12. 叶为单叶；小坚果或坚果……桦木科 Betulaceae
13. 子房下位……14
13. 子房上位……17
14. 叶为羽状复叶……胡桃科 Juglandaceae
14. 叶为单叶……15
15. 果实为蒴果；叶常被星状毛……金缕梅科 Hamameidaceae
15. 果实为坚果或小坚果……16
16. 坚果或小坚果，外有钟状、管状、囊状或叶状的果苞……桦木科 Betulaceae
16. 坚果，外有壳斗……壳斗科 Fagaceae
17. 植物体具白色乳汁……18
17. 植物体中无乳汁……19
18. 子房 1 室；瘦果或核果，聚合果或聚花果……桑科 Moraceae
18. 子房 2 ～ 3 室；蒴果……大戟科 Euphorbiaceae
19. 子房为单心皮所成；雄蕊的花丝在花蕾中向内屈曲……荨麻科 Urticaeae
19. 子房为 2 个以上连合心皮所成；雄蕊的花丝在花蕾中常直立或向前屈曲……20
20. 子房 1 室；坚果或核果……榆科 Ulmaceae
20. 子房 2 ～ 3 室；蒴果或核果……21
21. 子房不完全2室；核果；叶常绿；总状花序……虎皮楠科（交让木科）Daphniphyllaceae
21. 子房 3 室；蒴果；叶脱落；花单生、簇生或穗状……大戟科 Euphorbiaceae
22. 子房或子房室内有数个至多数胚珠……23
22. 子房或其子房室内仅有 1 至数个胚珠……31
23. 子房下位或部分下位……24
23. 子房上位……26
24. 花单性，成头状花序……金缕梅科 Hamamelidaceae

24. 花两性……25
25. 子房 1 室；雄蕊 5 或 4 枚；蒴果……虎耳草科 Saxifragaceae
25. 子房 4 室或多室；雄蕊 6 或 12 枚……马兜铃科 Aristolochiaceae
26. 雌蕊或子房 2 个，或更多数……27
26. 雌蕊或子房 1 个……28
27. 藤本或直立灌木；花的各部为整齐的 3 出数……木通科 Lardizabalaceae
27. 乔木；花具 4 个小型花萼……连香树科 Cercldiphylaceae
28. 雄蕊周位（即着生于萼筒或杯状花托上）……29
28. 雄蕊下位（即着生于扁平或凸起的花托上）……30
29. 单叶或复叶，互生；花萼裂片覆瓦状排列，荚果……云实科 Caesalpiniaceae
29. 单叶，对生或轮生；花萼裂片镊合状排列；果实蒴果状……千屈菜科（紫薇科）Lythraceae
30. 乔木或灌木；单叶，互生……大风子科 Placourtiaceae
30. 藤本，单叶或羽状复叶，对生……毛茛科 Ranunculaceae（铁线莲属 Clematis L.）
31. 叶常具透明腺点……芸香科 Rutaceae
31. 叶无透明腺点……32
32. 每花有雌蕊 2 至多数，近于或完全离生，或花的界限不明显时，则雌蕊多数，成一球形头状花序……33
32. 每花仅有 1 个复合雌蕊或单雌蕊，心皮有时成熟后各自分离……37
33. 花托下陷，呈环状或坛状……34
33. 花托扁平或隆起，有时可延长……35
34. 叶对生；花被片在坛状花托的外侧排列成数层……蜡梅科 Calycanthaceae
34. 叶互生；花被片在杯状或坛状花托的边缘排成一轮……蔷薇科 Rosaceae
35. 花有花被……木兰科 Magnoliaceae
35. 花无花被……36
36. 灌木或小乔木；叶卵形，具羽状脉，叶缘具锯齿，无托叶……领春木科 Eupteleaceae
36. 乔木；叶广阔，掌状分裂，叶缘具缺刻或大锯齿，有托叶围茎成鞘，易脱落……悬铃木科 Platanaceae
37. 子房下位或半下位……38
37. 子房上位……46
38. 子房 3 ～ 10 室……39
38. 子房 1 ～ 2 室或基部为 3 室……40
39. 雌雄异株，成顶生的圆锥花序，不为叶状苞片所托……山茱萸科 Cornaceae（鞘柄木属 Toricellia）

39. 花杂性，形成球形的头状花序，为 2 ～ 3 白色叶状苞片所托......................珙桐科 Davidaceae
40. 花柱 2 个..41
40. 花柱 1 个或无花柱..42
41. 蒴果，2 瓣裂开...金缕梅科 Hamamelidaceae
41. 果实核果状，或为蒴果状的瘦果，不裂开.. 鼠李科 Rhamnaceae
42. 植物体被银色或褐色的盾状鳞片.. 胡颓子科 Elaeagnaceae
42. 植物体无盾状鳞片...43
43. 叶缘有锯齿或圆锯齿，互生，叶基具三出脉..荨麻科 Urticaceae
43. 叶全缘，互生或对生，叶脉羽状...44
44. 植物体寄生在乔木的树干或枝条上，果实浆果状................................ 桑寄生科 Loranthaceae
44. 植物体都陆生，有时可为寄生性，果实坚果状或核果状...45
45. 花单性；胚珠垂悬于基底胎座上...檀香科 Santalaceae
45. 花两性或单性，胚珠垂悬于子房室顶端或中央胎座的顶端....................... 铁青树科 Olacaceae
46. 托叶鞘围抱茎的各节...蓼科 Polygonaceae
46. 无托叶鞘..47
47. 叶微小，细长或呈鳞片状，有时为肉质而呈圆筒形或半圆筒形............. 藜科 Chenopodiaceae
47. 叶矩圆形或披针形，或宽广至圆形...48
48. 果实及子房均为 2 室至数室..49
48. 果实及子房均为 1 室或 2 室..57
49. 花常为两性..50
49. 花单性或杂性...53
50. 萼片 4 或 5，稀 3，覆瓦状排列；雄蕊 4，蒴果.................................水青树科 Tetracentraceae
50. 萼片 5，镊合状排列..51
51. 雄蕊多数，蒴果具刺..杜英科 Elaeocarpaceae
51. 雄蕊与萼片同数；核果或坚果..52
52. 雄蕊和萼片对生，各为 3 ～ 6 枚.. 铁青树科 Olacaceae
52. 雄蕊和萼片互生，各为 4 或 5 枚.. 鼠李科 Rhamnaceae
53. 果实各种；种子无胚乳或有少量胚乳..54
53. 果实多呈蒴果状，无翅；种子常有胚乳..55
54. 雄蕊常 8；果实坚果状或为具翅的蒴果；羽状复叶或单叶......................无患子科 Sapindaceae
54. 雄蕊 5 或 4，且与萼片互生；核果有 2 ～ 4 核；单叶.............................. 鼠李科 Rhamnaceae
55. 果实为具 2 室的蒴果，有木质或革质的外种皮及角质的内种皮..... 金缕梅科 Hamamelidaceae
55. 果实为蒴果时，无木质或草质的外种皮及角质的内种皮...56

56. 胚珠具腹脊；果有各种类型，但多为胞间裂开的果……………………………大戟科 Euphorbiaceae

56. 胚珠具背脊；果为胞背开裂的蒴果或有时呈核果状……………………………黄杨科 Buxaceae

57. 花萼具显著的萼筒，且常呈花瓣状……………………………………………………58

57. 花萼不具显著的萼筒或无花被…………………………………………………………59

58. 叶无毛或下面有柔毛，萼筒整个脱落……………………………瑞香科 Thymelacaceae

58. 叶具银白色或褐色的盾状鳞片，萼筒或其下部宿存，当果实成熟时，变为肉质而紧包子房
……………………………………………………………………胡颓子科 Elaeagnaceae

59. 花药以 2 或 4 舌瓣裂开……………………………………………………樟科 Lauraceae

59. 花药不以舌瓣裂开………………………………………………………………………60

60. 叶对生……………………………………………………………………………………61

60. 叶互生……………………………………………………………………………………62

61. 双翅果或呈圆形的翅果……………………………………………………槭树科 Aceraceae

61. 单翅呈细长形兼矩圆形的翅果……………………………………………木犀科 Oleaceae

62. 羽状复叶，小叶全缘；果无翅…………………………………………………………63

62. 单叶……………………………………………………………………………………64

63. 花两性或杂性…………………………………………………………无患子科 Sapindaceae

63. 花单性，雌雄异株……………………………………………………漆树科 Anacardiaceae

64. 花均无花被……………………………………………………………………………65

64. 花常有花萼，尤其在雄花………………………………………………………………66

65. 植物体具胶汁；叶具羽状脉，无托叶……………………………杜仲科 Eucommiaceae

65. 植物体无胶汁；叶具掌状脉及掌状分裂，有托叶……………………悬铃木科 Platanaceae

66. 植物体内有乳汁……………………………………………………………桑科 Moraceae

66. 植物体内无乳汁…………………………………………………………………………67

67. 花柱或其分柱 2 或数个…………………………………………………………………68

67. 花柱 1 个………………………………………………………………………………70

68. 花单性，雌雄异株或同株；叶全缘或具波状齿……………………大戟科 Euphorbiaceae

68. 花两性或单性，叶缘多有锯齿或具齿裂，稀全缘………………………………………69

69. 子房 2 室，每室有 1 个至数胚珠；木质蒴果……………………金缕梅科 Hamamelidaceae

69. 子房 1 室，仅含 1 胚珠，不为木质蒴果……………………………………榆科 Ulmaceae

70. 叶缘有锯齿；子房为 1 心皮而成；核果…………………………………蔷薇科 Rosaceae

70. 叶全缘或有锯齿；子房为 2 个以上连合心皮所成；果实浆果状 ……… 大风子科 Flacourtiaceae

71. 花冠的花瓣离生…………………………………………………………………………72

71. 花瓣多少合生…………………………………………………………………………149

72. 成熟雄蕊多在 10 个以上，通常多数，或其数超过花瓣的 2 倍……73
72. 成熟雄蕊 10 个或较少，如多于 10 个时，其数并不超过花瓣的 2 倍……91
73. 子房下位或半下位……74
73. 子房上位……78
74. 叶通常对生……75
74. 叶互生……76
75. 叶缘常有锯齿；花序常有不孕的边缘花……虎耳草科 Saxifragaceae
75. 叶全缘；花序无不孕花；花萼呈朱红色……石榴科 Punicaceae
76. 花瓣细长兼长方形，最后向外翻转……八角枫科 Alangiaceae
76. 花瓣不成细长形，或纵为细长形，也不向外翻转……77
77. 叶无托叶，果实核果状；基部歪斜……山矾科 Symplocaceae
77. 叶有托叶；梨果……蔷薇科 Rosaceae
78. 花为周位花……79
78. 花为下位花，或至少在果实时花托扁平或隆起……81
79. 叶对生或轮生；花瓣常于蕾中呈皱折状，有细爪；蒴果……千屈菜科 Lythraceae
79. 叶互生；花瓣不呈皱折状……80
80. 花瓣镊合状排列；荚果；叶多为二回羽状复叶……含羞草科 Mimosaceae
80. 花瓣覆瓦状排列；核果，蓇葖果或瘦果；单叶或复叶……蔷薇科 Rosaceae
81. 雌蕊少数至多数，分离或微有连合……82
81. 雌蕊 1 个，但花柱或柱头为 1 至多数……85
82. 攀援藤本；花单性……83
82. 灌木或乔木……84
83. 心皮多数，结果时聚生成一球状的肉质体或散布于极延长的花托上……
……五味子科 Schisandraceae
83. 心皮 3 ～ 6，核果或核果状……防己科 Menispermaceae
84. 雄蕊的花丝连成单体……锦葵科 Malvaceae
84. 雄蕊的花丝分离；萼片及花瓣相同，3 出数……木兰科 Magnoliaceae
85. 叶具透明腺点……86
85. 叶无透明腺点……87
86. 叶互生，羽状复叶或退化为仅有 1 顶生小叶……芸香科 Rutaceae
86. 叶对生，单叶……藤黄科 Gutiferae
87. 萼片于蕾内呈镊合状排列……88
87. 萼片于蕾内呈覆瓦状或旋转排列……89

88. 雄蕊互相分离或连成数束；花序具舌状苞片………………………………………………椴树科 Tiliaceae
88. 雄蕊连成单体，至少内层者如此，并且多少连成管状；花序不具舌状苞片……大戟科 Euphorbiaceae
89. 果实为具5个棱角的蒴果……………………………………………………………………………蔷薇科 Rosaceae
89. 果实不为蒴果，如为蒴果时则为胞背裂开…………………………………………………………………………90
90. 攀援灌木；雄蕊分离；子房5至多室；浆果……………………………………猕猴桃科 Actinidiaceae
90. 直立灌木或乔木；雄蕊至少在外层者连为单体，或连成3～5束，子房5～3室，蒴果……山茶科 Theaceae
91. 成熟雄蕊与花瓣同数，且和它对生…………………………………………………………………………………92
91. 成熟雄蕊和花瓣不同数，如同数则雄蕊与它互生…………………………………………………………100
92. 雌蕊3至多数，离生……93
92. 雌蕊1个………94
93. 单叶，心皮3～6个，呈星状排列；核果………………………………………防己科 Menispermaceae
93. 掌状复叶或由3小叶组成；心皮3基数，分离，轮状或螺旋状排列，浆果………木通科 Lardizabalaceae
94. 子房2至数室……95
94. 子房1室或下部3室………98
95. 花萼裂齿不明显或微小；缠绕藤本具卷须……………………………………………………葡萄科 Vitaceae
95. 花萼具4～5裂；乔木或灌木，或缠绕藤本，但无卷须………………………………………………………96
96. 雄蕊合生成单体，每子房内含2～6胚珠……………………………………………梧桐科 Sterculiaceae
96. 雄蕊分离；或在下部合生成管…………………………………………………………………………………………97
97. 叶无托叶，萼片各不相等，呈覆瓦状排列，花瓣不相等，在内层的2片常很小……清风藤科 Sabiaceae
97. 叶常有托叶；萼片同大，呈镊合状排列；花瓣同形…………………………鼠李科 Rhamnaceae
98. 子房下位或半下位；叶对生或轮生；浆果或核果……………………桑寄生科 Loranthaceae
98. 子房上位………99
99. 花药以舌瓣裂开，子房1室………………………………………………………………小檗科 Berberidaceae
99. 花药不以舌瓣裂开，花萼于果时增大，子房下部为3室，上部为1室，内含3胚珠……铁青树科 Olacaceae
100. 花萼或筒部和子房多少连合…………………………………………………………………………………………101
100. 花萼和子房相分离………105
101. 每子房内含胚珠或种子2个至多数……………………………………………………………………………102
101. 每子房内仅含胚珠或种子1个…………………………………………………………………………………………103

102. 灌木；叶掌状分裂，基部具 3 ～ 5 脉；子房 1 室，有多数胚珠；浆果……………………………………虎耳草科 Saxifragaceae

102. 乔木或灌木，叶缘具锯齿或全缘，具羽状脉；子房 3 ～ 5 室，每室含 2 至数个胚珠……………………………………野茉莉科 Styracaceae

103. 果实裂开为 2 个干燥的离果，并共同悬于一果梗上；伞形花序………… 伞形科 Umbeliferae

103. 果实不裂开，花序为各种类型，核果状或浆果状……………………………………104

104. 叶互生或对生；花序有各种形式，但稀为伞形或头状，有时且可生于叶上……………………114

104. 叶互生，伞形或头状花序；花柱 2 ～ 5……………………………………五加科 Araliaceae

105. 叶具透明腺点……………………………………芸香科 Rutaceae

105. 叶无透明腺点……………………………………106

106. 雌蕊 2 个或更多，分离或仅有局部的连合或花柱连合成 1 个……………………………………107

106. 雌蕊 1 个，或至少其子房为 1 个……………………………………116

107. 花为周位花……………………………………108

107. 花为下位花……………………………………110

108. 花的各部分呈螺旋状排列，萼片逐渐变为花瓣……………………………………蜡梅科 Calycanthaceae

108. 花的各部分呈轮状排列，萼片和花瓣等有分化……………………………………109

109. 雌蕊 2 ～ 4，各有多数胚珠，种子有胚乳；无托叶……………………………………虎耳草科 Saxifragaceae

109. 雌蕊 2 至多数，各具 1 至数个胚珠；种子无胚乳；有或无托叶……………………蔷薇科 Rosaceae

110. 单叶……………………………………111

110. 复叶……………………………………112

111. 叶对生或轮生；灌木……………………………………马桑科 Coriariaceae

111. 叶互生；具羽状脉；直立或缠绕灌木……………………………………木兰科 Magnoliaceae

112. 叶对生……………………………………省沽油科 Staphyleaceae

112. 叶互生……………………………………113

113. 藤本；3 小叶，复叶或单叶……………………………………大血藤科 Sargentodoxaceae

113. 乔木或灌木，羽状复叶……………………………………115

114. 花瓣 3 ～ 5 片，卵形至披针形；花药短，叶对生……………………………………山茱萸科 Cornaceae

114. 花瓣 4 ～ 10 片，狭窄形并向外翻转；花药细长；叶互生……………………八角枫科 Alangiaceae

115. 果实为 1 含多数种子的浆果……………………………………木通科 Lardizabalaceae

115. 果实为离果或翅果……………………………………苦木科 Simarubaceae

116. 子房仅 1 室……………………………………117

116. 子房 1 至多室……………………………………119

117. 核果，浆果或蓇果……………………………………蔷薇科 Rosaceae

117. 荚果......118

118. 花冠假蝶形；雄蕊通常分离......云实科 Caesalpiniaceae

118. 花冠蝶形；雄蕊通常合生两体或单体......蝶形花科 Papilionaceae

119. 子房 1 室或因有假隔膜发育成 2 室，有时下部 2 ～ 5 室，上部 1 室......120

119. 子房 2 至多室......127

120. 每子房内仅有胚珠 1 个......121

120. 每子房室内有胚珠 2 至多数......124

121. 羽状复叶......122

121. 单叶......123

122. 叶具托叶及小托叶......省沽油科 Staphyleaceae

122. 叶无托叶及小托叶......漆树科 Anacardiaceae

123. 乔木或灌木；叶互生，无膜质托叶......樟科 Lauraceae

123. 亚灌木；叶互生或对生，具膜质托叶......蓼科 Polygonaceae

124. 花瓣及雄蕊均着生在花萼上......千屈菜科 Lythraceae

124. 花瓣及雄蕊均着生在花托上......125

125. 花两侧对称；单叶，全缘......远志科 Polygalaceae

125. 花辐射对称；单叶或掌状分裂......126

126. 花瓣具有直立而常彼此衔接的瓣爪......海桐花科 Pittosporaceae

126. 花瓣不具细长的瓣爪；叶鳞片状或细长形......柽柳科 Tamaricaceae

127. 雄蕊数和花瓣数不相等，也不是它的倍数......128

127. 雄蕊数和花瓣数相等，或是它的倍数......134

128. 叶对生......129

128. 叶互生......130

129. 雄蕊 4 ～ 10 个，常 8 个......131

129. 雄蕊 2 稀 3 个，萼片及花瓣常均为 4 出数......木犀科 Oleaceae

130. 单叶，多全缘；花单性......大戟科 Euphorbiaceae

130. 单叶或复叶；花两性或杂性......132

131. 翅果......槭树科 Aceraceae

131. 蒴果......七叶树科 Hippocastanaceae

132. 萼片为镊合状排列；雄蕊连成单体......梧桐科 Sterculiaceae

132. 萼片为覆瓦状排列；雄蕊离生......133

133. 子房 4 或 5 室，每室内有 8 ～ 12 胚珠；种子具翅......楝科 Meliaceae

133. 子房常 3 室，每室内有 1 至数胚珠；种子无翅......无患子科 Sapindaceae

134. 每子房室内有胚珠或种子 3 至多数……135
134. 每子房室内有胚珠或种子 1 或 2 个……140
135. 复叶……136
135. 单叶……138
136. 叶互生，羽状复叶……楝科 Meliaceae
136. 叶对生……137
137. 偶数羽状复叶……蒺藜科 Zygophylaceae
137. 奇数羽状复叶……省沽油科 Staphyleaceae
138. 花瓣常有彼此衔接或其边缘互相依附的柄状瓣爪……海桐花科 Pittosporaceae
138. 花瓣无瓣爪，或仅具互相分离的细长柄状瓣爪……139
139. 穗状花序腋生于当年新枝上；花瓣先端具齿裂……杜英科 Elaeocarpaceae
139. 穗状花序腋生于昔年老枝上；花瓣先端不具齿裂……旌节花科 Stachyuraceae
140. 叶肉质，通常仅为 1 对小叶可组成的复叶……蒺藜科 Zygophylaceae
140. 叶不为肉质……141
141. 叶对生；每果实具 2 个或连合为 1 个的翅果……槭树科 Aceraceae
141. 叶互生，如为对生时，则果实不为翅果……142
142. 叶为复叶……143
142. 叶为单叶……146
143. 雄蕊合生为单体；萼片及花瓣均为 4 ～ 6 枚……楝科 Meliaceae
143. 雄蕊分离……144
144. 花柱 3 ～ 5；叶常互生……漆树科 Anacardiaceae
144. 花柱 1；叶互生或对生……145
145. 羽状复叶，互生，果实有各种类型……无患子科 Sapindaceae
145. 掌状复叶，对生；蒴果……七叶树科 Hippocastanaceae
146. 果呈蒴果状……147
146. 果呈核果状，有时木质化，或呈浆果状……148
147. 叶互生，稀对生；花下位……大戟科 Euphorbiaceae
147. 叶对生或互生；花周位……卫矛科 Celastraceae
148. 落叶攀援灌木；雄蕊 10 个，子房 5 室，每室内有胚珠 2 个……猕猴桃科 Actinidiaceae
148. 常绿乔木或灌木；雄蕊 4 或 5 个；子房 3 至多室；每室有胚珠 1 ～ 2 个……冬青科 Aauifoliaceae
149. 成熟雄蕊或单体雄蕊的花药数多于花冠裂片……150
149. 成熟雄蕊不多于花冠裂片，或有时因花丝的分裂则可过之……158

150. 心皮 1 个至数个，互相分离或大致分离；二回羽状复叶........................含羞草科 Mimosaceae
150. 心皮 2 个或更多，合生成一复合子房..151
151. 花单性，雌雄同株或异株，有时为杂性，子房 2 室至多室；浆果.............柿树科 Ebenaceae
151. 花两性...152
152. 每子房室中有 3 个至多数胚珠...153
152. 每子房室中常仅有 1 或 2 胚珠...156
153. 雄蕊 5 ～ 10 个或其数不超过花冠裂片的 2 倍...154
153. 雄蕊多数...155
154. 雄蕊合生成单体或其花丝于基部互相合生；花药纵裂，花粉粒单生；植物体常有星状毛
....野茉莉科 Styracaceae
154. 雄蕊分离；花药顶端孔裂；花粉粒为四合型... 杜鹃花科 Ericaceae
155. 萼片镊合状排列；雄蕊连成单体.. 锦葵科 Malvaceae
155. 萼片覆瓦状排列；雄蕊基部合生成单体...山茶科 Theaceae
156. 植物体常有星状毛..野茉莉科 Styracaceae
156. 植物体无星状毛...157
157. 子房下位或半下位，核果歪斜...山矾科 Symplocaceae
157. 子房上位；果实成熟时分裂为离果.. 锦葵科 Malvaceae
158. 雄蕊和花冠裂片同数且对生...159
158. 雄蕊和花冠裂片同数且互生，或雄蕊数较花冠裂片少...160
159. 果实内有数个至多数种子；乔木或灌木.. 紫金牛科 Myrsinaceae
159. 果实内仅有 1 种子；半寄生性灌木..桑寄生科 Loranthaceae
160. 子房下位...161
160. 子房上位...163
161. 雄蕊互相合生；花整齐或两侧对称，成头状花序..菊科 Compositae
161. 雄蕊各自分离，且着生于花冠上...162
162. 叶具托叶，全缘... 茜草科 Rubiaceae
162. 叶无托叶或托叶与叶柄合生；叶全缘或具锯齿...................................... 忍冬科 Caprifoliaceae
163. 子房深裂为 2 ～ 4 部，花柱自子房裂片之间伸出...164
163. 子房完整或微有分割，或为 2 个分离的心皮所组成；花柱自子房的顶端伸出...................165
164. 花冠两侧对称或稍整齐；叶对生...唇形科 Labiatae
164. 花冠整齐；叶互生...紫草科 Boraginaceae
165. 花冠不整齐，常多少呈二唇形..166
165. 花冠整齐，或近于整齐..169

166. 成熟雄蕊 5 个……167
166. 成熟雄蕊 2 或 4 个，退化雄蕊有时存在……168
167. 雄蕊和花冠离生……杜鹃花科 Ericaceae
167. 雄蕊着生在花冠上……紫草科 Boraginaceae
168. 子房 1 室，具侧膜胎座，单叶或复叶；果长；种子具胚乳……紫葳科 Bignoniaceae
168. 子房 2 ～ 4 室，具中轴胎座；单叶；果卵圆形；种子无胚乳……玄参科 Scrophulariaceae
169. 雄蕊数较花冠裂片少……170
169. 雄蕊和花冠裂片同数……173
170. 子房 2 ～ 4 室，每室内仅含 1 或 2 胚珠……171
170. 子房 1 ～ 2 室，每室内有数个至多数胚珠……172
171. 雄蕊 2 个……木犀科 Oleaceae
171. 雄蕊 4 个……马鞭草科 Verbenaceae
172. 雄蕊 2 个；每子房内有 4 ～ 10 个胚珠垂悬于室的顶端……木犀科 Oleaceae（连翘属 Forsythia）
172. 雄蕊 5 或 4 个；每子房室内有多数胚珠着生于中轴……茄科 Solanaceae
173. 子房 2 个，或为 1 个而成熟后呈双角状……174
173. 子房 1 个，不成双角状，2 ～ 10 室……175
174. 雄蕊各自分离，花粉粒也彼此分离……夹竹桃科 Apocynaceae
174. 雄蕊互相连合；花粉粒连成花粉块……萝藦科 Asclepiadaceae
175. 叶常对生，且多在两叶之间具有托叶所成的连接线或附属物……马钱科 Loganiaceae
175. 叶常互生，如对生的，其两叶之间无托叶所成的连系物……176
176. 雄蕊和花冠离生或近于离生，雄蕊 8 ～ 10 枚……杜鹃花科 Ericaceae
176. 雄蕊着生于花冠的筒部，4 ～ 5 枚……177
177. 叶互生，多常绿……冬青科 Aauifoliaceae
177. 叶对生或轮生……178
178. 子房 2 室，每室有多数胚珠……玄参科 Scrophulariaceae
178. 子房 2 室或多室，每子房内有 1 或 2 胚珠……马鞭草科 Verbenaceae
179. 茎通常中空有节，节上具秆环和择环；叶线形，具叶鞘，叶耳和叶舌；颖果……禾本科 Gramineae（竹亚科 Bambusoideae）
179. 茎实心，节不明显，叶无叶鞘、叶耳和叶舌之分，浆果或核果……180
180. 攀援灌木；托叶变态为卷须；茎具扁刺；叶脉 3 ～ 5 出，为羽状脉；叶柄有关节……菝葜科 Smilacaceae
180. 乔木，灌木或藤本，主干通常不分枝；叶集生于树干顶端，掌状或羽状分裂成扇形，具平行脉；叶柄基部具纤维质叶鞘并包被树干……棕榈科 Pallmae

5.2 陕西秦巴山区常见乔灌木各科分属、分种检索表（定距检索表）

一、银杏科 Ginkgoaceae　1属1种

1. 银杏属 *Ginkgo* Linn.　1种

银杏 *Ginkgo biloba* Linn.

落叶乔木；叶扇形，顶端2裂，具多数2叉状细脉；叶柄长；种子核果状。

二、松科 Pinaceae　7属19种

分属检索表

1. 叶条形，稀针形，螺旋状排列，或在短枝上端成簇生状，均不成束。
  2. 叶条形扁平或呈四棱形，枝仅具长枝，无短枝；常绿乔木。
    3. 枝无叶枕，具凹痕；球果直立。
      4. 球果腋生，成熟后种鳞自中轴脱落，叶上面中脉凹下……冷杉属 *Abies* Mill.
      4. 球果顶生，成熟后种鳞宿存；叶上面中脉隆起……油杉属 *Keteleria* Carr.
    3. 枝具叶枕，无凹痕；球果下垂，稀直立。
      5. 小枝有显著隆起的叶枕；叶四棱状或扁棱状条形，四面有气孔线，或条状扁平，仅上面有气孔线，无柄……云杉属 *Picea* Dietr.
      5. 小枝有微隆起的叶枕；叶扁平，有短柄，仅下面有气孔线。
        6. 球果较大，苞鳞伸出于种鳞之外，先端3裂；叶内具2个边生树脂道……黄杉属 *Pseudotsuga* Carr.
        6. 球果较小，苞鳞不露出，先端不裂或2裂；叶内维管束下有一树脂道……铁杉属 *Tsuga* Carr.
  2. 叶条形扁平，柔软；枝有长枝和短枝；落叶乔木……落叶松属 *Larix* Mill
1. 叶针形，2、3、5针一束……松属 *Pinus* Linn.

1. 冷杉属 *Abies* Mill. 2 种

分种检索表

1. 球果的苞鳞上端露出；一年生枝呈红褐色、褐色或淡褐色..........巴山冷杉 *A. fargesii* Franch.
1. 球果的苞鳞不露出；一年生枝呈淡黄灰色、淡黄褐色或淡灰褐色 ....秦岭冷杉 *A.chensiensis* Van. Tiegh.

2. 油杉属 *Keteleria* Carr. 1 种

油杉 *K.daoidiana*（Bertr.）Beisn.

3. 云杉属 *Picea* Dietr. 4 种

分种检索表

1. 叶方形或微扁，四面具气孔线。
  2. 叶和叶枕粗壮，果长 8 ～ 14 cm。
    3. 叶几方形，长 1 ～ 1.8 cm..云杉 *P. asperata* Mast.
    3. 叶近方形，两侧略扁，长 1.5 ～ 2.5 cm................................大果青杄 *P. neoveitchii* Mast.
  2. 叶和叶枕纤细；球果长 4 ～ 8 cm... 青杄 *P. wilsonii* Mast.
1. 叶扁平，仅上面具气孔线.. 麦吊云杉 *P. brachytyla* Pritz.

4. 黄杉属 *Pseudotsuga* Carr. 1 种

黄杉 *P. sinensis* Dode

5. 铁杉属 *Tsuga* Carr. 2 种

分种检索表

1. 球果中部的种鳞五边状圆形，近圆形或近方形，鳞背露出部分较短 ....铁杉 *T. chinensis* Pritz.
1. 球果中部的种鳞矩圆形，鳞背露出部分较长 ....矩鳞铁杉 *T.oblongisquamata* Cheng et L.K.Fu

6. 落叶松属 *Larix* Mill.　1种（引种3种）

分种检索表

1. 球果圆柱形或卵状圆柱形，苞鳞较种鳞长，显著露出；一年生枝黄色或淡灰黄色……………… 秦岭红杉 *L.potaninii* var. *chinensis* L.K. Fu & Nan. Li
1. 球果卵圆形或长卵圆形，苞鳞较种鳞短，不露出或微露出。
  2. 种鳞上部边缘不向外反曲或微反曲，一年生长枝色浅，无白粉。
    3. 球果中部的种鳞长大于宽，呈五角状卵形；一年生枝淡褐色或淡褐黄色……………… 华北落叶松 *L. principis-ruprechtii* Mayr.
    3. 球果中部的种鳞长宽近相等，四方状广卵形或方圆形；一年生枝淡红褐色或淡褐色，被毛……………黄花落叶松 *L. olgensis* Henry
  2. 种鳞上部边缘显著向外反曲；一年生长枝红褐色，有白粉…… 日本落叶松 *L. kaempferi* Carr.

7. 松属 *Pinus* Linn.　5种

分种检索表

1. 叶鞘早落；叶3～5针一束，横断面具1维管束。
  2. 种鳞的鳞脐背生；叶3针一束……………白皮松 *P. bungeana* Zucc.ex Endl.
  2. 种鳞的鳞脐顶生；叶5针一束……………华山松 *P.armandii* Franch.
1. 叶鞘宿存；叶2针一束，横断面具2维管束。
  3. 叶较细软，鳞脐微降起或平。
    4. 叶长12～20 cm；球果长卵形；种翅淡褐色 ……………马尾松 *P. masoniana* Lamb.
    4. 叶长7～12 cm；球果圆锥状卵形；种翅紫色……………巴山松 *P. henryi* Mast.
  3. 叶较粗硬；鳞脐显著隆起，有刺尖……………油松 *P. tabuliformis* Carr.

三、杉科 Taxodiaceae　3属3种

分属检索表

1. 叶和种鳞均为螺旋状排列 。
  2. 球果的种鳞革质扁平，叶条状披针形……………杉木属 *Cunninghamia* R. Br.
  2. 球果的种鳞盾形、木质；叶钻形……………柳杉属 *Cryptomeria* D. Don.
1. 叶和种鳞均对生；叶条形，排成两列，侧生小枝冬季与叶脱落；球果的种鳞盾形木质……………水杉属 *Metaseguoia* Miki ex Hu et Cheng

1. 杉木属 *Cunninghamia* R. Br.　1 种

杉木 *C. lanceolata* Hook.

2. 柳杉属 *Cryptomerria* D.Don.　1 种

柳杉 *C. fortunei* Hooibrenk ex Dtto et Dictr.

3. 水杉属 *Metaseguoia* Miki ex Hu et Cheng　1 种

水杉 *M.glyptostroboides* Hu et Cheng

四、柏科 Cupresaceae　4 属 7 种

分属检索表

1. 种鳞木质或近革质，熟时张开。
   2. 种鳞扁平或鳞背隆起，但不为盾形，每种鳞具 2 种子，种子无翅 .... 侧柏属 *Platycladus* Spach.
   2. 种鳞扁平，每种鳞具 5 至多数种子，种子具翅 .... 柏木属 *Cupressus* Linn.
1. 种鳞肉质，熟时不张开或微张开。
   3. 全为刺叶或全为鳞叶，或同一树上 2 者兼有，刺叶基部无关节，下延；球花单生枝顶，雌球花具 3 ～ 8 轮生或交叉对生的珠鳞.. 圆柏属 *Sabina* Mill.
   3. 全为刺叶，基部有关节，不下延；球花单生叶腋，雌球花具 3 轮生的珠鳞 .... 刺柏属 *Juniperus* Linn.

1. 侧柏属 *Platycladus* Spach. 1　种

侧柏 *P. orientalis* Franco.

2. 柏木属 *Cupresus* Linn.　1 种

柏木 *C. funebris* Endl.

3. 圆柏属 *Sabina* Mill.　3 种

分种检索表

1. 叶全为刺叶；球果具 1 种子 。
   2. 叶背面拱圆，中下部有细纵槽……………………………………高山柏 *S. squamata* Ant.
   2. 叶背具明显纵棱脊，沿脊无纵槽……………………………………香桧 *S. sino-alpina* Cheng
1. 叶全为鳞叶，或兼有鳞叶与刺叶，或仅幼龄植株全部刺叶；球果具 2 ～ 3 粒种子，直立灌木或乔木……………………………………圆柏 *S.chinensis* Ant.

4. 刺柏属 *Juniperus* Linn.　2 种

分种检索表

1. 叶上面中脉绿色，两侧各有一条白色气孔带；球果熟时淡红色或淡红褐色……………………………………刺柏 *J. formosana* Hayata
1. 叶上面有一条白色气孔带，无绿色中脉；球果淡褐黑色，有白粉....杜松 *J. rigida* Sieb.et Zucc.

五、三尖杉科 Cephalotaxaceae　1 属 2 种

三尖杉属 *Cephalotaxus* Sieb.et Zucc. ex Endl. 2 种

分种检索表

1. 叶长 4 ～ 13 cm，先端渐尖成长尖头，基部楔形或宽楔形 ....三尖杉 *C.fortunei* Hook .f.
1. 叶较短，长 1.5 ～ 5 cm，先端微急尖，急尖或渐尖，基部圆形或圆截形……………………………………粗榧 *C.sinensis* Li

六、红豆杉科 Taxaceae　2 属 3 种

分属检索表

1. 叶上面有明显中脉；雌球花单生叶腋或苞腋；种子生杯状或囊状的红色假种皮中，上部或顶端露出……………………………………红豆杉属 *Taxus* Linn.
1. 叶上面中脉不明显或微明显；雌球花成对生于叶腋，无梗，雄球花单生叶腋，种子全部包于肉质假种皮中……………………………………榧属 *Torreya* Arn.

1. 红豆杉属 *Taxus* Linn.　2 种

分种检索表

1. 叶条形，微呈镰状或较直，通常长 1.5 ～ 2.2 cm，宽 2 ～ 3 mm，下面中脉带的色泽与气孔带相同；种子多呈卵圆形，稀倒卵圆形……………………………………………红豆杉 *T. chinensis* Rehd.
1. 叶披针状条形或条形，常呈弯镰状，通常长 2 ～ 4.5 cm，宽 3 ～ 5 mm，下面中脉带的色泽与气孔带不同；种子微扁，呈倒卵圆形，稀柱状矩圆形 ……………………………………………………………………………………………………… 南方红豆杉 *T. mairei* S. Y. Hu ex Liu

2. 榧属 *Toreya* Arn.　1 种

巴山榧树 *T.fargesii* Franch.

七、杨柳科 Salicaceae　2 属 39 种 2 变种 2 栽培变种

分属检索表

1. 冬芽具数鳞片；花序上的苞片条裂；花有杯形花盘；花序下垂；枝常有顶芽 …… 杨属 *Populus* Linn.
1. 冬芽具 1 鳞片；花序上的苞片全缘；花无花盘，具腺体；花序常直立；枝无顶芽…… 柳属 *Salix* Linn.

1. 杨属 *Populus* Linn.　10 种 1 变种 2 栽培变种

分种检索表

1. 叶缘具裂片，齿牙或波状齿。
  2. 叶缘具裂片或齿牙，叶长与宽明显不等，芽、嫩枝及叶背均具茸毛。
    3. 长枝叶 3 ～ 5 深裂，叶缘有缺刻状齿牙，叶柄侧扁；树冠尖塔形 …………………………………………………………………………………………………… 新疆杨 *P.alba* Lin.cv. Pyramidalis'
    3. 长枝叶不具裂片，叶缘为深波状齿牙，叶柄在老枝上侧扁，在长枝上为圆筒形；树冠卵圆形…………………………………………………………………………………… 毛白杨 *P. tomentosa* Carr.
  2. 叶缘具波状浅齿，叶近圆形，长宽近等；芽微被短柔毛；小枝无毛或有毛；叶背 微被短柔毛 。
    4. 叶二型，长枝上叶广卵形，短枝上叶几圆形，先端长渐尖或短渐尖，叶柄先端具明

显 2 腺体 …………………………………………………………………… 响叶杨 *P. adenopoda* Maxim.

4. 叶卵状圆形或三角状圆形，先端短渐尖，边缘疏波状钝齿，叶柄无腺体；小枝暗褐色 ……
…………………………………………………… 清溪杨 *P. rotundifolia* Griff var.*duclouxiana* Gomb.

1. 叶缘具较小整齐锯齿。

5. 叶多呈三角形，稀菱形或心形，叶基多楔形或截形，叶缘具半透明边；叶柄两侧扁。

6. 小枝粗壮，有棱；叶缘具短柔毛；叶常为三角形；叶柄先端常有腺体；树冠卵形 …………
……………………………………………………………… 欧美杨（加杨）*P. X eura* Merricana Guinier.

6. 小枝较细，无棱；叶缘无毛，叶常为菱形或菱状卵形，叶柄无腺体；树冠窄塔形 …………
……………………………………………………………… 箭杆杨 *P.usbekistanica* Kom. cv.'Afghanica'

5. 叶多近卵形，叶基常心形，叶缘无半透明边；叶柄近圆筒形或仅顶部侧扁。

7. 叶柄先端有腺体；叶基深心形或心形；花盘深裂，蒴果具毛。

8. 小枝有棱；叶卵形，长 15 ～ 30 cm，叶基部深心形，叶背沿脉和脉腋间有毛 …………
…………………………………………………………………………………… 大叶杨 *P. lasio* Carrpa Oliv.

8. 小枝圆柱形；叶宽卵形至近圆形，长 8 ～ 20 cm，基部心形或近圆形，叶下面初时有毛 ………………………………………………………………………………… 椅杨 *P. wilsonii* Schneid.

7. 叶柄先端无腺体，叶基圆形，宽楔形，稀心形；花盘不裂；果无毛。

9. 小枝具棱。

10. 叶在中部或中上部最宽，两面无毛 ………………………………… 小叶杨 *P. simonii* Carr.

10. 叶在中下部最宽。

11. 枝紫褐色或黄褐色；叶卵圆形，长达 20 cm，蒴果 3 ～ 4 瓣裂 ………………………
……………………………………………………………………… 川杨 *P. szechuanica* Schneid.

11 枝淡灰色或灰绿色；叶菱状卵形或菱状椭圆形，长达 9 cm；蒴果 2 ～ 3 瓣裂 …
………………………………………………………………… 小青杨 *P. pseudo-simonii* Kitag.

9. 小枝圆筒形，或幼枝微有棱，叶卵形或窄卵形。

12. 叶脉两面隆起，无毛，幼叶叶柄及叶缘微有毛；蒴果 3 ～ 4 瓣裂 ………………………
………………………………………………………………………… 青杨 *P. cathayana* Rehd.

12. 叶脉仅背面隆起，叶背被疏柔毛，脉腋上较密，蒴果 2 ～ 3 瓣裂 ………………………
………………………………………………………………………… 太白杨 *P. purdomii* Rehd.

2. 柳属 *Salix* Linn.　29 种 1 变种

分种检索表

1. 叶披针形，线状披针形或线状倒披针形，长为宽的 5 倍以上。

2. 叶全缘，近全缘或圆波状。

3. 叶下面密被绢质柔毛。

4. 叶线状披针形，长至 15 cm，宽 4 mm 以上，下面密被绢毛……………………………………………………………清钢柳 *S. viminalis* Linn.

4. 叶线状倒披针形或倒披针形，长至 5 cm，宽 3 mm 以下，下面被绢质柔毛……………………………………………………………筐柳 *S. cheilophila* Schneid.

3. 叶下面无毛或仅叶脉具毛……………………………川滇柳 *S.rehderiana* Schneid.

2. 叶缘有明显锯齿。

5. 叶倒披针形，对生或近对生……………………………红皮柳 *S.sinopurpurea* C. Wang

5. 叶披针形。

6. 叶下面沿脉具柔毛，先端渐尖或锐尖。

7. 叶先端锐尖；叶柄长 1 ～ 3 mm……………………………密齿柳 *S.charecta* Scnneid.

7. 叶先端渐尖；叶柄长 3 ～ 6 mm……………………………石泉柳 *S.shihtsuanensis* C. Wang

6. 叶下面无毛 。

8. 叶长 8 ～ 16 cm，基部楔形；枝下垂，褐紫色…………………垂柳 *S. babylonica* Linn.

8. 叶长 5 ～ 8 cm，基部稍圆形，枝不下垂，绿褐色…………旱柳 *S. matsudana* Koidz.

1. 叶矩圆状披针形至近圆形，长比宽小于 5 倍。

9. 当年生枝无毛。

10. 小枝的节明显突起；叶宽椭圆形至近圆形……………………杯腺柳 *S. cupularis* Rehd.

10. 小枝的节不突起。

11. 叶全缘。

12. 叶下面被疏柔毛……………………………多枝柳 *S. polyclona* Schneid.

12. 叶下面无毛。

13. 叶长 1 ～ 2 cm，下面淡绿色……………………………周至柳 *S. tangii* Hao

13. 叶长 2 ～ 3.5 cm，下面有白粉……………………………小叶柳 *S. hypoleuca* Seem.

11. 叶缘有锯齿。

14. 叶长 8 cm 以上。

15. 叶下面具毛或沿脉具发状毛。

16. 叶狭卵形或近椭圆形，下面具毛……………………川鄂柳 *S. fargesii* Burk.

16. 叶椭圆状倒卵形或倒卵形，下面沿脉具发状毛……………………………………………甘肃柳 *S. fargesii* Burk.var. *kansuensis*(Hao)N.Chao

15. 叶下面无毛，叶卵形或椭圆状披针形………………腺柳 *S. chaenomeloides* Kimura

14. 叶长 8 cm 以下。

17. 叶柄有腺体。

18. 叶柄先端有腺体，叶下面苍白色……………………紫心柳 *S. glandulosa* Seem.

18. 叶柄上部有腺体。叶下面淡绿色 .... 拟五蕊柳 *S. paraplasia* Schneid.

17. 叶柄无腺体.. 眉柳 *S. wangiana* Hao

9. 当年生枝有毛。

19. 叶背面淡绿色。

20. 叶全缘或近全缘。

21. 叶下面仅中脉或脉上微具短柔毛，叶长 2.5 cm 以下 ......丝毛柳 *S. luctuosa* Levcil.

21. 叶下面被茸毛或长柔毛，叶长 3 cm 以上。

22. 叶椭圆形或矩圆形，下面被白色或淡黄色茸毛 .... 银背柳 *S. erneesti* Schneid.

22. 叶斜方卵形，下面嫩时微被长柔毛 ....秦岭柳 *S. alfredi* Gorz.

20. 叶缘有明显的齿，叶卵状披针形，稀卵形或椭圆形 ....川柳 *S. hylonoma* Schneid.

19. 叶背发白色或有绢毛。

23. 叶上面发皱，下面具茸毛 .... 黄花柳 *S. sinica* C. Wang et C. F. Fang

23. 叶上面不发皱。

24. 叶下面无毛（皂柳有时被疏毛）。

25. 叶先端常渐尖。

26. 叶柄上端或有腺体 ....南川柳 *S. rosthornii* Seem.

26. 叶柄上端有腺体。

27. 叶椭圆状披针形，基部多楔形，稀圆形 .... 紫枝柳 *S. heterochroma* Seem.

27. 叶倒卵状椭圆形至矩圆状披针形，基部圆形或楔圆形.....................................
.... 皂柳 *S. wallichina* Anderrs.

25. 叶先端锐尖或钝，稀短渐尖 .... 中华柳 *S. cathayana* Diels.

24. 叶下面有毛。

28. 叶匙形，长 4 ～ 7 cm.. 匙叶柳 *S. spathulifola* Seem.

28. 叶长圆形，长 1 ～ 2 cm...秋华柳 *S. variegata* Franch.

八、胡桃科 Juglandaceae　4 属 9 种

分 属 检 索 表

1. 小枝髓坚实；小型果生于木质的苞腋，多数形成球果状 .... 化香属 *Platycarrya* Sieb. et Zucc.

1. 小枝髓为片状。

2. 苞与小苞结合，贴生于子房，肉质，形成核果状坚果.......................... 核桃属 *Juglans* Linn.

2. 苞与小苞分离，小苞延伸，形成具翅坚果。

3. 果实两边具翅 ....枫杨属 *Pterocarrya* Kunth.

3. 果实周围具翅 .... 青钱柳属 *Cyclocarrya* Iljinsk.

1. 化香属 *Platycarrya* Sieb. et Zucc.　1种

化香 *P. strobilacea* Sieb.et Zucc.

2. 核桃属 *Juglans* Linn.　3种

分种检索表

1. 小叶5～9，全缘，叶下面仅脉腋具簇毛；果光滑 .... 核桃 *J. regia* Linn.
1. 小叶9～17，具锯齿，叶下面被短柔毛，果具腺毛。
    2. 小叶成长后下面密被短柔毛及星芒状毛；果序长而下垂，通常6～10个果实 .... 野核桃 *J. cathayensis* Dode
    2. 小叶长成后常变无毛；果序短，俯垂，通常具4～5个果实 .... 核桃楸 *J. mandshurica* Maxim.

3. 枫杨属 *Pterocarrya* Kunth.　4种

分种检索表

1. 芽无芽鳞，常数个叠生。
    2. 果翅宽阔，椭圆状卵形，伸向果实两侧；叶为奇数羽状复叶，叶轴无翅 .... 湖北枫杨 *P. hupehensis* Skan.
    2. 果翅狭，矩圆状条形，伸向果实斜上方；叶多为偶数羽状复叶，叶轴具翅 .... 枫杨 *P. stenoptera* DC.
1. 芽具2～4枚芽鳞，人而脱落，单生。
    3. 果序轴疏被毛或近无毛；果实无毛或仅有疏毛 .... 华西枫杨 *P. insignis* Rehd. et Wils.
    3. 果序轴密生短柔毛；果实及果翅多少有毛 .... 甘肃枫杨 *P. macroptera* Batal.

4. 青钱柳属 *Cyclocarrya* Ilinsk. 1种

青钱柳 *C. palliurus* Iljiusk.

九、桦木科 Betulaceae　5属20种7变种

分属检索表

1. 果为具翅小坚果，连同果苞排列成球果状或穗状；雄花具花被，雌花无花被。
  2. 果苞革质，成熟后脱落，顶端3裂，每果苞内具3小坚果；果序穗状；雄蕊2枚…… 桦木属 *Betula* Linn.
  2. 果苞木质，宿存，顶端5裂，每果苞内具2小坚果；果序球果状；雄蕊4枚…… 桤木属 *Alnus* Mill.
1. 果为小坚果或坚果，连同果苞排列成总状或头状；雄花无花被，雌花具花被。
  3. 果序簇生呈头状，果苞钟状或管状；芽卵圆形，顶端钝或尖；叶脉5～9对…… 榛属 *Corylus* Linn.
  3. 果序为总状；果苞叶状或囊状；芽长，顶端锐尖；叶脉9对以上。
    4. 果苞叶状，革质或纸质，扁平，3裂或2裂，不完全包裹小坚果…… 鹅耳枥属 *Carpinus* Linn.
    4. 果苞囊状，膜质，完全包裹小坚果…………………………………………………… 铁木属 *Ostrya* Scop.

1. 桦木属 *Betula* Linn.　6种

分种检索表

1. 果苞的侧裂片不明显；翅果之翅较宽；果序长圆柱形；叶的边缘具刺毛状重锯齿 …… 光皮桦 *B. luminifera* Winkl.
1. 果苞的侧裂片明显；翅果之翅较狭；果序圆柱形，矩圆形或近球形；叶的边缘具 重锯齿或单锯齿。
  2. 小坚果具明显的膜质翅，宽为果的1/2以上。
    3. 树皮灰白色；叶三角状卵形，三角状菱形，三角形；果苞侧裂片斜展至向下弯 …… 白桦 *B. platyphylla* Suk.
    3. 树皮暗红色，红褐色，成薄层剥落；叶卵形，倒卵形，椭圆形或卵状菱形；果苞侧裂片直立或斜展。
      4. 树皮暗红褐色，呈层剥落；小枝密生树脂腺体及短柔毛；叶背沿脉密被长柔毛；脉腋间具密的髯毛…………………………………………………… 糙皮桦 *B. utilis* Don.
      4. 树皮红褐色，呈大片的薄层剥落；小枝疏生短柔毛及树脂腺体或无；叶背脉上无或疏生长柔毛，脉腋间通常无髯毛 …………………………………… 红桦 *B. alba-sinensis* Burk.
  2. 小坚果的翅极狭，几呈无翅状。

5. 叶长 8 ～ 13 cm；果序较粗壮；果苞的侧裂片披针形；乔木 .... 香桦 *B. insignis* Franch.

5. 叶长不超过 8 cm；果序较窄短；果苞之侧裂片卵形至披针形；灌木或小乔木 .... 坚桦 *B. chinensis* Maxim.

2. 桤木属 *Alnus* Mill.　1 种

桤木 *A.cremastogyne* Burk.

3. 榛属 *Corylus* Linn.　4 种 2 变种

分 种 检 索 表

1. 果苞针刺状，裂片全部硬化为分叉的针刺；冬芽先端尖 .... 藏刺榛 *C. ferox* Wall.var.*thibetica* Franch.

1. 果苞钟状或管状，裂片不硬化，冬芽先端钝。

  2. 果苞钟状，与果等长或稍长，但长不超过果的 1 倍。

    3. 叶顶端凹缺或截形，中央具突尖；果苞裂片边缘全缘，很少有锯齿 .... 榛 *C. heterophylla* Fisch.

    3. 叶顶端尾状；果苞裂片边缘有锯齿，很少全缘 .... 川榛 *C. heterophylla* Fisch.var. *sutchenensis* Franch.

  2. 果苞管状，长于果 1 ～ 3 倍。

    4. 乔木；果苞外面疏被短柔毛；叶的边缘具重锯齿，基部两侧不对称 。

      5. 叶卵形至卵状长圆形，基部斜心形；果苞、幼枝常被刺毛状腺体 .... 华榛 *C. chinensis* Franch.

      5. 叶长圆状披针形，基部偏斜，但不成心形；果苞，幼枝常无刺毛状腺体 .... 披针叶榛 *C. fargesii* Schneid.

    4. 灌木；果苞外面密被黄色刚毛；叶的边缘具锯齿，中部以上具浅裂，基部的两侧近对称 .... 毛榛 *C. mandshurica* Maxim.

4. 鹅耳枥属 *Carpinus* Linn.　8 种 5 变种

分 种 检 索 表

1. 果苞中脉两侧近对称，排列紧密。

  2. 小枝疏被长柔毛，叶下面脉上被短柔毛。

3. 小枝初时疏被长柔毛，后变无毛 .... 千金榆 *C. cordata* Bl.

3. 小枝除疏被长柔毛外，尚密被短柔毛 .... 华千金榆 *C. cordata* Bl. var. *chinensis* Franch.

2. 小枝及叶柄密被茸毛；叶下面密被短柔毛 .... 毛叶千金榆 *C. cordata* Bl. var. *molis* Cheng ex Chen

1. 果苞中脉偏向内缘一侧，排列疏松。

4. 果苞外侧与内侧的基部均具裂片；叶顶端尾状渐尖至长尾状 .... 雷公鹅耳枥 *C. vimnea* Wall.

4. 果苞外侧基部无裂片，内侧基部具裂片或耳突或仅边缘微内折。

5. 叶缘具刺毛状锯齿。

6. 叶椭圆形或矩圆形，侧脉 14 ～ 16 对；果苞大，内侧边缘微内弯.. 昌化鹅耳枥 *C. tschonoskii* Maxim.

6. 叶卵状披针形或长卵形，侧脉 16 ～ 20 对；果苞小，内侧边缘直 .... 多脉鹅耳枥 *C. polyneura* Franch.

5. 叶缘具重锯齿或单锯齿。

7. 叶矩圆形或倒卵状矩圆形；果苞纸质，成熟时淡黄褐色 .... 陕西鹅耳枥 *C. shensiensis* Hu

7. 叶长椭圆形，卵状披针形，椭圆形或卵形；果苞厚纸质，成熟时淡绿色。

8. 叶下面无疣状突起。

9. 叶卵形，宽卵形，卵状椭圆形；果苞内侧基部具小裂片。

10. 叶边缘具重锯齿 .... 鹅耳枥 *C. turcxaninowiii* Hance

10. 叶边缘具单锯齿 .... 小叶鹅耳枥 *C. turcxaninowii* Hance var. *stipulata* H. Winkl.

9. 叶卵状披针形，卵状椭圆形，矩圆形；果苞内侧基部具耳突或边缘微内折 .... 川陕鹅耳枥 *C. fargesiana* H. Winkl.

8. 叶下面有疣状突起。

11. 小坚果被或疏或密的短柔毛，其上部尚被长柔毛，叶缘具重锯齿 .... 云贵鹅耳枥 *C. pubescens* Burk.

11. 小坚果通常无毛或仅顶端疏被长柔毛；叶缘具单锯齿。

12. 叶狭披针形，顶端长渐尖，边缘的单锯齿微内弯......川鄂鹅耳枥 *C. hupeana* Hu var. *henryana* P. C.Li

12. 叶卵形或长卵形，顶端锐尖或渐尖，边缘的单锯齿呈齿牙状 .... 单齿鹅耳枥 *C. hupeana* Hu var. *simplicidentata* P.C.Li

5. 铁木属 *Ostrya* Scop.　1 种

铁木 *O. japonica* Sarg.

十、壳斗科 Fagaceae　5 属 31 种 4 变种

分属检索表

1. 雄花成头状花序；雌花 2；壳斗 2 ～ 4 裂；坚果三角形 ....水青冈属 *Fagus* Linn.
1. 雄花成葇荑花序；雌花单生或成穗状花序；壳斗不裂或无规则分裂；坚果卵圆形至球形。
  2. 雄花序直立，每壳斗有坚果 1 ～ 5 个。
    3. 落叶乔木或灌木；枝无顶芽；叶缘具锯齿；壳斗球形，外面密被针状刺，熟时 2 ～ 4 瓣裂 .... 栗属 *Castanea* Mill.
    3. 常绿乔木；枝有顶芽；叶全缘罕有齿缺；壳斗杯状或半圆形而围绕坚果下部，或圆形完全包围坚果，无裂，熟时不裂 .... 柯属 *Lithocarpus* Bl.
  2. 雄花序下垂，每壳斗有坚果 1 个。
    4. 壳斗苞片轮状排列，结果时愈合，连接成同心环带；叶常绿，通常全缘，有时有裂齿 .... 青冈属 *Cyclobalanopsis* Oerst.
    4. 壳斗苞片螺旋排列，结果时不连接成同心环带；落叶或常绿，边缘常有裂齿................. .... 栎属 *Quercus* Linn.

1. 水青冈属 *Fagus* Linn.　4 种

分种检索表

1. 叶边缘全缘或波状，叶脉在叶缘处弯拱网结；柄长 1 ～ 2 cm；壳斗苞片两型，基部窄匙形，上部线形 .... 米心水青冈 *F. engleriana* Seem.
1. 叶缘有锯齿，叶脉直达齿端。
  2. 壳斗苞片全为钻形。
    3. 叶长 5 ～ 15 cm，幼时下面密被贴伏微茸毛，成长叶毛渐脱落或近无 .... 水青冈 *F. longipetiolata* Seem.
    3. 叶长 4.5 ～ 8 cm，幼时两面被绢质长柔毛，成长叶下面脉腋有簇柔毛 .... 巴山水青冈 *F. pashanica* C.C. Yang
  2. 壳斗上的突起（苞片）鳞片状，紧贴，顶端螺旋状窄，短尖头，有如鸡爪状 .... 亮叶水青冈 *F. lucida* Rehd. et Wils.

2. 栗属 *Castanea* Mill.　3 种

分种检索表

1. 每壳斗有 1 ～ 3（5）坚果；叶矩圆形至倒卵形，顶端短尖至渐尖。

2. 叶下面无鳞腺，被星状茸毛，有时毛脱落 .... 板栗 *C. mollissima* Bl.

2. 叶下面有鳞腺，无毛或仅嫩叶疏被单毛 .... 茅栗 *C. seguinii* Dode

1. 每壳斗仅有 1 坚果；叶披针形，顶端渐尖至尾状长渐尖；叶下面无毛或仅嫩时偶有疏毛 .... 锥栗 *C. henryi* Rehd. et Wils.

3. 柯属 *Lithocarrpus* Bl.　2 种

分种检索表

1. 叶长圆形或长圆状披针形；壳斗几乎全包坚果 .... 包果柯 *L. cleistocarrpus* Rehd. et Wils.

1. 叶倒卵状椭圆形或倒卵状披针形；壳斗仅包坚果 1/2 ～ 1/3 ...... 多穗柯 *L. polystachyus* Rehd.

4. 青冈属 *Cyclobalanopsis* Oerst.　6 种

分种检索表

1. 叶下面具星状毛或单毛。

2. 叶下面被单毛及星状毛，单毛多见于中脉两侧 .... 曼青冈 *C. oxyodon* Oerst.

2. 叶下面被星状毛 .... 短星毛青冈 *C.breviradiata* Cheng ex Hsu

1. 叶下面无毛或被单毛。

3. 叶下面无毛 .... 小叶青冈 *C.myrsinaefolia* Oerst.

3. 叶下面被单毛，常兼有腊质粉层 。

4. 叶缘中部以上具锯齿。

5. 叶长 6.5 ～ 13 cm，中部以上最宽，叶缘裂齿粗锯齿状，叶下面被长柔毛 .... 青冈 *C. glauca* Oerst.

5. 叶长 4.5 ～ 9 cm；中部以下最宽，叶缘裂齿较短小，叶下面被散生短伏毛 .... 细叶青冈 *C. gracilis* Cheng et Hong

4. 叶缘自基部 1/5 以上具锯齿 .... 多脉青冈 *C.multinervis* Cheng et Hong

5. 栎属 *Quercus* Linn.　16 种 4 变种

分种检索表

1. 叶常绿或半常绿。

2. 壳斗鳞片短线状或线状披针形，稍弯曲或反曲。

3. 叶倒匙形或倒卵状椭圆形 .... 匙叶栎 *Q. dolicholepis* A.Cam.

3. 叶非倒匙形或倒卵状椭圆形。

4. 叶缘上部有稀疏短刺齿，叶下面无毛或几无毛 .... 尖叶栎 *Q. oxyphylla* Hand.- Mazz.

4. 叶缘自下部起有芒尖锐齿，叶下面无毛或被星状毛。

5. 叶下面中脉基部两侧被星状毛 .... 橿子栎 *Q. baronii* Skan.

5. 叶下面密被星状毛 .... 多毛橿子栎 *Q. baroni* Skan. var. *capilata* Liou

2. 壳斗鳞片鱼鳞片状，三角形或卵形，贴伏于壳壁。

6. 叶柄长 10 ～ 30 mm；叶长 6 ～ 12 cm.................................... 巴东栎 *Q. engleriana* Seem.

6. 叶柄长 2 ～ 8 mm；叶长 2 ～ 6 cm。

7. 侧脉常凹陷，叶面凹凸不平，中脉自基部至顶部曲折延伸，或叶面平坦，叶缘具刺状裂齿或全缘 .... 刺叶栎 *Q. spinosa* Darid ex Franch.

7. 侧脉不凹陷，叶面平坦，中脉直伸。

8. 叶下面被灰黄色星状毛，侧脉不显，中脉在叶面基部一段微凹陷 .... 岩栎 *Q. acrodonta* Seem.

8. 叶下面无毛或仅中脉两侧被毛，中脉在叶面平坦或凸起，侧脉明显 。

9. 叶纸质，网脉明显，两面无毛或仅叶上面中脉有稀疏短毛 .... 铁山栎 *Q. cocii feroides* Hand.

9. 叶革质，网脉不显，两面无毛或下面中脉基部密被星状毛 .... 乌岗栎 *Q. phillyraeoides* A. Gray

1. 落叶乔木。

10. 叶缘具针刺状锯齿。

11. 叶仅下面脉腋具簇毛或脉上被疏柔毛... 麻栎 *Q. acutissima* Carr.

11. 叶下面被灰色短星状毛 .... 栓皮栎 *Q. variablls* Bl.

10. 叶缘具波状齿牙或粗锯齿。

12. 壳斗苞片短披针形或狭椭圆形，上部反卷或挺直。

13. 叶下面密被棕色或黄色星状毛。

14. 壳斗小苞片长约 1 cm，被褐色丝毛，内面无毛，侧脉 4 ～ 10 对 .... 槲树 *Q. dentata* Thunb.

14. 壳斗小苞片长约 5 mm，两面被灰色丝毛，侧脉 9 ～ 13 对 .... 西南槲树 *Q. dentata* Thunb.var.*oxyloba* Franch.

13. 叶下面无毛或仅中脉两侧被星状毛。

15. 叶柄长 2 ～ 8 mm，侧脉 5 ～ 9 对 .... 河北栎 *Q. hopeiensis* Liou

15. 叶柄长 1 ～ 2 cm，侧脉 8 ～ 12 对... 房山栎 *Q. fangshanensis* Liou

12. 壳斗苞片鳞片状，有时背部略增厚呈疣状隆起，紧贴壳壁。

16. 叶下面被星状毛或兼被单毛。

17. 叶缘具波状圆齿 .... 槲栎 *Q. aliena* Bl.

17. 叶缘具波状锐齿或齿牙 .... 锐齿栎 *Q. aliena* Bl.var.*acuteserrata* Maxim.

16. 叶下面无毛或被短伏毛 2 ～ 6 mm。

18. 叶缘具波状圆齿 .... 辽东栎 *Q. wutaishanica* Blume

18. 叶缘具尖锐腺锯齿。

19. 叶柄长 10 ～ 30 mm，坚果长 1.8 ～ 2.5 cm........................ 枹栎 *Q. glandulifera* Bl.

19. 叶柄长不超过 10 mm，叶集生于小枝顶端；坚果长 1.2 ～ 1.8 cm.........................
.... 短柄枹栎 *Q. glandulifera* Bl. var. *brevipetiolata* Nakai

十一、榆科 Ulmaceae　6 属 17 种 1 亚种 2 变种

分 属 检 索 表

1. 翅果；种子扁平 .... 榆属 *Ulmus* Linn.

1. 核果或具翅小型果。

2. 叶基部具 3 主脉，侧脉通常不足 6 对；花单性。

3. 核果；花药无毛；小枝灰褐色，有短柔毛。

4. 叶之侧脉在未达叶缘前弯曲 .... 朴属 *Celtis* Linn.

4. 叶之侧脉直达至叶缘 .... 糙叶树属 *Aphananthe* Pl.

3. 具翅小坚果；花药顶端有毛；小枝紫褐色，无毛 ....青檀属 *Pteroceltis* Maxim.

2. 叶具平行脉 7 对或更多；花两性，杂性或单性。

5. 核果；小枝柔软无刺 ....榉属 *Zelkova* Spach.

5. 具翅小坚果；小枝坚硬有刺 .... 刺榆属 *Hemiptelea* Pl.

1. 榆属 *Ulmus* Linn.　6 种 2 变种

分 种 检 索 表

1. 花在春季先叶开放 。

2. 叶具单锯齿，稀具重锯齿。

3. 叶倒卵形，椭圆形至椭圆状披针形，基部几对称；翅果长约 1.5 cm ....
.... 榆树 *U. pumila* Linn.

3. 叶卵形或菱状卵形，基部不对称；翅果长 2 ～ 2.5 cm............ 旱榆 *U. glaucescens* Franch.

2. 叶具重锯齿 。

4. 种子位于翅果的中部或近中部，上端不接近缺口。

5. 翅果两面及边缘有毛，长 2.5 ～ 3.5 cm； 小枝具木栓质翅 .... 大果榆 *U. macrocarrpa* Hance

5. 翅果除顶端缺口柱头面被毛外，余处无毛，长约 2 cm； 小枝无栓质翅。

6. 叶下面无毛或脉腋处具簇生毛，叶柄无毛或几无毛 ... 兴山榆 *U. bergmaniana* Schneid.

6. 叶下面密被弯曲之柔毛，叶柄通常密生短柔毛 .... 西蜀榆 *U. bergmaniana* Schneid var.*lasiophylla* Schneid.

4. 种子位于翅果上部、中上部或中部，上端接近缺口。

7. 果核部分多少被毛，果翅无毛或有疏毛 .... 黑榆 *U. davidiana* Planch.

7. 翅果除顶端缺口柱头面被毛外，余处无毛 .... 春榆 *U. davidiana* Planch. var. *japonica* Nakai

1. 花在秋季叶后开放，花萼深至中部以下，叶小，具单锯齿.................. 榔榆 *U. parvifolia* Jacq.

2. 朴属 *Celtis* Linn.　5 种 1 亚种

分 种 检 索 表

1. 冬芽的内部芽鳞密被较长的柔毛。

2. 果较小，直径约 5 mm，幼时被疏或密的柔毛，1 ～ 3 个簇生； 总梗和果梗共长 1 ～ 2 cm... .... 紫弹树 *C. biondii* Pamp.

2. 果较大，直径 10 ～ 17 mm，幼时无毛，单生； 果梗长 1.5 ～ 3.5 cm .

3. 叶先端短尾状、短渐尖或渐尖 ....珊瑚朴 *C. julianae* Schneid.

3. 叶先端近平截而具粗锯齿，中间具尾状长尖.............................大叶朴 *C. koraiensis* Nakai

1. 冬芽的内部芽鳞无毛或仅被微毛。

4. 果梗短于或长于 1 倍于邻近的叶柄；叶常卵形或卵状椭圆形；果熟时红色 .... 朴树 *C. tetrandra* Roxb. subsp. *sinensis* Y.C. Tang

4. 果梗 2 ～ 3 倍长于邻近的叶柄；果熟时蓝黑色至黑色。

5. 果径 10 ～ 13 mm，果梗长 25 ～ 40 mm；叶边缘具整齐锯齿几乎达基部 .... 樱果朴 *C. cerasifera* Schneid.

5. 果径 6 ～ 8 mm，果梗长 10 ～ 25 mm；叶常在中部以上具不规则浅齿或一侧近全缘 ....黑弹树 *C.bungeana* Bl.

3. 糙叶树属 *Aphananthe* Pl.　1 种

糙叶树 *A. aspera*（Thunb.）Planch.

4. 青檀属 *Pteroceltis* Maxim. 1种

青檀 *P.tatarinowii* Maxim.

5. 榉属 *Zelkova* Spach. 3种

分种检索表

1. 小枝密被短柔毛；叶上面具短刚毛，下面密生淡灰色柔毛 ..... 大叶榉 *Z. schneideriana* Hand.
1. 小枝常无毛 。
  2. 叶缘锯齿钝尖，叶下面脉腋有毛；果径 5 ～ 7 mm ....小叶榉 *Z. sinica* Schneid.
  2. 叶缘锯齿锐尖，叶下面无毛；果径 3 ～ 4 mm ....光叶榉 *Z. serata* Mak.

6. 刺榆属 *Hemiptelea* Pl. 1种

刺榆 *H.davidii*（Hance）Planch.

十二、桑科 Moraceae 4属10种3变种

分属检索表

1. 花生于花托内，形成隐头花序；托叶合生，包围顶芽，脱落后留有环状痕迹 .... 无花果属 *Ficus* Linn.
1. 花生于花托外，成葇荑花序或头状花序；托叶离生，脱落后不留环状痕迹。
  2. 枝具刺；雌雄花序均为圆头状..柘树属 *Cudrania* Trec.
  2. 枝无刺；雌雄花序卵状或圆筒状，罕圆头状。
    3. 雌雄花序皆为葇荑状；葚果圆柱状.. 桑属 *Morus* Linn.
    3. 雄花序葇荑状，雌花序圆头状，葚果球形 .... 构属 *Broussonetia* L'Herit. ex Vent.

1. 无花果属 *Ficus* Linn. 3种2变种

分种检索表

1. 叶具锯齿或裂片罕全缘，常落叶。
  2. 直立灌木，叶形多变化，披针形，倒卵状长圆形，椭圆形或琴形..

…………………………………………………………………………异叶榕 *F. heteromorpha* Hemsl.

2. 匍匐灌木；叶卵形至卵状长圆形；隐花果贴伏地面……………………地瓜 *F. tikoua* Bureau

1. 叶全缘或具波状浅齿，多常绿。

3. 果光滑……………………………………………珍珠莲 *F. sarmentosa* Buch.- Ham.exJ.E.Smith

3. 果具长硬毛或短柔毛。

4. 果几无梗，径约 15 ～ 20 mm，具长硬毛…………………………………………………………

…………………………亨氏珍珠 *F. sarmentosa* Buch.- Ham.ex J. E.Smith var. *henryi* Corn.

4. 果具梗，径约 6 ～ 8 mm，具短柔毛……………………………………………………………

…………………………爬藤榕 *F. sarmentosa* Buch.- Ham. ex J. E. Smith var. *impresa* Corn.

2. 桑属 *Morus* Linn.　4 种 1 变种

分种检索表

1. 叶缘锯齿刺芒状。

2. 叶常不分裂，表面几乎平滑……………………………………蒙桑 *M. mongolica* Schneid.

2. 叶常分裂，表面粗糙…………………………山桑 *M. mongolica* Schneid. var.*diabolica* Koidz.

1. 叶缘锯齿非刺芒状。

3. 雌花无花柱或极短；叶面平滑………………………………………………………桑 *M. alba* Linn.

3. 雌花具明显花柱；叶面粗糙。

4. 花柱极长，至果实时长达 4 mm；叶缘具不整齐齿牙状锯齿………鸡桑 *M. australis* Poir.

4. 花柱短；叶缘具阔或圆形锯齿……………………………华桑 *M. cathayana* Hemsley

3. 构树属 *Broussonetia* L'Herit. ex Vent.　2 种

分种检索表

1. 乔木；叶柄长 2 ～ 10 cm；花雌雄异株……………………构树 *B. papyifera* L'Herit. ex Vent.

1. 灌木；叶柄长 7 ～ 20 mm；花雌雄同株……………………………………小构树 *B.kainoki* Sieb.

4. 柘树属 *Cudrania* Ttec. 1 种

柘树 *C. tricuspidata* Bureau

十三、荨麻科 Urticaceae　3属4种

分属检索表

1. 果干燥；柱头线状；托叶离生；叶宽卵形……………………………………苎麻属 *Boehmerria* Jaca.
1. 果肉质；柱头头状或盾状；托叶合生2列。
   2. 柱头头状；叶披针形或长圆状披针形 ……………………………………水麻属 *Debregeasia* Gaud.
   2. 柱头盾状；叶卵状长椭圆形……………………………………………………紫麻属 *Oreocnide* Miq.

1. 苎麻属 *Boehmerria* Jacq.　1种

苎麻 *B. nivea* Gaud.

2. 水麻属 *Debregeasia* Gaud.　2种

分种检索表

1. 花生前年生枝上；花序有明显的总花梗……………………………………水麻 *D. edulis* Wedd.
1. 花生当年生枝叶腋；花序无总花梗 ………………………………………长叶水麻 *D. longifolia* Wedd.

3. 紫麻属 *Oreocnide* Miq.　1种

紫麻 *O.frutescens* Miq.

十四、檀香科 Santalaceae　1属2种

1. 米面翁属 *Buckleya* Torr.　2种

分种检索表

1. 叶两面具短柔毛；果几圆形，无纵脊 ……………………………………………………………………
………………………………………………………………………………谷氏米面翁 *B. graebneriana* Diels.
1. 叶背初具短柔毛，后几光滑；果椭圆形或倒卵状椭圆形，具纵脊 ………………………………
………………………………………………………………………………亨氏米面翁 *B. lanceolata* Miq.

十五、桑寄生科 Loranthaceae　4 属 5 种

分属检索表

1. 茎和枝无明显的节和节间；叶具羽状脉；花两性，稀单性，具副萼，花被花瓣状。
 2. 花序穗状；花冠花蕾时棒状或柱状，开花时花瓣离生，4 ～ 6 枚 ....桑寄生属 *Loranthus* Jacq.
 2. 花序聚伞状；花冠花蕾时管状，开花时顶端分裂，下半部合生，4 枚... 钝果寄生属 *Taxillus* Van. Tiegh.
1. 茎和枝具明显的节和节间；叶具直出脉或叶退化为鳞片状；花单性，不具副萼，花被萼片状。
 3. 叶鳞片状，基部多少合生；枝扁平，相邻节间排列在同一平面上；花药 2 室 .... 栗寄生属 *Korthalsella* Van. Tiegh.
 3. 具叶或仅具鳞片状叶，基部不合生；小枝扁平或不扁平，相邻节间互相垂直；花药多室 .... 槲寄生属 *Viscum* Linn.

1. 桑寄生属 *Loranthus* Jacq.　1 种

北桑寄生 *L.tanakae* Franch. et Sav.

2. 钝果寄生属 *Taxillus* Van Tiegh.　2 种

分种检索表

1. 叶被褐色或红褐色星状毛；花冠花蕾时顶部狭长圆形，裂片披针形 .... 四川寄生 *T. sutchuenensis* Danser.
1. 叶被树枝状和星状毛；花冠花蕾时顶部圆球形，裂片匙形 .... 毛叶寄生 *T. nigrans* Danser.

3. 栗寄生属 *Korthalsella* Van Tiegh. 1 种

栗寄生 *K. japonica* Engl.

4. 槲寄生属 *Viscum* Linn.　1 种

槲寄生 *V. coloratum* Nakai

十六、马兜铃科 Aristolochiaceae　1属3种

1. 马兜铃属 *Aristolochia* Linn.　3种

分种检索表

1. 叶卵状心形至近圆形，长 7 ～ 14 cm，宽 8 ～ 15 cm；芽密生白色茸毛 .... 木通马兜铃 *A. mandshuriensis* Kom.
1. 叶长卵形；芽密生灰黄色或棕褐色毛。
  2. 叶全缘或 3 裂，侧裂片几圆形 .... 异叶马兜铃 *A. heterophylla* Hemsl.
  2. 叶全缘 .... 绵毛马兜铃 *A. mollissima* Hance

十七、毛茛科 Ranunculaceae　2属16种3变种

分属检索表

1. 叶互生；直立灌木；蓇葖果 .... 芍药属 *Paeonia* Linn.
1. 叶对生；攀援灌木；瘦果 .... 铁线莲属 *Clematis* Linn.

1. 芍药属 *Paeonia* Linn.　2 种

分种检索表

1. 花瓣内面基部具紫斑；叶背面散生柔毛 .... 紫斑牡丹 *P. papaveracea* Andr.
1. 花瓣无紫斑；叶背面无毛 .... 牡丹 *P. suffruticosa* Andr.

2. 铁线莲属 *Clematis* Linn.　14种3变种

分种检索表

1. 直立半灌木，三出复叶；花兰紫色，雄蕊药隔有短硬毛 .... 大叶铁线莲 *C. heracleaeifolia* De Cand.
1. 攀援灌木。
  2. 叶常绿。
    3. 单叶卵状披针形，边缘有刺尖状小齿 .... 单叶铁线莲 *C.henryi* Oliv.

3. 三出复叶，小叶卵状披针形至卵形，全缘 .... 小木通 *C.armandii* Franch.

2. 叶脱落，罕半常绿。

4. 叶为单出羽状复叶。

5. 三出叶。

6. 小叶全缘；花单生 .... 须蕊铁线莲 *C. pogonandra* Maxim.

6. 小叶具缺刻状齿，罕全缘。

7. 花 1 ～ 5 朵簇生 .... 山铁线莲 *C. montana* Buch.

7. 花多数呈圆锥花序 .... 钝齿铁线莲 *C. apiifolia* DC. var. *obtusidentata* Rehd.et Wils.

5. 小叶 3 ～ 5 片。

8. 小叶全缘。

9. 花两性。

10. 花 1 ～ 3 朵聚伞花序；小叶卵状披针形或线状披针形 ....
.... 秦岭铁线莲 *C. obscura* Maxim.

10. 花多岐聚伞花序聚成圆锥花序。

11. 瘦果长达 6 mm，具隆起边缘，鲜橙色 .... 圆锥铁线 *C. tarniflora* DC.

11. 瘦果长 2 ～ 3 mm，无隆起边缘，暗橙色 .... 威灵仙 *C. chinensis* Osbeck.

9. 花雌雄异株；小叶卵形或卵圆形，两面均被柔毛 .
.... 陕西铁线莲 *C. shensiensis* W. T. Wang

8. 小叶具齿牙或裂片，罕全缘。

12. 小叶 3 ～ 5；花常三岐聚伞花序 .... 银光铁线莲 *C. argentilucida* W. T. Wang

12. 小叶常 5；花多岐聚伞或圆锥花序。

13. 果光滑 .... 钝萼铁线莲 *C. peterae* Hand.

13. 果具短柔毛 .... 毛果铁线莲 *C. peterae* Hand. var. *trichocarrpa* W.T.Wang

4. 叶常为二回羽状复叶，罕单生。

14. 多岐圆锥花序；小叶全缘。

15. 小叶纸质或薄革质，两面网脉突出，上面不皱缩 ....
.... 柱果铁线莲 *C. uncinatn* Champ.

15. 小叶革质，上面皱缩，下面网脉不突出 ....
.... 皱叶铁线莲 *C. uncinata* Champ. var. *coriacea* Pamp.

14. 花单生或呈稀疏聚伞花序。

16. 花 1 ～ 3 朵，簇生；二回三出复叶，叶柄基部隆起 ....
.... 毛蕊铁线莲 *C. lasiandra* Maxim.

16. 花呈稀疏聚伞花序，三出复叶 .... 短尾铁线莲 *C. brevicaudata* DC.

十八、木通科 Lardizabalaceae　4 属 6 种 2 变种

分属检索表

1. 直立灌木；奇数羽状复叶 .... 猫儿屎属 *Decaisnea* Hook. f. et Thoms.
1. 藤本；掌状复叶。
  2. 花被裂片 3；小叶顶端凹缺 .... 木通属 *Akebia* Decne
  2. 花被片 6；雄蕊离生。
    3. 常绿；小叶 3 ～ 9；伞房状花序 .... 牛姆瓜属 *Holboellia* Wall.
    3. 落叶；小叶 3；长总状花序 .... 串果藤属 *Sinofranchetia* Hemsl.

1. 猫儿屎属 *Decaisnea* Hook. f. et Thoms　1 种

猫儿屎 *D.fargesii* Franch.

2. 木通属 *Akebia* Decne.　1 种 2 变种

分种检索表

1. 小叶 6 ～ 8 片 .... 多叶木通 *A. quinata* Decne. var. *polyphylla* Nakai
1. 小叶 3 片。
  2. 小叶近革质，边缘具波状齿或浅裂 .... 三叶木通 *A. trifoliata*（Thunb.） Koidz.
  2. 小叶革质，边缘通常全缘 .... 白木通 *A. trifoliata*（Thunb.）Koidz. var. *australis* Rehd.

3. 牛姆瓜属 *Holboelia* Wall.　3 种

分种检索表

1. 叶背面脉不明显，长圆状披针形 .... 紫花牛姆瓜 *H. fargesii* Reaub.
1. 叶背面脉明显。
  2. 小叶常 3，中部以下较阔 ....鹰爪枫 *H. coriacea* Diels.
  2. 小叶常 5，中部以上较阔 ....牛姆瓜 *H. grandiflora* Reaub.

4. 串果藤属 *Sinofranchetia* Hemsl.　1 种

串果藤 *S.chinensis* Hemsl.

十九、大血藤科 Sargentodoxaceae　1 属 2 种

大血藤属 *Sargentodoxa* Rehd. et Wils.　2 种

分种检索表

1. 叶为三出叶；花雌雄异株 .... 大血藤 *S. cuneata* Rehd. et Wils.
1. 叶为单叶；花为雄花与两性花同株 .... 单叶血藤 *S. simplicifolia* S. Z. Qu et C.L. Min

二十、小蘖科 Berberidaceae　3 属 30 种

分属检索表

1. 复叶，常绿，无刺灌木。
   2. 三回羽状复叶，小叶全缘，花白色 .... 南天竹属 *Nandina* Thunb.
   2. 单出羽状复叶，小叶具齿牙，花黄色 .... 十大功劳属 *Mahonia* Nutt.
1. 单叶；落叶或常绿，具刺灌木 ....小蘖属 *Berberis* Linn.

1. 南天竹属 *Nandina* Thunb. 1 种

南天竹 *N.domestica* Thunb.

2. 十大功劳属 *Mahonia* Nutt.　3 种

分种检索表

1. 小叶圆卵形或卵状长圆形，缘刺粗壮 .... 阔叶十大功劳 *M. bealei* Carr.
1. 小叶卵状披针形或广披针形，缘刺较细。
   2. 小叶基部几圆形 .... 会理十大功劳 *M. huiliensis* Hand.
   2. 小叶基部突尖或楔形..刺黄柏 *M. ganpinensis* Fedde

3. 小檗属 *Berberis* Linn.　26 种

分种检索表

1. 叶常绿。

2. 小枝密被疣体，花单生，叶背被白粉 .... 疣枝小檗 *B. verruculosa* Hemsl. et Wils.

2. 小枝无疣体，花非单生。

3. 叶披针形，全缘或具 1 ～ 2 刺齿 .... 细叶小檗 *B. tricanthophora* Fedde

3. 叶非披针形。

4. 果实几圆形或卵圆形 .... 黑果小檗 *B. atrocarpa* Schneid.

4. 果实椭圆形。

5. 叶薄革质，叶缘每边具 1 ～ 3 刺齿，常 2 齿 .... 少齿小檗 *B. potaninii* Maxim.

5. 叶厚革质，叶缘具 3 ～ 8 刺齿。

6. 胚珠单 1，叶下面侧脉和细脉明显，叶缘锯齿不开展 .... 蚝猪刺 *B. julianae* Schneid.

6. 胚珠 2 或 3，叶下面侧脉和细脉不明显，叶缘锯齿开展或稍开展... 假蚝猪刺 *B. soulieana* Schneid.

1. 叶脱落。

7. 花单生或数花簇生。

8. 叶近全缘或具短疏细刺齿，网脉不明显 .... 黄花刺 *B.diaphana* Maxim.

8. 叶具细密刺毛状锯齿，网脉明显 .... 秦岭小檗 *B. circumserata* Schneid.

7. 花排成总状，伞形或圆锥花序。

9. 花序常呈具梗总状，簇生总状或伞形花序。

10. 叶具短柔毛。

11. 叶上面无毛，背面脉上被短柔毛。

12. 小枝无毛；叶菱状卵形，长 4 ～ 8 cm ....毛脉小檗 *B. giraldii* Hesse

12. 小枝疏被柔毛；叶披针形，长 6 ～ 12 cm................ 柳叶小檗 *B. salicarria* Fedde

11. 叶上面被短柔毛，背面密被长柔毛，脉上尤多。

13. 一年生枝后期红色；叶全缘或有稀疏小锯齿 .... 涝峪小檗 *B. gilgiana* Fedde

13. 一年生枝后期灰黄色；叶缘具锯齿或近全缘。

14. 小枝被短柔毛；叶缘生少数锯齿或近全缘，叶面少折皱.. 毛叶小檗 *B. mitifolia* Stapf.

14. 小枝被疏柔毛；叶缘锯齿 20 ～ 40，叶面有折皱 ...... 短柄小檗 *B. brachypoda* Maxim.

10. 叶两面均无毛。

15. 叶全缘，菱状倒卵形；花单生或 2 ～ 6 朵排成总状花序.. 陕甘小檗 *B. pseudothunbergii* P.Y. Li

15. 叶缘具锯齿，花常 6 朵以上，排成伞形总状或总状花序 。

16. 花序簇生总状，近伞形，长 1.5 ～ 3 cm。

17. 老枝灰白色或带黄色 .... 细脉小檗 *B. dictyoneura* Schneid.

17. 老枝红色、紫红色或带褐色。

18. 浆果长圆柱形至倒卵状长圆柱形；花柱长约 0.3 cm .... 陕西小檗 *B. shensiana* Ahrendt

18. 浆果卵球形，花柱短，长不超过 1 mm。

19. 叶脉不显著，花梗长 3 ～ 6 mm .... 置疑小檗 *B. dubia* Schneid.

19. 叶脉显著；花梗长 4 ～ 15 mm。

20. 总花梗和花梗均为红色；花梗长 4 ～ 8 mm .... 网脉小檗 *B. reticulata* Byhouw.

20. 总花梗和花梗不为红色；花梗长 8 ～ 15 mm... 显脉小檗 *B. oritrepha* Schneid.

16. 花序总状，长 3 cm 以上。

21. 老枝红色、紫红色或褐色。

22. 叶较阔，顶端常钝或圆 .... 川鄂小檗 *B.henryana* Schneid.

22. 叶较窄，顶端常急尖.. 黄檗刺 *B.dielsiana* Fedde

21. 老枝灰色或黄色。

23. 叶边缘锯齿显著；花序长 3 ～ 12 cm。

24. 叶基心形；叶柄长 2.5 ～ 5 cm；花序长 8 ～ 12 cm.. 长穗小檗 *B.dolichobotrys* Fedde

24. 叶基楔形至近圆形；叶柄长 0.5 ～ 2 cm；花序长 3 ～ 7 cm。

25. 花序直立；叶柄长 1 ～ 2 cm .... 直穗小檗 *B. dasystachya* Maxim.

25. 花序开展下垂；叶柄长 0.5 ～ 1 cm .... 阿穆尔小檗 *B. amurensis* Rupr.

23. 叶边缘锯齿不显著或近全缘；花序长 12 ～ 18 cm .... 异长穗小檗 *B. fedeana* Schneid.

9. 花序常呈无梗圆锥状或簇生，果黑色 .... 锥花小檗 *B.aggregata* Schneid.

二十一、防己科 Menispermaceae　6 属 7 种

分 属 检 索 表

1. 叶盾状。

2. 心皮 2 ～ 4，雄蕊 12 ～ 24，分离；叶 3 ～ 7 浅裂 .... 蝙蝠葛属 *Menispermum* Linn.

2. 心皮 1。

3. 雌花被辐射对称；叶阔三角形至三角状扁圆形..........................千金藤属 *Stephania* Lour.

3. 雌花被不呈辐射对称；叶卵状三角形 ....轮环藤属 *Cyclea* Arnott.

1. 叶非盾状 。

4. 叶基箭形；雄蕊 6 ....青牛胆属 *Tinospora* Miers.

4. 叶基非箭形；雄蕊 6 ～ 12。

5. 雄蕊 6 ～ 9；叶卵状长卵形……………………………………………………木防己属 *Coculus* DC.

5. 雄蕊 9 ～ 12；叶广卵形…………………………………………………………防己属 *Sinomenium* Diels.

1. 蝙蝠葛属 *Menispermum* Linn.　1 种

蝙蝠葛 *M. davuricum* DC.

2. 千金藤属 *Stephania* Lour　1 种

草质千金藤 *S. herbacea* Gagnep.

3. 轮环藤属 *Cyclea* Arnott　1 种

轮环藤 *C.racemosa* Oliv.

4. 青牛胆属 *Tinospora* Miers.　1 种

青牛胆 *T.sagitata*（Oliv.）Gagn.

5. 木防己属 *Coculus* DC.　1 种

木防己 *Coculus orbiculatus*（L.）DC.

6. 防己属 *Sinomenium* Diels　2 种

1. 叶上面无毛，下面微具短柔毛或几无毛 …………………………………防己 *S. acutum* Rehd. et Wils.

1. 叶上面具短柔毛，下面密被灰色短柔毛………………………………………………………………………
…………………………………………………………… 毛防己 *S. acutum* R. et W.var. *cinereum* Rehd. et Wils.

二十二、领春木科 Eupteleaceae　1 属 1 种

1. 领春木属 *Euptelea* Sieb. et Zucc.

领春木 *E. pleiosperma* Hook. f. et Thoms. f *.franchetii* P. C.Kuo

二十三、连香树科 Cercidiphyllaceae 1 属 1 种

1. 连香树属 *Cercidiphyllum* Sieb.et Zucc.

连香树 *C.japonicum* Sieb.et Zucc.

二十四、木兰科 Magnoliaceae 2 属 7 种

分属检索表

1. 叶全缘，很少顶端 2 裂；聚合果球果状或长穗状；成熟心皮为蓇葖，沿背缝线或同时沿腹缝线开裂 ………………………………………… 木兰属 *Magnolia* Linn.
1. 叶 4～10 裂（通常 4～6 裂），顶端近截形或成宽阔的凹缺；聚合果纺锤状；成熟心皮翅果状，不开裂，全部脱落，果轴宿存 ………………………… 鹅掌楸属 *Liriodendron* Linn.

1. 木兰属 *Magnolia* Linn. 6 种

分种检索表

1. 叶长圆状披针形或卵状披针形 ………………………… 望春玉兰 *M. biondii* Pamp.
1. 叶倒卵形或长圆状倒卵形。
  2. 叶长 34～45 cm ………………………………………… 厚朴 *M. officinalis* Rehd. et Wils.
  2. 叶长 10～17 cm。
    3. 花被片大小近相等。
      4. 花紫红色 。
        5. 每花苞具 1 朵花 ………………………………… 武当木兰 *M. sprengeri* Pamp.
        5. 每花苞具 1～3 朵花 ………… 多花木兰 *M. multiflora* M. C. Wang et. C. L. Min
      4. 花白色，径 12～15 cm，花被片 9 ………………………… 玉兰 *M.denudata* Desr.
    3. 花被片大小极不相等，外轮花被片短小而呈萼片状，带绿色，内轮花被片紫红色 ……… ………………………………………………………… 紫玉兰 *M. liliflora* Desr.

2. 鹅掌楸属 *Liriodendron* Linn. 1 种

鹅掌楸 *L.chinense* Sarg.

二十五、五味子科 Schisandraceae　2 属 3 种

分属检索表

1. 芽鳞常早落；果时花托不伸长，聚合果球状或椭圆状 …………………………………… 南五味子属 *Kadsura* Kaempf. ex Juss.
1. 芽鳞常宿存；果时花托伸长，聚合果穗状 …………………………… 五味子属 *Schisandra* Michx.

1. 南五味子属 *Kadsura* Kampf . ex Juss.　1 种

南五味子 *K. longepedunculata* Fin.et Gagn.

2. 五味子属 *Schisandra* Michx.　2 种

分种检索表

1. 叶常倒卵形或倒卵状长圆形 …………………………… 华中五味子 *S. sphenanthera* Rehd.et Wils.
1. 叶常披针形，椭圆形或长圆披针形 ………………………… 狭叶五叶子 *S. lancifolia* A. C. Smith.

二十六、八角科 Illiciaceae　1 属 1 种

1. 八角茴香属 *Illicium* Linn.

红茴香 *I. henryi* Diels

二十七、水青树科 Tetracentraceae　1 属 1 种

1. 水青树属 *Tetracentron* Oliv.

水青树 *T. sinense* Oliv.

二十八、蜡梅科 Calycanthaceae　1 属 1 种

1. 蜡梅属 *Chimonanthus* Lindl.

蜡梅 *C.praecox* Link.

二十九、樟科 Lauraceae　8 属 24 种 1 变种

分属检索表

1. 花单性，伞形花序或总状花序，稀单花；苞片大，形成总苞。

2. 花被片 4；叶具离基三主脉稀为羽状脉……………………………新木姜子属 *Neolitsea* Merr.

2. 花被片 6；叶具羽状脉或三主脉。

3. 总苞具交互对生的苞片，迟落。

4. 花药 4 室……………………………………………………………………………木姜子属 *Litsea* Lam.

4. 花药 2 室………………………………………………………………………山胡椒属 *Lindera* Thunb.

3. 总苞具覆瓦状排列的苞片，早落。

5. 落叶乔木；叶互生，常 3 浅裂，总状花序 ………………………………檫木属 *Sasafrans* Trew.

5. 常绿灌木或小乔木；叶轮生，稀对生或互生，全缘；伞形花序 ………………………………
……………………………………………………………………………黄肉楠属 *Actinodaphne* Nees.

1. 花两性，圆锥花序。

6. 果时花被裂片脱落，花被筒形成果托；叶互生，具羽状脉，或近对生，具三主脉或离基三出脉……………………………………………………………………樟属 *Cinnamomum* Trew.

6. 果时花被裂片宿存，花被筒不形成果托。

7. 宿存花被裂片较长而薄，反曲或开展，不紧贴果实基部……………润楠属 *Machilus* Nees.

7. 宿存花被片较短而厚，直立或开展，紧贴果实基部…………………………楠属 *Phoebe* Nees.

1. 新木姜子属 *Neolitsea* Merr.　2 种

分种检索表

1. 幼枝无毛；叶侧脉每边 8～12 条……………………………………巫山新木姜子 *N. wushanica* Merr.

1. 幼枝有贴伏短柔毛；叶侧脉每边 4～6 条…………………… 簇叶新木姜子 *N. confertifolia* Merr.

2. 木姜子属 *Litsea* Lam.　3 种 1 变种

分种检索表

1. 小枝无毛。

2. 叶下面无毛，椭圆形或披针状椭圆形 ………………………… 红叶木姜子 *L. rubescens* Lecomte

2. 幼叶下面有白色茸毛，老叶渐稀疏或沿脉有毛，叶倒卵形或倒卵状椭圆形………………………

………………………………………………………………秦岭木姜子 *L. tsinlingensis* Yang et P.H.Huang

1. 小枝有毛。

3. 小枝、叶下面具柔毛或茸毛，嫩枝毛不甚脱落；叶椭圆形或倒卵形……………………………………

……………………………………四川木姜子 *L. moupinensis* Lec.var. *szechuanica* Yang et P.H.Huang

3. 小枝、叶下面具绢毛，嫩枝毛脱落较快；叶披针形或倒卵状披针形……………………………………

………………………………………………………………………………………木姜子 *L. pungens* Hemsl.

3. 山胡椒属 *Lindera* Thunb.　9 种

分种检索表

1. 叶具羽状脉。

2. 花、果序明显具总梗；果托扩展成杯状；叶倒卵状披针形或椭圆形……………………………………

…………………………………………………………………………………黑壳楠 *L. megaphylla* Hemsl.

2. 花、果序无总梗或具极短总梗。

3. 常绿小乔木；幼枝、叶下面被黄色茸毛……………………………………香叶树 *L. communis* Hemsl.

3. 落叶乔木或小乔木。

4. 枝灰白色；叶宽卵形至椭圆形，芽鳞无脊……………………………………山胡椒 *L. glauca* Bl.

4. 枝黄绿色；叶椭圆状披针形；芽具脊…………………………狭叶山胡椒 *L. angustifolia* Cheng

1. 叶具三出脉或离基三出脉。

5. 果球形；落叶乔木或小乔木。

6. 叶全缘，常卵形至宽卵形；花序具总梗……………………………绿叶甘橿 *L. fruticosa* Hemsl.

6. 叶 3 裂，或全缘，偶 5 裂，近圆形或扁圆形，花序无总梗…….三桠乌药 *L. obtusiloba* Bl.

5. 果椭圆形；常绿乔木或小乔木。

7. 幼枝、叶下面被或疏或密柔毛，不久脱落成无毛或几无毛。

8. 叶脉在叶上面较下面更为凸出；叶狭卵形至披针形…………..香叶子 *L. fragrans* Oliv.

8. 叶脉在叶下面为凸出；叶椭圆形，长圆形或倒卵形……….乌药 *L. aggregata* Kosterm.

7. 幼枝、叶下面毛被密厚，第二年枝，叶仍被厚毛，至少叶下面脉上被毛，叶卵形或椭圆形…………………………………………………………………绒毛钓樟 *L. floribunda* H. P. Tsui

4. 檫木属 *Sassafrans* Trew　1 种

檫木 *S.tzumu* Hemsl.

5. 黄肉楠属 *Actinodaphne* Nees.　1 种

红果黄肉楠 *A.cupularis* Gamble.

6. 樟属 *Cinnamomum* Trew　3 种

分种检索表

1. 叶羽状脉，脉腋常有腺窝。
  2. 老叶两面或下面被毛；小枝、花序密被毛；叶先端短渐尖 ..... 银木 *C. septentrionale* Hand.
  2. 老叶两面无毛或近无毛；小枝、花序无毛；叶先端骤短渐尖或长渐尖，尖头常呈镰形 .... 油樟 *C. longepaniculatum* N. Chao
1. 叶离基三出脉，脉腋无腺窝 ....川桂 *C. wilsonii* GamBle

7. 润楠属 *Machilus* Nees　1 种

大叶楠 *M. ichangensis* Rehd.

8. 楠属 *Phoebe* Nees　4 种

分种检索表

1. 花被外面及花序密被短柔毛 .... 白楠 *P.neurantha* Gamble
1. 花被外面及花序无毛或被紧贴微柔毛。
  2. 果球形或近球形 。
    3. 叶长 11 ～ 20 cm，宽 3 ～ 5.5 cm；叶柄粗，长达 4 cm................. 山楠 *P. chinensis* Chun
    3. 叶长 7 ～ 12 cm，宽 2 ～ 4.5 cm；叶柄较细，长不超过 2.5 cm..... 竹叶楠 *P. faberi* Chun
  2. 果卵形，老叶下面苍白色或被白粉，嫩叶上面常带紫红色 .... 湘楠 *P. hunanensis* Hand.

三十、虎耳草科 Saxifragaceae　7 属 29 种 4 变种

分属检索表

1. 叶对生。
  2. 蒴果。
    3. 花全部发育，无无性边花；成总状或有时伞房状圆锥花序。

4. 萼片，花瓣 4 ～ 5，罕 6；叶缘具齿牙或锯齿。

5. 萼片、花瓣常 4，雄蕊多数；蒴果倒圆锥形或倒卵形 .... 山梅花属 *Philadelphus* Linn.

5. 萼片、花瓣常 5，雄蕊为花瓣 2 倍；蒴果近球形；叶通常有星状毛 .... 溲疏属 *Deutzia* Thunb.

4. 萼片，花瓣 7 ～ 10；叶全缘或近全缘 .... 赤壁草属 *Decumaria* Linn.

3. 花具发育花和不育边花；伞房花序，罕圆锥花序。

6. 花柱 2 ～ 5，离生或仅基部合生，不育花具 4 ～ 5 增大而作花瓣状的萼片 .... 绣球花属 *Hydrangea* Linn.

6. 花柱单 1；不育花仅具 1 扩大的卵形萼片 .... 钻地风属 *Schizophragma* Sieb. et Zucc.

2. 浆果；花瓣镊合状 .... 白常山属 *Dichroa* Lour.

1. 叶互生；浆果 .... 茶藨子属 *Ribes* Linn.

1. 山梅花属 *Philadelphus* Linn.　5 种

分 种 检 索 表

1. 花萼外面无毛。

2. 叶两面均无毛或仅叶下面主脉腋具毛 .... 太平花 *P. pekinensis* Rupr.

2. 叶两面均具刚毛。

3. 叶下面全被刚毛；二年生枝褐灰色，不剥落 .... 短穗山梅花 *P. brachybotrys* Koehne

3. 叶下面仅脉上被刚毛；二年生枝紫黑色，剥落 .... 甘肃山梅花 *P. kansuensis*（Rehd.）S. Y. Hu

1. 花萼外面有毛。

4. 叶下面稍密被白色短柔毛；萼筒及萼裂片外面密被柔毛 .... 山梅花 *P. incanus* Koehne

4. 叶下面无毛或只在脉上有疏毛；萼筒及萼裂片外面有较密的短直伏毛绢毛 .... 绢毛山梅花 *P. sericanthus* Koehne

2. 溲疏属 *Deutzia* Thunb.　5 种 2 变种

分 种 检 索 表

1. 叶下面具密星状毛。

2. 花序仅具 1 ～ 3 花，花径 2.5 ～ 3 cm。

3. 叶下面星状毛密接或重叠 .... 楔叶大花溲疏 *D. grandiflora* Bunge var. *baroniana* Rehd.

3. 叶下面星状毛不密接 ………………… 光叶大花溲疏 *D.grandiflora* Bunge var.*glabrata* Maxim.

2. 花序多歧伞房花序，萼片较萼管长或等长；花丝具齿牙。

4. 叶长 8 ～ 12 cm；花柱常 4，罕 5 ………………………………………长叶溲疏 *D.longifolia* Franch.

4. 叶长 2 ～ 8 cm；花柱常 2，罕 4。

5. 叶下面星状毛呈白茸毛状 ……………………………………………………… 白溲疏 *D. albida* Batal.

5. 叶下面星状毛非白茸毛状。

6. 花序具少数花，花丝具阔翅，顶端具 2 阔齿，距花药近 …………………………………………
………………………………………………………………………………… 异色溲疏 *D. discolor* Hemsl.

6. 花序具多数花，花丝具狭翅，顶端齿牙距花药远 ……… 长梗溲疏 *D. vilmorinae* Lem.

1. 叶下面无毛 ……………………………………………………………………… 粉背溲疏 *D. hypoglaucar* Rehd.

3. 赤壁草属 *Decumaria* Linn.　1 种

赤壁草 *D.sinensis* Oliv.

4. 绣球花属 *Hydrangea* Linn.　8 种

分种检索表

1. 子房半下位；果椭圆球形或近球形，一部分突出于萼筒之上。

2. 花序圆锥状，塔形；叶卵形或椭圆形，下面疏被短柔毛 ……… 圆锥绣球 *H. paniculata* Sieb.

2. 花序不为圆锥状。

3. 叶长达 18 cm，下面沿中脉及侧脉被淡黄色短柔毛 ……… 挂苦绣球 *H. xanthoneura* Diels

3. 叶长达 13 cm，下面密被灰色短柔毛 ………………………… 东陵绣球 *H. bretschneideri* Dipp.

1. 子房完全下位；蒴果陀螺形或半球形，无超出萼筒之上的突出部分 。

4. 攀援灌木；花瓣贴生成冠盖状，整个脱落；叶椭圆状卵形或宽卵形，下面脉上有疏毛 ……
……………………………………………………………………………… 冠盖绣球 *H. anomala* D.Don.

4. 直立灌木；花瓣离生。

5. 小枝及叶下面中脉密被黄色开展的长硬毛，上面稍密被短毛…………………………………………
……………………………………………………………………………… 绣毛绣球 *H. fuloescens* Rehd.

5. 小枝及叶无黄色开展的长毛。

6. 叶柄长 15 ～ 20 cm；叶长达 35 cm，基部近心形、截形或圆形 ……………………………
……………………………………………………………………………… 长柄绣球 *H. longipes* Franch.

6. 叶柄长达 5 cm，叶长 20 ～ 30 cm，基部圆形或楔形。

7. 叶下面有稍密或疏的糙伏毛 …………………………………………… 腊莲绣球 *H. strigosa* Rehd.

7. 叶下面密被开展或近平展的短柔毛……………………………………柔毛绣球 *H. villosa* Rehd.

5. 钻地风属 *Schizophragma* Sieb.et Zucc. 1种

钻地风 *S. integrifolia* Oliv.

6. 白常山属 *Dichroa* Lour. 1种

白常山 *D.febrifuga* Lour.

7. 茶藨子属 *Ribes* Linn. 8种2变种

分种检索表

1. 枝具刺。
  2. 枝刺3个簇生，长16～20 mm，浆果无刺……………大刺茶藨子 *R. alpestre* Wall.ex Decne
  2. 枝刺2个簇生，长达4 mm；浆果有腺毛………………………………腺毛茶藨子 *R. giraldii* Jancz.
1. 枝无刺。
  3. 花两性；总状花序。
    4. 萼管盆状；叶宽达10 cm。
      5. 叶下面密被短柔毛……………………………………………………东北茶藨子 *R. manshuricum* Kom.
      5. 叶下面在脉上疏生柔毛，脉腋内毛更密……………………………………………………………………………………………………疏生东北茶藨子 *R manshuricum* Kom. var. *subglabrum* Kom.
    4. 萼管钟状，管状或壶状。
      6. 叶柄长达7～10 cm，叶宽达10～12 cm；花序长达12 cm，花无梗或近无梗……宝兴茶藨子 *R. moupinense* Franch.
      6. 叶柄长达5 cm；叶宽达5 cm；花序长达5 cm；花具短花梗………糖茶藨子 *R. emodense* Rend.
  3. 花单性；雌雄异株；簇生或成总状花序。
    7. 花簇生；叶掌状3～5裂………华茶藨子 *R. fasciculatum* Sieb. et Zucc. var.*chinense* Maxim.
    7. 花呈总状花序 。
      8. 小枝、叶柄及叶下面均被短柔毛；浆果被腺毛……………………………………………………………………………………………………刺果茶藨子 *R. maximowiczii* Batal.
      8. 小枝、叶柄及叶下面无毛，或小枝有少数短腺毛；叶下面脉上有疏短毛；浆果无毛。

9. 萼管近盘状，萼近盘状，萼片近平展，花呈辐射状 .... 细枝茶藨子 *R. tenue* Jancz.

9. 萼管盆状，萼片向斜上方开展，花近钟状 .... 冰川茶藨子 *R. glaciale* Wall.

三十一、铁青树科 Olacaceae　1 属 1 种

1. 青皮木属 *Schoepfia* Schreb.　1 种

青皮木 *S.iasminodora* Sieb. et Zucc.

三十二、海桐花科 Pittosporaceae　1 属 6 种 1 变种

1. 海桐花属 *Pittosporum* Banks　6 种 1 变种

分 种 检 索 表

1. 胎座 3 ～ 5 个，位于果瓣中部，果 3 ～ 5 瓣。

2. 果瓣木质，厚 1 ～ 2.5 mm ，种子长 2 ～ 4 mm。

3. 种子多于 30 个，果瓣 3 ～ 5 个，果瓣厚 2 ～ 2.5 mm ，子房有毛... 皱叶海桐 *P. crispulum* Gagnep.

3. 种子少于 25 个，果瓣 3 个，厚 1 ～ 2 mm；子房无毛或有毛。

4. 蒴果圆球形。

5. 蒴果无毛；叶先端尖 .... 厚圆果海桐 *P. rehderianum* Gowda

5. 蒴果有毛；叶先端圆或钝 ....海桐 *P. tobira* Ait.

4. 果椭圆形或卵圆形；果瓣 2 或 3 枚，种子 4 ～ 8 粒.. 木果海桐 *P. xylocarpum* Hu et Wang

2. 果瓣薄革质，厚不及 1 mm ，种子长 3 ～ 7 mm。

6. 叶倒卵形，倒披针形或矩圆形，宽 3 ～ 4 cm............... 柄果海桐 *P. podocarrpum* Gagnep.

6. 叶带形或狭披针形，宽 1 ～ 2 cm... 线叶柄果海桐 *P. podocarpum* Gagnep. var.*angustatum* Gowda

1. 胎座 2 个，位于果瓣下半部或基部，并生基部相连结；果球形，长不及 1 cm ；叶菱形或倒卵形，先端短渐尖；嫩枝被灰毛 .... 崖花子 *P. truncatum* Pritz.

三十三、金缕梅科 Hamamelidaceae　6属6种1变种

分属检索表

1. 叶3～5裂，具掌状脉；胚珠及种子多个；头状花序……………………枫香属 *Liguidambar* Linn.
1. 叶不分裂，具羽状脉；胚珠及种子1个，总状或穗状花序。
  2. 花有花瓣，萼筒倒圆锥形，子房半下位，稀为上位。
    3. 花瓣匙形，有退化雄蕊；果近无柄，先端截形…………蜡瓣花属 *Corylopsis* Sieb.et Zucc.
    3. 花瓣鳞片状，无退化雄蕊；果有柄，先端伸直，尖锐……牛鼻栓属 *Fortunearia* Rehd.et Wils.
  2. 花无花瓣；萼筒壶形；子房上位或近上位。
    4. 落叶乔木；雄蕊5，萼筒长；叶的第一对侧脉有第二次分支侧脉……山白树属 *Sinowilsonia* Hemsl.
    4. 常绿灌木；雄蕊1～10，萼筒短；叶的第一对侧脉无第二次分支侧脉。
      5. 下位花，雄蕊2～8，萼筒极短，花后脱落，蒴果无宿存萼筒包着………………………………………………………………………………………………………蚊母属 *Distylium* Sieb. et Zucc.
      5. 周位花，雄蕊8～10，萼筒较大，花后增大，包着果…………水丝梨属 *Sycopsis* Oliv.

1. 枫香属 *Liguidambar* Linn.　1种1变种

分种检索表

1. 叶下面脉上具短柔毛，幼树上全被短柔毛，叶基心形或截形……….枫香 *L. formosana* Hance
1. 叶常无毛，下面常苍白色，基部常截形或圆形，仅在幼树上叶基常心形………………………………………………………………………………山枫香树 *L. formosana* Hance var. *monticola* Rehd.

2. 蜡瓣花属 *Corylopsis* Sieb. et Zucc.　1种

光柄蜡瓣花 *C.microcarrpa* Chang

3. 牛鼻栓属 *Fortunearia* Rehd. et Wils.　1种

牛鼻栓 *F.sinensis* Rehd.et Wils.

4. 山白树属 *Sinowilsonia* Hemsl.　1 种

山白树 *S. henryi* Hemsl.

5. 蚊母属 *Distylium* Sieb.et Zucc.　1 种

中华蚊母树 *D. chinense* Diels

6. 水丝梨属 *Sycopsis* Oliv.　1 种

水丝梨 *S.sinensis* Oliv.

三十四、杜仲科 Eucommiaceae　1 属 1 种

1. 杜仲属 *Eucommia* Oliv.　1 种

杜仲 *E. ulmoides* Oliv.

乔木。植物体含胶汁，枝具片状髓。单叶互生，卵状椭圆形或长卵形，长 6 ～ 16 cm，先端锐尖，基部宽楔形或圆形，边缘具细锯齿；叶柄长 1.2 ～ 2 cm。花雌 雄异株，无花被。果为具翅小坚果，卵状长圆形，长 3 ～ 4 cm，先端有凹口；小坚 果扁平；内含 1 种子。

三十五、蔷薇科 Rosaceae　24 属 165 种 16 变种

分 亚 科 检 索 表

1. 果实为开裂的蓇葖果，稀蒴果；心皮 1 ～ 5（12）；托叶有或无 .... 绣线菊亚科 Spiraeoideae
1. 果实不开裂，全有托叶。
  2. 子房下位，半下位，稀上位；心皮（1）2 ～ 5，多数与杯状花托内壁连合；梨果或浆果状，稀小核果 .... 苹果亚科 Maloideae
  2. 子房上位，少数下位。
    3. 心皮常多数；瘦果；萼宿存；常具复叶，极稀单叶 ....蔷薇亚科 Rosoideae
    3. 心皮常为 1，少数 2 或 5；核果；萼常脱落；单叶 .... 李亚科 Prunoideae

（一）绣线菊亚科 Spiraeoideae　4 属

分属检索表

1. 果实为蓇葖果；花径不超过 2 cm。
  2. 心皮 5，稀（1）3 ～ 4；单叶或羽状复叶。
    3. 单叶，无托叶；花序伞形，伞形总状；伞房状或圆锥状 .... 绣线菊属 *Spiraea* Linn.
    3. 羽状复叶，有托叶；大型圆锥花序 .... 珍珠梅属 *Sorbaria* A. Br. ex Aschers.
  2. 心皮 1 ～ 2，单叶，有托叶，早落，花序总状或圆锥状 .... 绣线梅属 *Neillia* D. Don
1. 果实为蒴果；花径在 2 cm 以上；单叶，无托叶 .... 白鹃梅属 *Exochorda* Lindl.

1. 绣线菊属 *Spiraea* Linn.　16 种 2 变种

分种检索表

1. 复伞房花序。
  2. 花序顶生于当年生直立的新枝上。
    3. 花序被短柔毛，花粉红色，蓇葖果无毛 .... 尖叶粉花绣线菊 *S. japonica* L.f. var.*acuminata* Franch.
    3. 花序无毛，花白色；蓇葖果无毛或在腹缝上有毛 .... 华北绣线菊 *S. fristchiana* Schneid.
  2. 花序发生在去年生枝的侧生短枝上。
    4. 冬芽先端钝，具数个外露鳞片。
      5. 叶全缘或仅先端具少数锯齿。
        6. 叶两面无毛 .... 川滇绣线菊 *S. schneideriana* Rehd.var.*amphidoxa* Rehd.
        6. 叶下面或两面具毛；小枝圆柱形。
          7. 蓇葖果具毛；花序稀被柔毛；叶两面具毛 .... 陕西绣线菊 *S. wilsonii* Duthie
          7. 蓇葖果不具毛，花序密被短柔毛，叶下面具短柔毛 ... 鄂西绣线菊 *S. veitchii* Hemsl.
      5. 叶至少在近顶处有锯齿，下面密生细长柔毛；蓇葖果具毛 .... 翠兰绣线菊 *S. henryi* Hemsl.
    4. 冬芽先端急尖至渐尖，具 2 外露鳞片。
      8. 叶边缘具单锯齿，重锯齿或缺刻。
        9. 花序和蓇葖果疏被短柔毛或近无毛；叶两面无毛，边缘具单锯齿或重锯齿 .... 长芽绣线菊 *S. longigemmis* Maxim.
        9. 花序和蓇葖果密被柔毛；叶下面沿脉被柔毛，边缘有缺刻和重锯齿 .... 南川绣线菊 *S. rosthornii* Pritz.
      8. 叶全缘，花序和叶两面无毛；蓇葖果微被柔毛 .... 乌拉绣线菊 *S. uratensis* Franch.

1. 伞形或伞形总状花序。

10. 花序有总梗，基部常有叶。

11. 冬芽具有数个外露鳞片。

12. 叶边缘有锯齿或缺刻，有时分裂。

13. 叶、花序和蓇葖果无毛；叶先端钝圆。

14. 叶近圆形，先端常 3 裂，基部圆形至亚心形，有显著 3 ～ 5 出脉……………………………………………………………………………………………… 三裂绣线菊 *S. trilobata* Linn.

14. 叶菱状卵形至倒卵形，基部楔形，具羽状叶脉或不显著 3 出脉……………………………………………………………………………………………… 绣球绣线菊 *S. blumei* G. Don.

13. 叶下面有毛。

15. 叶下面被短茸毛，叶倒卵形或椭圆形，稀卵形……………………………………………………………………………………………… 疏毛绣线菊 *S.hirsuta* Schneid.

15. 叶下面密被茸毛；叶菱状卵形至倒卵形 …………… 中华绣线菊 *S. chinensis* Maxim.

12. 叶全缘或仅先端有圆钝锯齿。

16. 叶及花序无毛或近无毛；蓇葖果无毛或仅腹缝有毛。

17. 叶长圆状倒卵形或线状披针形，先端急尖或圆钝，全缘……………………………………………………………………………………………… 高山绣线菊 *S. alpina* Pall.

17. 叶卵形至倒卵状长圆形，先端圆钝，全缘，稀有少数锯齿……………………………………………………………………………………………… 细枝绣线菊 *S. myrtilloides* Rehd.

16. 叶下面密生长绢毛；蓇葖果被毛；小枝密被毛；叶卵状椭圆形或椭圆形……………………………………………………………………………………………… 绢毛绣线菊 *S. sericea* Turcz.

11. 冬芽具 2 个外露鳞片；叶全缘或仅先端有圆锯齿；小枝、叶、花序均无毛……………………………………………………………………………………………… 蒙古绣线菊 *S. mongolica* Maxim.

10. 花序无总梗，基部无叶或具极少叶；叶卵形至长圆披针形，下面具短柔毛，边缘具多数尖锐锯齿 …………………………………………………… 李叶绣线菊 *S. prunifolia* Sieb.et Zucc.

2. 珍珠梅属 *Sorbaria* A. Br.ex Aschers.　2 种 1 变种

分种检索表

1. 圆锥花序密集，具直立分枝；果梗直立，雄蕊 20，与花瓣等长或稍长……………………………………………………………………………………………… 华北珍珠梅 *S. kirilowii* Maxim.

1. 圆锥花序稀疏，具开展分枝；果实具弯曲果梗，下垂，雄蕊 20 ～ 30 枚，长于花瓣。

2. 小叶下面、叶轴和花序被稀疏星状毛 …………………………… 高丛珍珠梅 *S. arborea* Schneid.

2. 小叶下面、叶轴和花序均平滑无毛 ....
....高丛珍珠梅光叶变种 *S. arborea* Schneid. var. *glabrata* Rehd.

3. 绣线梅属 *Neillia* D. Don.　2 种

分种检索表

1. 小枝、叶柄及叶近于无毛，叶片分裂较浅 .... 中华绣线梅 *N. sinensis* Oliv.
1. 小枝、叶柄及叶下面密被毛，叶片分裂较深 .... 毛叶绣线梅 *N. ribesioides* Rehd.

4. 白鹃梅属 *Exochorda* Lindl.　1 种

红柄白鹃梅 *E.giraldii* Hesse

（二）苹果亚科 Maloideae　13 属

分属检索表

1. 心皮在成熟时变为坚硬骨质，果实内含 1 ～ 5 小核。
  2. 单叶。
    3. 叶全缘；枝无刺...枸子属 *Cotoneaster* B. Ehrh.
    3. 叶边缘有锯齿或裂片，稀全缘；枝常有刺。
      4. 叶常绿，无裂片；心皮 5，各有成熟的胚珠 2 枚..................火棘属 *Pyracantha* Roem.
      4. 叶脱落或半常绿，常具裂片；心皮 1 ～ 5，各有成熟的胚珠 1 枚 ....
      .... 山楂属 *Crataegus* Linn.
  2. 羽状复叶，小叶全缘；心皮 5，各含 1 胚珠 .... 小石积属 *Osteomeles* Lindl.
1. 心皮在成熟时变为革质或纸质，1 ～ 5 室，各室有 1 或多枚种子。
  5. 复伞房花序或圆锥花序，有花多朵。
    6. 单叶，常绿。
      7. 花序圆锥状；心皮与萼管合生；叶侧脉直出 ....枇杷属 *Eriobotrya* Lindl.
      7. 伞房花序；心皮上部与萼管合生。
        8. 叶全缘或有细锯齿；总花梗及花梗无瘤状突起；果熟时内果皮开裂成 5 瓣...................
        .... 红果树属 *Stranvaesia* Lindl.
        8. 叶有锯齿稀全缘；总花梗常有瘤状突起；果熟时内果皮不开裂 ....
        .... 石楠属 *Photinia* Lindl.
    6. 单叶或复叶，落叶；总花梗及花梗无瘤状突起 .... 花楸属 *Sorbus* Linn.

5. 伞形或总状花序，有时单生。
9. 各心皮内含种子 3 至多数。
10. 花柱基部合生；枝有时具刺，叶缘具锯齿 .... 木瓜属 *Chaenomeles* Lindl.
10. 花柱离生；枝无刺，叶全缘 ....榲桲属 *Cydonia* Mill.
9. 各心皮内含种子 1 ～ 2。
11. 花序伞形总状；子房 2 ～ 5 室。
12. 花柱离生；果实常有多数石细胞 .... 梨属 *Pyrus* Linn.
12. 花柱合生；果实多无石细胞.. 苹果属 *Malus* Mill.
11. 花序总状稀单生；子房 6 ～ 10 室... 唐棣属 *Amelanchier* Medic.

1. 栒子属 *Cotoneaster* B. Ehrh. 9 种 2 变种

分种检索表

1. 匍匐灌木。
2. 叶长 5 ～ 12 mm.. 平枝栒子 *C. horizontalis* Decne.
2. 叶长 6 mm 以下 .... 小叶平枝栒子 *C. horixontalis* Decne. var . *perpusillus* Schneid.
1. 直立灌木。
3. 叶常绿或半常绿，上面具皱纹 .... 柳叶栒子 *C.salicifolia* Franch.
3. 叶脱落，上面无皱纹。
4. 叶长在 2 cm 以下。
5. 成熟叶片下面无毛或具稀疏柔毛 .... 散枝栒子 *C.divaricatus* Rehd.et Wils.
5. 成熟叶片下面密被茸毛或柔毛。
6. 萼筒外面无毛；叶先端多圆钝，少急尖 .... 西北栒子 *C.zabeli* Schneid.
6. 萼筒外面密被柔毛；叶先端多急尖，少圆钝 .... 细弱栒子 *C. gracilis* Rehd.et Wils.
4. 叶长在 2 cm 以上。
7. 花序多歧；果红色 .... 水栒子 *C. multiflora* Bge
7. 花序 2 ～ 10 歧；果黑色。
8. 叶长 2 ～ 5 cm，先端常急尖；果核 2。
9. 叶背疏被柔毛或几无毛；萼管被短柔毛 .... 灰栒子 *C. acutifolia* Turcz.
9. 叶背密被长柔毛；萼管被长柔毛状茸毛 ....
.... 毛叶灰栒子 *C. acutifolia* Turcz. var. *villosulus* Rehd.et Wils.
8. 叶长 3 ～ 8 cm，先端常渐尖；果核 3 ～ 4，罕 2 ～ 5。
10. 叶长 3 ～ 5 cm，萼管外面无毛或近无毛 .... 川康栒子 *C. ambigua* Rehd. et Wils.
10. 叶长 3.5 ～ 8 cm；萼管外面被柔毛 .... 麻核栒子 *C. foveolatus* Rehd. et Wils.

2. 火棘属 *Pyracantha* Roem.　3 种

分种检索表

1. 叶通常倒卵形至倒卵状长圆形，先端圆钝或微凹。
  2. 叶边缘有圆钝锯齿，中部以上最宽，下面绿色……火棘 *P. fortuneana* Li
  2. 叶边缘常全缘，有时带细锯齿，中部或近中部以下最宽，下面带白霜……全缘火棘 *P. atalantioides* Stapf.
1. 叶长圆形至倒披针形，稀卵状披针形，先端常急尖或有短刺，边缘有细齿……细圆齿火棘 *P. crenulata* Roem.

3. 山楂属 *Crataegus* Linn.　7 种 1 变种

分种检索表

1. 叶脉直达齿端及凹处……山楂 *C.pinatifida* Bge.
1. 叶脉仅达齿端。
  2. 叶缘具圆钝，中部以上有 2 ～ 4 对浅裂，基部宽楔形。
    3. 萼筒及萼片外面无毛，萼片全缘……湖北山楂 *C. hupehensis* Sarg.
    3. 萼筒及萼片外面密被柔毛，萼片具 2 ～ 4 细齿或全缘……陕西山楂 *C. shensiensis* Pojark.
  2. 叶缘具尖锐锯齿。
    4. 花梗及总梗无毛……甘肃山楂 *C. kansuensis* Wils.
    4. 总花梗及花梗被柔毛或茸毛。
      5. 叶上面近无毛，下面具疏柔毛。
        6. 叶宽倒卵形至倒卵状长圆形，基部楔形，果实近球形。
          7. 果梗长约 1 cm……野山楂 *C. cuneata* Sieb. et Zucc.
          7. 果梗长 1.5 ～ 2.5 cm……长梗野山楂 *C.cuneata* Sieb.et Zucc.var.*longipedicellata* M.C.Wang.
        6. 叶卵形或倒卵形，基部广圆形或楔形，果实短长圆形……华中山楂 *C. wilsonii* Sarg.
      5. 叶上下两面密被柔毛……毛山楂 *C. maximowiczii* Schenid.

4. 枇杷属 *Eriobotrya* Lindl.　2 种

分种检索表

1. 叶背被宿存锈色茸毛；花柱 5……枇杷 *E. japonica* Lindl.

1. 叶背初被红茸毛，后变无毛；花柱 3 .... 大花枇杷 *E. cavaleriei* Rehd.

5. 小石积属 *Osteomeles* Lindl.　1 种 1 变种

分种检索表

1. 叶上、下两面疏生柔毛，下面较密；叶柄被柔毛；小叶片长 5 ～ 10 mm .... 西小石积 *O. schwerinae* Schneid.
1. 叶上、下两面及叶柄近于无毛，小叶片长 3 ～ 5 mm .... 小叶小石积 *O. schwerinae* Schneid.var.*microphylla* Rehd.et Wils.

6. 红果树属 *Stranvaesia* Lindl.　1 种 1 变种

分种检索表

1. 叶长 5 ～ 12 cm，宽 2 ～ 4.5 cm，边缘全缘；花序被柔毛.............红果树 *S. davidiana* Decne
1. 叶长 3 ～ 8 cm，宽 1.5 ～ 2.5 cm，边缘波状起伏；花序近无毛 .... 波叶红果树 *S. davidiana* Decne.var .*undullata* Rehd.et Wils.

7. 石楠属 *Photinia* Lindl.　5 种 3 变种

分种检索表

1. 叶常绿；花序复伞房状；总花梗和花梗在果期无疣点。
  2. 叶柄长 2 ～ 4 cm；叶长椭圆形、长倒卵形或卵状椭圆形；花序无毛 .... 石楠 *P. serrulata* Lindl.
  2. 叶柄长 0.5 ～ 2 cm；叶长圆形、倒披针形或稀为椭圆形；花序被长柔毛 .... 椤木石楠 *P. davidsoniae* Rehd.et Wils.
1. 叶在冬季凋落；花序伞形、伞房或复伞房状；总花梗和花梗在果期有显著疣点。
  3. 花序具多数花，通常在 10 朵以上，伞房状或复伞房状。
    4. 花序无毛；叶长圆形，倒卵状长圆形、卵状披针形或倒卵状披针形 。
      5. 叶较长，长 5 ～ 13 cm，侧脉 9 ～ 14 对。
        6. 叶薄纸质，长圆形，倒卵状长圆形或卵状披针形，长 5 ～ 10 cm，先端渐尖 .... 中华石楠 *P. beauoerdiana* Schneid.
        6. 叶厚纸质，长圆状椭圆形，长 9 ～ 13 cm，先端急尖或细尖 .... 厚叶中华石楠 *P. beauoerdiana* Schneid.var.*notabils* Rehd.et Wils.
      5. 叶较短，椭圆形至倒卵形，长 3 ～ 6 cm，先端短尾状渐尖，侧脉 6 ～ 8 对 ....

.... 短叶中华石楠 *P. beauverdiana* Schneid.var. *brevifolia* Card.

4. 花序有毛；叶倒卵形，长圆倒卵形或椭圆形、长圆椭圆形。

7. 叶倒卵形或长圆倒圆形，两面初有白色长柔毛，成熟后下面脉上有长毛；果椭圆形或卵形，稍有柔毛 .... 毛叶石楠 *P.vilosa* DC.

7. 叶椭圆形或长圆椭圆形，无毛；果球形，无毛... 毛叶石楠无毛变种 *P.villosa* DC.var. *sinica* Rehd.et Wils.

3. 花序具少数花，通常 6 ～ 10 朵，伞形、伞房状或聚伞状；叶椭圆形或菱状卵形 .... 小叶石楠 *P. parvifolia* Schneid.

8. 花楸属 *Sorbus* Linn.　9 种

分种检索表

1. 单叶。

2. 果实上有宿存萼片。

3. 果实长卵形或长椭圆形，2 室；叶下面茸毛逐渐脱落 .... 俞氏花楸 *S. yuana* Spongberg.

3. 果实球形或卵形，3 室；叶下面茸毛永不脱落 ....江南花楸 *S. hemsleyi* Rehd.

2. 果实上无宿存萼片。

4. 叶下面无毛或具微毛。

5. 叶柄长 1.5 ～ 3 cm；叶缘具尖锐锯齿，果椭圆形或卵形，2 室，不具斑点 .... 水榆花楸 *S. alnifolia* K.Koch.

5. 叶柄长 0.5 ～ 2 cm，叶缘锯齿圆钝；果近球形，4 ～ 5 室，具斑点.. 美脉花楸 *S. caloneura* Rehd.

4. 叶下面被白茸毛。

6. 叶长圆形或椭圆状长圆形，侧脉拱曲 .... 秦岭花楸 *S. tsinglingensis* C.L.Tang.

6. 叶卵形或椭圆状卵形，侧脉近平行，直达锯齿端 ....石灰花楸 *S.folgneri* Rehd.

1. 复叶。

7. 小叶 5 ～ 8 对。

8. 芽无毛；叶下面仅中肋基部被白茸毛 .... 湖北花楸 *S. hupehensis* Schneid.

8. 芽被绵状茸毛；叶下面被疏稀长柔毛 .... 太白花楸 *S. tapashana* Schneid.

7. 小叶 8 ～ 14 对；果实白色 .... 陕甘花楸 *S. koehneana* Schneid.

9. 榅桲属 *Cydonia* Mill.　1 种

榅桲 *C.oblonga* Mil.

10. 木瓜属 *Chaenomeles* Lindl.　3 种

分种检索表

1. 枝无刺；花单生，后叶开放；叶边缘有刺芒状锯齿，齿尖、叶柄均有腺……………………木瓜 *C. sinensis* Koehne.
1. 枝有刺；花簇生，先于叶或与叶同时开放；叶边缘有锯齿。
  2. 叶卵形至长椭圆形，幼时下面无毛或有短柔毛，叶缘具尖锐锯齿……………………皱皮木瓜 *C. speciosa* Nakai.
  2. 叶椭圆形或披针形，幼时下面密被黄褐色茸毛，叶缘有刺芒状锯齿……………………毛叶木瓜 *C. cathayensis* Schneid.

11. 梨属 *Pyrus* Linn.　7 种

分种检索表

1. 果实上有萼片宿存；花柱 3 ～ 5。
  2. 叶缘有细锐锯齿；果实近球形或倒卵形，褐色，3 ～ 4 室，长 3 ～ 4 cm……………………麻梨 *P. serulata* Rehd.
  2. 叶缘有圆钝锯齿，果实卵球形或椭圆形，褐色，4 ～ 5 室，长 1 ～ 1.5 cm……………………木梨 *P. kolupana* Schneid.
1. 果实上萼片多数脱落或少数部分宿存；花柱 2 ～ 5。
  3. 叶缘具带刺芒的尖锐锯齿；花柱 4 ～ 5。
    4. 果实黄色；叶片基部宽楔形……………………白梨 *P. bretschneideri* Rehd.
    4. 果实褐色；叶片基部圆形或近心……………………沙梨 *P. pyrifolia* Nakai.
  3. 叶缘有不带刺芒的尖锐齿或圆钝锯齿；花柱 2 ～ 4（5）。
    5. 叶缘有尖锐锯齿；叶片、花序被茸毛。
      6. 果实近球形，2 ～ 3 室，直径 0.5 ～ 1 cm；幼枝、花序和叶片下面均被茸毛……………………杜梨 *P. betulaefolia* Bge.
      6. 果实球形或卵形，3 ～ 4 室，直径 2 ～ 2.5 cm；幼枝、花序和叶片下面具茸毛，不久脱落……………………褐梨 *P. phaeocarpa* Rehd.
    5. 叶缘有圆钝锯齿；叶片、花序均无毛……………………豆梨 *P. caleryana* Decne.

12. 苹果属 *Malus* Mill.　12 种 1 变种

分种检索表

1. 叶片不具裂片。

2. 萼片脱落，花柱 3 ～ 5，果实较小，直径多在 1.5 cm 以下。

3. 萼片披针形，较萼管长 。

4. 嫩枝无毛或被柔毛；叶片初具短柔毛，以后脱落近无毛；花白色。

5. 叶柄、叶脉、花梗和萼筒外部均无毛，果实近球形 .... 山荆子 *M. bacata* Borkh.

5. 叶柄、叶脉、花梗和萼筒外部常有稀疏柔毛；果实椭圆形或倒卵形 .... 毛山荆子 *M. manshurica* Kom.

4. 嫩枝和叶片下面常被茸毛或柔毛；花粉红色；果实近球形；萼片脱落，少数宿存 .... 西府海棠 *M. micromalus* Makino

3. 萼片三角卵形，与萼筒等长或稍长。

6. 叶脉有细锐锯齿；萼片先端渐尖或急尖；花柱 3，稀为 4；果实椭圆形或近球形 .... 湖北海棠 *M. hupehensis* Rehd.

6. 叶缘有钝锯齿；萼片先端圆钝；花柱 4 或 5；果实梨形或倒卵形 .... 垂丝海棠 *M. haliana* Koehne.

2. 萼片永存；花柱（4 ～）5；果较大，直径常在 2 cm 以上。

7. 萼片先端渐尖，比萼筒长。

8. 叶缘有钝锯齿；果实扁球形或球形，先端常有隆起，萼洼下凹 .... 苹果 *M. pumila* Mill.

8. 叶缘锯齿较尖锐；果实卵形，先端渐狭，不隆起或稍隆起，萼洼微突。

9. 叶片下面密被短柔毛；果较大，直径 2.5 ～ 4 cm ....花红 *M . asiatica* Nakai

9. 叶下面仅在脉上具短柔毛或近无毛；果较小，直径 2.5 cm 以下 .... 楸子 *M. prunifolia* Borkh.

7. 萼片先端急尖，比萼筒短或等长 ....海棠花 *M. spectabilis* Borkh.

1. 叶具裂片。

10. 萼片脱落；叶 3 ～ 5 裂。

11. 花柱基部有长柔毛；果实近球形；叶片不裂或在发育枝上常具 3 ～ 5 浅裂.................. .... 三叶海棠 *M. sieboldi* Rehd.

11. 花柱基部无毛；果实椭圆形或倒卵形，叶具 3 或 5 裂片.. .... 陇东海棠 *M. kansuensis* Schneid.

10. 萼片宿存；叶具 3 ～ 6 浅裂。

12. 叶下面具短柔毛，萼筒外面和花梗具稀疏柔毛；花柱 3 ～ 4.. .... 河南海棠 *M. honanensis* Rehd.

12. 叶下面密被茸毛，老时无毛；萼筒外面和花梗密被茸毛；花柱 5 .... 滇池海棠川鄂变种 *M. yunanensis* Schneid. var. *veitchii* Rehd.

13. 唐棣属 *Amelanchier* Medic.　1种

唐棣 *A. sinica* Chun.

（三）蔷薇亚科 Rosoideae　5属

分属检索表

1. 叶互生。
  2. 瘦果，着生于杯状或坛状花托里面，花托成熟时肉质而有光泽；雌蕊多数；羽状复叶，稀单叶，枝常有刺 ………………………………………………………………………… 蔷薇属 *Rosa* Linn.
  2. 瘦果或小核果，着生于扁平或隆起的花托上。
    3. 托叶不与叶柄连合，早落；单叶；花黄色，心皮5～8枚 …………… 棣棠花属 *Kerria* DC.
    3. 托叶常与叶柄合生。
      4. 茎常有刺；花无副萼；小核果相互愈合成聚合果；单叶，三出叶或复叶 ………………………………………………………………………………………………… 悬钩子属 *Rubus* Linn.
      4. 茎无刺；花具副萼；瘦果，相互分离；羽状或掌状复叶 …. 金露梅属 *Dasiphora* Rafin.
1. 叶对生 ………………………………………………………………………… 鸡麻属 *Rhodotypos* Sieb.et Zucc.

1. 蔷薇属 *Rosa* Linn.　26种1变种

分种检索表

1. 花托有刺，杯状；花单生或2～3朵集生；花瓣淡红色或粉红色 ……. 缫丝花 *R.roxburghii* Trat.
1. 花托平滑或有针刺，坛状。
  2. 托叶大部贴生于叶柄，宿存。
    3. 花柱稍或不伸出花托口外部而形成一头状。
      4. 花单生，稀有数花，无苞片。
        5. 萼片和花瓣均5数。
          6. 花瓣黄色。
            7. 小叶具单锯齿，下面无腺。
              8. 枝条在基部有时具刺；小叶5～13片，卵圆形、椭圆形或倒卵状圆形，无毛 ………………………………………………………………………………… 黄蔷薇 *R. hugonis* Hemsl.
              8. 枝条基部不具针刺；小叶7～13片，宽卵形或近圆形，嫩时常具柔毛 ……………………………………………………………………………………… 黄刺玫 *R. xanthina* Lindl.

7. 小叶具重锯齿，下面有腺；小叶 11 ～ 13 片，卵形至椭圆形 ....
.... 樱草蔷薇 *R. primula* Bonleng.

6. 花瓣白色；小枝具稀疏皮刺；小叶 11 ～ 13 片，卵形至椭圆形............................
.... 秦岭蔷薇 *R. tsinglingensis* Pax.

5. 萼片、花瓣均 4 数；果熟时果梗膨大，肉质；小叶 9 ～ 17 片，长圆形或椭圆状长圆形
.... 峨眉蔷薇 *R. omeiensis* Rolfe.

4. 花组成伞房状花序，如单生则有苞片。

9. 托叶下面无皮刺。

10. 小枝和皮刺被茸毛；小叶质地较厚，上面有明显褶皱，下面密被茸毛和腺点 .....
.... 玫瑰 *R. rugosa* Thunb.

10. 小枝和刺无毛；下面无腺点，有短柔毛 .... 刺蔷薇 *R. acicularis* Lindl.

9. 托叶下面有皮刺；萼片在果时不脱落。

11. 伞房花序多花。

12. 萼片常具锯齿或羽状裂 .... 刺梗蔷薇 *R. setipoda* Hemsl.

12. 萼片全缘。

13. 小叶 3 ～ 5 片，稀 7 片；近伞形伞房花序 ...... 伞房蔷薇 *R. corymbulosa* Rolf.

13. 小叶 7 ～ 11 片。

14. 小叶下面无毛或近于无毛，单锯齿。

15. 小叶长 3 ～ 7 cm，全边有锯齿；花梗密被腺毛 ....
.... 尾萼蔷薇 *R. caudata* Baket.

15. 小叶长 1 ～ 2.5 cm，中部以下近全缘，花梗光滑或有疏腺毛 ....
.... 钝叶蔷薇 *R. sertata* Rolfe

14. 小叶下面密被茸毛，或至少沿脉有柔毛。

16. 花柱微伸出；花梗及花托被腺刺；有时有短柔毛 ....
.... 山刺玫 *R.davidii* Crep.

16. 花柱不伸出；花梗及花托光滑，稀有腺毛 ....
.... 拟木香 *R. banksiopsis* Baker.

11. 单花或少花呈伞形簇生。

17. 叶具重锯齿；枝被扁平皮刺和刺毛，小叶 7 ～ 11 片，长 3 ～ 5 cm，下面有疏柔毛 .... 扁刺蔷薇 *R. sweginxowii* Koehne.

17. 叶具单锯齿。

18. 小叶下面无毛，7 ～ 9（11）片，椭圆形至卵圆形；花梗密被腺毛 ....
.... 美蔷薇 *R. bella* Rehd.et Wils.

18. 小叶下面被柔毛，或至少沿脉被柔毛。

19. 小叶 7 片，近圆形、倒卵形或椭圆形 .... 陕西蔷薇 *R. giraldii* Crep.

19. 小叶 7 ～ 13 片，椭圆形罕椭圆披针形 ...... 华西蔷薇 *R. moyesii* Hemsl. et Wils.

3. 花柱伸出。

20. 花柱连合成束，约与雄蕊等长。

21. 托叶篦齿状；小叶 5 ～ 7 片，罕 9 片，倒卵形或椭圆形，下面被短柔毛 .... 蔷薇 *R.multiflora* Thunb.var.*cathayensis* Rehd.et Wils.

21. 托叶全缘，常有腺毛。

22. 小叶两面被毛或下面被毛。

23. 小叶长圆形或长圆状披针形，两面被柔毛；小枝密被柔毛 .... 复伞房蔷薇 *R. brunonii* Lindl.

23. 小叶卵状椭圆形、长圆形或长圆状倒卵形，仅下面被柔毛。

24. 小叶常 5 片，卵状椭圆形至倒卵圆形，长 3 ～ 8 cm，顶端尾状渐尖，下面全被短柔毛 .... 荼蘼花 *R.rubus* Levl.et Vant.

24. 小叶常 7 ～ 9，长圆状卵圆形至卵状披针形，长 2.5 ～ 5 cm，顶端渐尖或急尖，下面沿脉被短柔毛 .... 卵果蔷薇 *R. helenae* Rehd.et Wils.

22. 小叶两面无毛或下面脉上有极疏柔毛 .... 软条七蔷薇 *R.henryi* Bouleng.

20. 花柱离生，仅为雄蕊长度的 1/2；小叶通常 3 ～ 5 片，托叶边缘有腺毛 .... 月季花 *R.chinensis* Jacq.

2. 托叶离生或仅基部贴生，脱落。

25. 花梗和花托无毛；花多数排成花序状。

26. 伞房花序；萼片全缘 .... 木香花 *R.banksiae* Ait.

26. 复伞房或伞房状圆锥花序；萼片羽状 .... 小果蔷薇 *R.cymosa* Tratt.

25. 花梗和花托有针刺，花单生 .... 金樱子 *R.laevigata* Michx.

2. 棣棠花属 *Kerria* DC.1　种

棣棠花 *K. japonica*（Linn.）DC.

3. 悬钩子属 *Rubus* Linn.　24 种

分种检索表

1. 托叶狭窄，与叶柄合生，全缘，宿存。

2. 复叶。

3. 叶下面密被茸毛。

4. 小叶 5 ～ 13 枚。

5. 花成圆锥花序或近总状花序；果实无毛。

6. 小叶（5 ～）7 ～ 9；枝和叶柄无毛；花梗长 10 ～ 20 mm .... 华中悬钩子 *R. cockburnianus* Hemsl.

6. 小叶 5 ～ 7；枝和叶柄具柔毛；花梗长 5 ～ 8 mm.. 弓茎悬钩子 *R. flosculosus* Focke.

5. 花成伞房花序，果实被茸毛；小叶 5 ～ 7（9）；顶生小叶有时 3 裂 .... 红泡刺藤 *R. niveus* Thunb.

4. 小叶 3 ～ 5（～ 7）。

7. 植株全体或局部具腺毛；小叶 3 ～ 5（～ 7）。

8. 全株被腺体刺毛或针刺；花数朵呈短总状花序，紫红色；叶卵形，宽卵形或菱形 .... 多腺悬钩子 *R. phoenicolasius* Maxim.

8. 植株仅局部具腺毛而无刺毛。

9. 总状花序；花序和花萼具短腺毛 .... 白叶莓 *R.inominatus* S.Moore.

9. 花常 4 ～ 8 朵，成伞房花序或 2 ～ 3 朵簇生及单生；花序和花萼无毛 .... 粉枝莓 *R. biflorus* Buch.- Ham .ex Smith.

7. 植株无腺毛，常具 3 小叶。

10. 果实具长茸毛；小叶卵形至宽卵形；花红色 .... 绵果悬钩子 *R. lasiostylus* Focke.

10. 果实无毛或具疏柔毛 。

11. 花萼仅具柔毛；果实扁球形，直径 6 ～ 8 mm，紫黑色 .... 喜阴悬钩子 *R. mesogaeus* Focke.

11. 花萼被柔毛和针刺；果实卵球形，直径 10 ～ 15 mm，红色.. 茅莓 *R. parvifolius* Linn.

3. 叶下面具柔毛。

12. 花成伞房花序。

13. 小叶 5 ～ 7，卵形，长圆状卵形或椭圆形；花白色；果实被茸毛 .... 菰帽悬钩子 *R. pileatus* Focke.

13. 小叶 5，稀 3，卵形，菱状卵形或宽卵形，花红色；果实无毛或近无毛 .... 插田泡（高丽悬钩子）*R.coreanus* Miq.

12. 花单生或数朵簇生。

14. 植株具紫红色刺毛；花数朵团聚成束；小叶 3 .... 红毛悬钩子 *R.pinfaensis* Levl. et Vant.

14. 植株无刺毛；花单生或 2 ～ 3 朵；小叶 5 ～ 11 枚。

15. 枝、叶柄、花梗和花萼具稀疏针状刺；小叶 7 ～ 11 ……………………………………… 美丽悬钩子 *R. amabilis* Focke.

15. 枝和花萼密被直立针状刺，叶柄和花梗具较稀疏针状刺，小叶 5，稀 7 ～ 9 枚 ……………… 针刺悬钩子 *R. pungens* Camb.

2. 单叶，卵状披针形或长圆披针形；花单生，果被密毛 ………………山莓 *R.corchorifolius* L.f.

1. 托叶较大，离生，分裂或不分裂，宿存或脱落。

16. 掌状复叶具 3 ～ 5 小叶；顶生总状花序，腋生者常成花束；托叶和苞片全缘或顶端有锯齿 ……………………………………… 竹叶鸡爪茶 *R. bambusarus* Focke.

16. 单叶。

17. 叶下面密被茸毛。

18. 顶生花序为宽大圆锥花序，腋生者近总状或为头状花束 ，稀单花。

19. 枝、叶柄和花序均无刺毛及腺毛稀仅具腺毛。

20. 叶心状圆形或宽卵形；叶柄长 4 ～ 7 cm，无毛 …….. 毛萼莓 *R. chrose palus* Focke.

20. 叶卵状长圆形或卵状披针形，叶柄长 2 ～ 3 cm，被柔毛 ……………………………… 黄脉莓 *R. xanthoneurus* Focke.

19. 枝、叶柄和花序均具刺毛或腺毛，叶卵状披针形或卵状长圆形，上面伏生长柔毛，基部浅心形 ……………………………………… 乌泡子 *R.parkeri* Hance.

18. 花顶生或腋生总状花序，稀簇牛叶腋或单花。

21. 花序具腺毛和针刺；叶宽卵形至长圆披针形 ……………. 木莓 *R. swinhoei* Hance.

21. 花序无腺毛及针刺；叶心状宽卵形至宽卵状披针形，下面密被黄色茸毛 ……………………………… 攀枝梅 *R. flagelliflorus* Focke ex Diels.

17. 叶下面具柔毛或无毛。

22. 叶下面具柔毛，叶卵形，3 ～ 5 裂，基部心形，花呈大型圆锥花序 ……………………………… 高粱泡 *R. lambertianus* Ser.

22. 叶下面无毛，叶卵状披针形或卵状长圆形。

23. 狭长圆锥花序 ……………………………… 宜昌悬钩子 *R.ichangensis* Hemsl.et Kuntze.

23. 伞形总状花序 ……………………………………… 湖北悬钩子 *R. hupehensis* Oliv.

4. 金露梅属 *Dasiphora* Rafin.　2 种

分种检索表

1. 小叶 5 ～ 7 枚；花黄色 ……………………………………… 金露梅 *D. fruticosa* Rydb.

1. 小叶常 3 ～ 5 枚；花白色 ……………………………………… 银露梅 *D.davurica* Kom.et Klob.

5. 鸡麻属 *Rhodotypos* Sieb.et Zucc.　1种

鸡麻 *R.scandens* Sieb.et Zucc.

（四）李亚科 Prunoideae　2属

分属检索表

1. 萼片、花瓣 5，不同形，花两性……………………………………李属（樱属）*Prunus* Linn.
1. 萼片 10～15，花瓣缺，或花瓣与萼片同形，花杂性异株……………………………………………………………………………………………………假稠李属 *Maddenia* Hook.f.et Thoms.

1. 李属 *Prunus* Linn.　27种 3变种

分种检索表

1. 花单生或簇生。
  2. 叶广卵形或圆卵形。
    3. 叶基心形或圆形……………………………………杏树 *P. armeniaca* Linn.
    3. 叶基楔形或截形……………………………山杏 *P. armeniaca* Linn.var.*ansu* Maxim.
  2. 叶非广卵形或圆卵形。
    4. 叶两面被疏柔毛或茸毛，或老叶表面几光滑。
      5. 花梗长 5～8 mm。
        6. 叶下面被黄褐色短柔毛……………………………毛叶欧李 *P. dictyoneura* Diels.
        6. 叶下面无毛或仅沿叶脉被疏柔毛……………………………欧李 *P. humilis* Bge
      5. 花梗极短或无……………………………………毛山樱桃 *P. tomentosa* Thunb.
    4. 叶两面光滑或仅叶下面脉上或脉腋被长柔毛或簇毛。
      7. 花梗长 1～1.5 cm。
        8. 叶长圆形或长圆形披针形，花复瓣……………………麦李 *P.glandulosa* Thunb.
        8. 叶长圆状倒卵形或椭圆状倒卵形，花单瓣……………………李树 *P.salicina* Lindl.
      7. 花梗极短或无。
        9. 叶两面均光滑。
          10. 叶中部或中部以上较宽……………………………桃树 *P. persica* Batsch.
          10. 叶基部最宽……………………………………………山桃 *P.davidiana* Fr.

9. 叶下面或仅脉上被疏柔毛。

11. 叶中部以下较宽 .... 甘桃 *P. kansuensis* Rehd.

11. 叶中部以上较宽 .... 榆叶梅 *P. triloba* Lindl.

1. 花伞形、伞形总状或长总状花序。

12. 伞形或伞形总状花序。

13. 小枝或叶下面密被红褐色刚毛或短柔毛 .... 毛叶樱桃 *P. hirtifolia* Koehne

13. 小枝或叶下面无毛或被毛，但非红褐色。

14. 花常 1 ～ 2 罕 3 朵。

15. 萼管短钟形。

16. 萼管无毛 .... 西南樱桃 *P. clarofolia* Schneid.

16. 萼管密被刚毛状长柔毛 .... 多毛樱桃 *P. polytricha* Koehne

15. 萼管圆筒形或近圆筒形。

17. 萼管无毛，长 6.5 ～ 10 mm。

18. 叶边缘锯齿呈刺芒状。

19. 花梗无毛 .... 湖北樱花 *P. serulata* Lindl. var. *hupehensis* Ingram.

19. 花梗被短柔毛 .... 毛山樱花 *P. serrulata* Lindl. var. *pubescens* Wils.

18. 叶边缘锯齿不呈刺芒状；托叶卵圆形，边缘有深锯齿，与叶柄等长 ....
.... 托叶樱桃 *P. stipulacea* Maxim.

17. 萼管密被长柔毛或疏柔毛；长 5 ～ 6.5 mm........ 刺毛山樱桃 *P. setulosa* Batal.

14. 花常 3 ～ 8 朵。

20. 叶、苞片边缘锯齿先端具圆锥状腺体；苞片宿存 .... 锥腺樱桃 *P. conadenia* Koehne

20. 叶、苞片边缘锯齿先端不具圆锥状腺体；苞片脱落 ... 樱桃 *P. pseudocerasus* Lindl.

12. 长总状花序。

21. 叶缘锯齿具显著盘腺；花 3 ～ 9 朵 .... 四川樱桃 *P. szechuanica* Batal.

21. 叶缘锯齿无显著盘腺；花常多于 9 朵。

22. 叶常绿，花序腋生，花序梗上无叶片。

23. 叶长 8 ～ 15 cm；花序具柔毛 .... 大叶桂樱 *P. zippeliana* Yu et Lu

23. 叶长 6.5 ～ 9 cm；花序无毛 .... 尖叶桂樱 *P. undulata* Buch.- Ham.ex D.Don

22. 叶脱落；花序顶生，花序梗上常有叶，稀无叶。

24. 花萼在果期脱落；雄蕊 20 ～ 35；花序基部有叶。

25. 花梗和总花梗在果期不增粗，也不具明显增大皮孔，叶缘锯齿较密。

26. 花柱长仅为雄蕊长的 1/2，花梗长 1 ～ 1.5 cm................. 稠李 *P. padus* Linn.

26. 花柱与雄蕊近等长，花梗长不超过 1 cm。

27. 叶边缘锯齿带短芒，基部多近圆形，顶端长渐尖；花序长 15 ～ 30 cm……………………………………短梗稠李 *P. brachypoda* Batal.

27. 叶边缘锯齿不带芒，基部圆形或宽楔形，先端急尖或短渐尖；花序长不超过 15 cm。

28. 叶下面无毛；小枝、总花梗和花梗无毛或被短柔毛……………………………………细齿稠李 *P.vaniotii* Levl.

28. 叶下面、小枝、总花梗和花梗均密被短柔毛……………………………………毡毛稠李 *P. velutina* Batal.

25. 花梗和总花梗在果期增粗，并有明显增大的皮孔；叶边缘有较疏锯齿……………………………………绢毛粗梗稠李 *P. wilsonii* Koehne

24. 花萼在果期宿存；雄蕊 10；花序基部无叶。

29. 小枝被短柔毛；叶下面主脉和脉腋被星状毛；花序密被短柔毛……………………………………星毛稠李 *P. stellipila* Koehne

29. 小枝无毛或下部微被柔毛；叶下面无毛或仅脉腋具簇毛；花序无毛或有疏短柔毛……………………………………橉木稠李 *P. buergeriana* Miq.

2. 假稠李属 *Maddenia* Hook. f. et Thoms　2 种

分种检索表

1. 叶下面苍白色，无毛或几无毛……………………………………假稠李 *M.hypoleuca* Koehne

1. 叶下面近黄色或灰褐色，被刚毛状长柔毛……………………………………威氏假稠李 *M. wilsonii* Koehne

三十六、含羞草科 Mimosaceae　1 属 2 种

1. 合欢属 *Albizia* Duraz.　2 种

分种检索表

1. 羽片 4 ～ 12 对，小叶 10 ～ 30 对，长 6 ～ 12 mm……………………………………合欢 *A. julibrissin* Durazz.

1. 羽片 2 ～ 4 对，小叶 4 ～ 10 对，长 2 ～ 3.8 cm……………………………………山合欢 *A. kalkora* Prain

三十七、云实科 Caesalpiniaceae　4 属 6 种

分属检索表

1. 单叶，全缘，或顶端 2 裂或全裂成 2 小叶。

2. 叶 2 浅裂或全裂成 2 小叶；花冠不呈蝶形……………………………………羊蹄甲属 *Bauhinia* Linn.

2. 叶全缘；花冠呈假蝶形 ....紫荆属 *Cercis* Linn.

1. 羽状复叶

3. 一回羽状复叶；花绿色；直立乔木 ....皂荚属 *Gleditsia* Linn.

3. 二回羽状复叶；花鲜黄色；常为攀援灌木 ....云实属 *Caesalpinia* Linn.

1. 羊蹄甲属 *Bauhinia* Linn.　2 种

分 种 检 索 表

1. 叶基心形；花萼筒长 1.3 ～ 1.7 cm，能育雄蕊 3；藤本 .... 粉叶羊蹄甲 *B. glauca* Wall.

1. 叶基圆形或微呈心形；灌木 ....马鞍羊蹄甲 *B. bracharpa* Wall.

2. 紫荆属 *Cercis* Linn.　2 种

分 种 检 索 表

1. 总状花序，花序长 2.5 ～ 10 cm，细而下垂；叶下面被灰色柔毛..
.... 垂丝紫荆 *C. racemosa* Oliv.

1. 花簇生；叶下面无毛 .... 紫荆 *C. chinensis* Bge

3. 皂荚属 *Gleditsia* Linn.　1 种

皂角 *G.sinensis* Lam.

4. 云实属 *Caesalpinia* Linn.　1 种

云实 *C. decapetala*（Roxb.）Alston.

三十八、蝶形花科 Papilionaceae　15 属 47 种 1 变种

分 属 检 索 表

1. 雄蕊 10，分离或仅基部合生。

2. 乔木或灌木；羽状复叶；萼具 5 齿。

3. 荚果扁平，有 1 至数个种子，种子间不缢缩呈串珠状 。

4. 芽单生，具芽鳞，不为叶柄基部所覆盖，小叶对生或近对生；花序直立，雄蕊连合
.... 马鞍树属 *Maackia* Rupr. et Maxim.

4. 芽叠生，不具芽鳞，为叶柄基部所覆盖；小叶互生，花序直立或下垂；雄蕊分离 .... 香槐属 *Cladrastis* Raf.

3. 荚果圆筒形，有少数至多数种子，种子间缢缩呈串珠状 .... 槐属 *Sophora* Linn.

2. 灌木，掌状复叶，具 3 小叶；萼具 5 裂片 .... 黄花木属 *Piptanthus* Sweet.

1. 雄蕊 10，合生成单体或两体。

5. 荚果如有两个以上种子时，不在种子间横裂为节荚，通常以 2 瓣开裂或不开裂。

6. 叶为 3 小叶所成的复叶。

7. 龙骨瓣较其他各瓣为长；常绿藤本 .... 油麻藤属 *Mucuna* Adans.

7. 各花瓣几等长；落叶藤本.. 葛藤属 *Pueraria* DC.

6. 叶为 4 至多数小叶所成的复叶。

8. 藤本，茎缠绕；花大而显著呈下垂总状花序 .... 紫藤属 *Wisteria* Nutt .

8. 乔木、灌木或木质藤本。

9. 小叶通常互生；荚果通常有 1 ～ 2 种子.............................. 黄檀属 *Dalbergia* Linn. f.

9. 小叶通常对生或近对生。

10. 植株具贴生的丁字毛；药隔顶端通常具腺体或延伸成小毫毛.. 木蓝属 *Indigofera* Linn.

10. 植株不具丁字毛；药隔顶端不具任何附属体。

11. 叶常具腺点或透明小点；花仅具旗瓣，雄蕊单体，荚果通常具 1 种子而不开裂 .... 紫穗槐属 *Amorpha* Linn.

11. 叶不具腺点；花瓣齐全，雄蕊通常为 9 与 1 的两体，荚果具 2 至多数种子。

12. 荚果扁平，腹缝有窄翅；托叶常变成刺 ....刺槐属 *Robinia* Linn.

12. 荚果膨大或圆筒形。偶数羽状复叶，叶轴常延伸呈刺状而宿存，稀为掌状复叶，而叶轴不延伸 ....锦鸡儿属 *Caragana* Fabr.

5. 荚果如有 2 种子以上时，则于种子间横裂或紧缩为 2 至数节，含 1 种子而不 开裂或有时荚果退化仅具一节。叶为具 3 小叶的羽状复叶。

13. 通常有小托叶；荚果 2 至数节，稀 1 节，含 1 种子 .... 山蚂蝗属 *Desmodium* Desv.

13. 无小托叶；荚果通常 1 节，有 1 种子。

14. 苞片宿存，其腋间通常具 2 花；花梗不具关节 .... 胡枝子属 *Lespedeza* Michx.

14. 苞片通常脱落，其腋间仅具 1 花；花梗于萼下具关节 .... 杭子稍属 *Campylotropis* Bge

1. 马鞍树属 *Maackia* Rupr.et Maxim.　2 种

分种检索表

1. 小叶可达 13 片，叶先端钝；花长 10 mm；荚果的翅宽约 4 mm .... 马鞍树 *M. chinensis* Takeda

1. 小叶可达 11 片，叶先端短渐尖或急尖；花长 7 ～ 8 mm；荚果几乎无翅…………………………………………………………………………………………华山马鞍树 *M. hwashanensis* W.T.Wang

2. 香槐属 *Cladrastis* Raf.　2 种

分种检索表

1. 小叶 7 ～ 9，卵状椭圆形，下面灰白色无毛；花长约 2.5 cm，萼齿三角形，先端 钝或急尖，雄蕊分离；子房密被绢毛……………………………………………………香槐 *C. wilsonii* Takeda
1. 小叶 9 ～ 13，椭圆状披针形，下面淡绿色，沿中脉被长柔毛；花长约 1.2 cm，萼齿半圆形，先端圆，雄蕊基部稍合生；子房疏被柔毛………………………………小花香槐 *C.sinensis* Hemsl.

3. 槐属 *Sophora* Linn.　3 种 1 变种

分种检索表

1. 灌木或半灌木；总状花序；荚果革质，开裂。
  2. 灌木；托叶和侧生小枝顶端变成硬刺……………白刺花（狼牙刺） *S.davidii* Kom. ex Pav.
  2. 半灌木；托叶和侧生小枝顶端不变成硬刺；小叶椭圆形或长圆形，先端钝或圆；全株密被白色柔毛…………………………………………………………………苦豆子 *S. alopecuroides* Linn.
1. 乔木；圆锥花序；荚果肉质，不裂。
  3. 枝与小叶下面微被柔毛……………………………………………………………槐树 *S.japonica* Linn.
  3. 枝与小叶下面密被柔毛………………………………毛叶槐 *S.japonica* Linn. var. *pubescens* Bose

4. 黄花木属 *Piptanthus* Sweet.　1 种

黄花木 *P.concolor* Harow et Craib.

5. 油麻藤属 *Mucuna* Adans.　1 种

常春油麻藤 *M.sempervirens* Hemsl.

6. 葛藤属 *Pueraria* DC.　1 种

葛藤 *P.lobata* Ohwi

7. 紫藤属 *Wisteria* Nutt.　1 种

紫藤 *W.sinensis* Sweet

8. 黄檀属 *Dalbergia* Linn.f.　3种

分种检索表

1. 小叶31～41片，长不足20 mm……………………………………含羞草叶黄檀 *D.mimosoides* Franch.
1. 小叶9～15片，长25 mm以上。
  2. 藤本；小叶11～15片；雄蕊9，单体……………大金刚藤黄檀 *D.dyeriana* Prain ex Harms.
  2. 乔木；小叶9～11片；雄蕊10，合生成5与5的两体………………黄檀 *D. hupeana* Hance

9. 木蓝属 *Indigofera* Linn.　5种

分种检索表

1. 花冠长于1 cm；总花梗长于叶柄……………………………花木蓝 *I.kirilowii* Maxim. ex Pallibin.
1. 花冠短于1 cm。
  2. 花冠长4 mm；小叶7～9片；荚果直……………………………………铁扫帚 *I.bungeana* Walp.
  2. 花冠长过5 mm。
    3. 总花梗等于或长于叶柄；总状花序长至13 cm…………………波氏木蓝 *I. potaninii* Craib.
    3. 总花梗较叶柄为短；总状花序长至10 cm。
      4. 叶柄长3～4 cm；荚果长3.5～5 cm……………………………多花木蓝 *I. amblyantha* Craib.
      4. 叶柄长1～3 cm；荚果长2～3.5 cm ………………………马棘 *I. pseudotinctoria* Mats.

10. 紫穗槐属 *Amorpha* Linn.　1种

紫穗槐 *A.fruticosa* Linn.

11. 刺槐属 *Robinia* Linn.　1种

刺槐 *R. pseudoacacia* Linn.

12. 锦鸡儿属 *Caragana* Fabr.　6种

分种检索表

1. 小叶2对，假掌状着生。
  2. 子房、萼及荚果无毛……………………………………………………………红花锦鸡儿 *C. rosea* Turca

2. 子房、萼及荚果被灰白色毛 .... 毛掌叶锦鸡儿 *C.leveillei* Kom.

1. 小叶 2 至多对，羽状着生或于腋生短枝上呈假掌状着生。

3. 子房及荚果基部具子房柄。

4. 叶轴木质硬化成针刺；小叶 2 对掌状着生 .... 锦鸡儿 *C.sinica* Rohd.

4. 叶轴全脱落而不硬化成针刺；小叶 4 ～ 6 片，羽状着生 ..... 柄荚锦鸡儿 *C. stipitata* Kom.

3. 子房及荚果基部无子房柄。

5. 花梗单生，花梗与萼近等长或稍长于萼 .... 小叶锦鸡儿 *C. microphylla* Lam.

5. 花梗 2 ～ 5 簇生，花梗长于萼的 2 倍以上 .... 树锦鸡儿 *C.arborescens* Lam.

13. 山蚂蝗属 *Desmodium* Desv.　7 种

分种检索表

1. 羽状复叶，小叶 5 ～ 7 ....羽叶山蚂蝗 *D. oldhami* Oliv.

1. 三小叶。

2. 荚果的背缝线不深裂到腹缝线，无细长的果柄。

3. 荚果的节矩形，长较宽大 3 ～ 4 倍；花绿白色；叶椭圆披针形或披针形，先端尖 .... 小槐花 *D. cautatum* DC.

3. 荚果的节近方形，长等于宽或稍大于宽，花红色；叶椭圆形或卵形，先端钝.. 圆锥山蚂蝗 *D. elegans* Benth.

2. 荚果自背缝线深裂达腹缝线，具细而长的果柄。

4. 顶生小叶狭披针形 .... 川山蚂蝗 *D.szechuenense* Schindl.

4. 顶牛小叶宽倒卵形、卵形或菱形。

5. 顶生小叶宽倒卵形，最宽处在叶中上部 .... 圆菱叶山蚂蝗 *D. podocarpum* Benth.

5. 顶生小叶卵形、菱形，最宽处在叶中部以下。

6. 顶生小叶卵形，长 3.5 ～ 12 cm，最宽处在叶下部…宽卵叶山蚂蝗 *D. fallax* Schindl.

6. 顶生小叶菱形，长 4 ～ 8 cm，最宽处在叶中部 .... 尖叶长柄山蚂蝗 *D. oxyphyllam* DC.

14. 胡枝子属 *Lespedeza* Michx.　11 种

分种检索表

1. 花不具无瓣花，萼 4 裂。

2. 小叶几无毛，花序较叶长。

3. 小叶卵圆形或椭圆形；萼裂不超过 1/2，旗瓣长于龙骨瓣 .... 胡枝子 *L. bicolor* Turcz.

3. 小叶披针形；萼裂超过 1/2，旗瓣短于龙骨瓣 .... 美丽胡枝子 *L. formosa* Koehne

2. 小叶下面有毛；花序较叶短。

4. 叶先端钝圆或微凹；花紫色 .... 短梗胡枝子 *L.cyrtobotrya* Miq.

4. 叶先端急尖；花黄色或白色 .... 绿叶胡枝子 *L.buergeri* Miq.

1. 花有无瓣花；萼 5 裂。

5. 萼裂片长针状，长于花冠 1/2 以上。

6. 总状花序较叶短，小叶椭圆形，下面有疏柔毛 .... 达乌里胡枝子 *L. davurica* Schindl.

6. 总状花序较叶长；小叶卵圆形或卵状椭圆形，下面密生黄褐色柔毛 ....
.... 山豆花 *L. tomentosa* Sieb. ex Maxim.

5. 萼裂片披针形，长不及花冠的 1/2。

7. 花紫色；叶倒卵形或卵状矩圆形 .... 多花胡枝子 *L. floribunda* Bge

7. 花不为紫色 。

8. 总状花序较叶长；小叶下面有贴生柔毛 .... 细梗胡枝子 *L.virgata* DC.

8. 总状花序较叶短。

9. 叶先端急尖 .... 尖叶胡枝子 *L. hedysaroides* Kitag.

9. 叶先端截形或微凹，有短尖。

10. 叶线状矩形，先端微凹，有短尖 .... 长叶铁扫帚 *L.caraganae* Bunge

10. 叶矩圆形，先端截形，微凹 .... 截叶铁扫帚 *L. cuneata* G.Don.

15. 杭子梢属 *Campylotropis* Bge.　2 种

分 种 检 索 表

1. 小叶上面被柔毛；子房及荚果被短贴伏毛，网脉不明显 .... 太白杭子梢 *C. giraldii* Schindl.

1. 小叶上面无毛；子房及荚果仅背腹线边缘有短柔毛，网脉明显 .... 杭子梢 *C. macrocarrpa* Rehd.

三十九、芸香科 Rutaceae　8 属 22 种 6 变种 1 变型

分 属 检 索 表

1. 心皮离生或仅在基部合生，蓇葖果，通常具开裂的内果皮。

2. 叶互生。

3. 奇数羽状复叶，枝有皮刺 ....花椒属 *Zanthoxylum* Linn.

3. 单叶，枝无皮刺 .... 臭常山属 *Orixa* Thunb.

2 叶对生，奇数羽状复叶，稀具 1 ～ 3 小叶；枝无皮刺 .... 吴茱萸属 *Euodia* Forst.

1. 心皮合生，成熟时通常不开裂或仅在上部开裂；蒴果；核果，浆果或柑果。

4. 核果，茎枝有皮刺或无刺。
 5. 藤本，茎枝有皮刺；叶为 3 出复叶.. 飞龙掌血属 *Toddalia* Juss.
 5. 乔木或灌木，茎枝无刺；叶为单叶或复叶。
  6. 奇数羽状复叶，冬芽隐藏叶柄基部.................................. 黄檗属 *Phellodendron* Rupr.
  6. 单叶。冬芽不隐藏叶柄基部 .... 茵芋属 *Skimmia* Thunb.
4. 柑果；幼枝上有单独或成对的针刺；奇数羽状复叶，小叶与叶轴连接处有关节，为 3 出复叶或单生复叶。
 7. 落叶小乔木，叶为 3 出复叶；果密被柔毛 .... 枸橘属 *Poncirus* Raf.
 7. 常绿灌木或乔木，叶为单身复叶；果极少被毛 .... 柑橘属 *Citrus* Linn.

1. 花椒属 *Zanthoxylum* Linn.　9 种 2 变种 1 变型

分种检索表

1. 花被片 5 ～ 8 数，排成一轮；雄花的雄蕊 5 ～ 8；雌花花柱分离，外弯。
 2. 花被片大小几相等，形状相同，无毛；叶轴通常具翅，小叶 3 数以上，稀为厚纸质或革质。
  3. 花序顶生或顶生于侧枝上；小叶通常 7 ～ 9 片。
   4. 小叶仅下面有毛，叶缘不为波状，具细小圆锯齿。
    5. 小叶下面沿中脉基部两侧有从毛 .... 花椒 *Z. bungeanum* Maxim.
    5. 小叶下面到处散生短柔毛 ...... 毛叶花椒 *Z. bungeanum* Maxim. var. *pubescens* Huang
   4. 小叶仅上面有短毛，叶缘波状，有疏离的圆或钝裂齿 .... 浪叶花椒 *Z. undulatifolum* Hemsl.
  3. 花序腋生或顶生；小叶 1 ～ 17 或 3 ～ 7，稀为 9
   6. 小叶 1 ～ 17，倒卵圆形或斜卵形，通常长 5 ～ 10 mm，宽 3 ～ 6 mm .... 川陕花椒 *Z.piasexkii* Maxim.
   6. 小叶 3 ～ 7，长披针形或长圆形，长 5 cm 以上，宽 2 cm 以上。
    7. 嫩枝及花序轴均无毛 .... 竹叶花椒 Z.*armatum* DC.
    7. 嫩枝及花序轴均被短柔毛 .... 毛竹叶花椒 *Z. armatum* DC.f. *ferugineum* Huang
 2. 花被片大小不等，形状不同 。 较大者腹面被疏柔毛，叶轴无翅，小叶 1 ～ 3 罕 5，革质。
  8. 小叶边缘无针刺 .... 异叶花椒 *Z.dimorphophyllum* Hemsl.
  8. 小叶边缘具针刺 ...... 异刺叶花椒 *Z. dimorphophyllum* Hemsl.var. *spinifolium* Rehd.et Wils.
1. 花被明显地分化为萼片及花瓣，排列成 2 轮；萼片，花瓣均为 4 ～ 5 数，雄花的雄蕊 4 ～ 5 数；雌花花柱常合拢，直立。
 9. 攀援藤本。
  10. 小叶顶端钝或短尖至渐尖，叶缘上半部常有细小裂齿；小叶柄长不超过 3 mm..............

.... 大花花椒 *Z. macranthum* Huang

10. 小叶顶端长渐尖或短尾状，全缘，小叶柄长 5 mm 以上 ...... 蚬壳花椒 *Z.dissitum* Hemsl.

9. 灌木。

11. 小叶长 3 ～ 6 cm，上面中脉上被甚短的微柔毛 .... 狭叶花椒 *Z. stenophyllum* Hemsl.

11. 小叶长 1 ～ 4 cm，无毛 .... 微柔毛花椒 *Z. pilosulium* Rehd.et Wils.

2. 臭常山属 *Orixa* Thunb.　1 种

臭常山 *O. japonica* Thunb.

3. 吴茱萸属 *Euodia* Forst.　4 种 4 变种

分 种 检 索 表

1. 每分果爿有种子 1 粒，分果爿的先端无喙状尖或有而不明显。

2. 花 4 基数；小叶下面被长柔毛 .... 密楝吴萸 *E. lenticelata* Huang

2. 花 5 基数，稀在同一花序上具 4 数花。

3. 小叶厚纸质，两面密被长柔毛，先端常为骤狭的急尖；花轴被褐锈色长柔毛 ....
.... 吴茱萸 *E. rutaecarpa* Benth.

3. 小叶纸质，上面几无毛或仅中脉及侧脉上被短柔毛，先端常渐尖，花轴常被淡黄色或无色长柔毛。

4. 小叶常较宽，广长圆形，先端短渐尖或短尖，下面仅脉上被疏柔毛 ....
.... 波氏吴萸 *E. rutaecarrpa* Benth. var. *bodinieri* Huang

4. 小叶较狭，长圆形至披针形，先端渐尖，下面密被长柔毛 ....
.... 石虎 *E. rutaecarpa* Benth.var.*officinalis* Huang

1. 每分果爿有种子 2 粒，罕 1 粒，分果爿的先端有明显的喙状尖。

5. 小叶通常为薄纸质，边缘通常具明显的圆锯齿。

6. 小叶片无腺点；果序通常较大，直径在 8 cm 以上 .... 臭檀 *E. danielii* Hemsl.

6. 小叶背面有腺点，果序通常较小，直径在 8 cm 以内 ....
.... 长毛臭檀 *E.danielii* Hemsl. var.*villicarpa* Huang

5. 小叶通常厚纸质，边缘有不明显的圆锯齿或为全缘。

7. 小叶片几不被毛；成熟心皮暗红紫色 .... 假黄檗 *E. daniellii* Hmesl. var. *henryi* Huang

7. 小叶片背面沿中脉或在中脉与侧脉交接处被柔毛；成熟心皮不暗红紫色 ....
.... 湖北臭檀 *E.daniellii* Hmesl. var. *hupehensis* Huang

4. 飞龙掌血属 *Toddalia* Juss.　1 种

飞龙掌血 *T.asiatica* Lam.

5. 黄壁属 *Phelodendron* Rupr.　1 种

秃叶黄皮树 *P.chinense* Schneid.var.*glabriusculum* Schneid.

6. 茵芋属 *Skimmia* Thunb.　1 种

黑果茵芋 *S.melanocarrpa* Rehd.et Wils.

7. 枸橘属 *Poncirus* Raf.　1 种

枸橘 *P.trifolia* Raf.

8. 柑橘属 *Citrus* Linn.　4 种

分种检索表

1. 叶无翼叶或关节 .... 枸橼（香橼）*C.medica* Linn.
1. 叶具翼叶和关节，罕箭叶不显。
  2. 翼叶阔。
    3. 翼叶倒心形，长 2 ～ 3 cm，宽 10 ～ 25 mm .... 柚 *C. grandis* Osbeck.
    3. 翼叶长倒卵形，长 1.5 ～ 2 cm，宽 5 ～ 10 mm .... 香橙 *C. iunos* Sicb.cx Tanak.
  2. 翼叶极狭或不明显，关节明显 .... 柑橘 *C. reticulata* Blanco

四十、苦木科 Simarubaceae　2 属 4 种

分属检索表

1. 花序腋生；核果；小叶 7 ～ 15 片 .... 苦木属 *Picrasma* Bl.
1. 花序顶生；翅果；小叶 13 ～ 15 片 .... 臭椿属 *Ailanthus* Desf.

1. 苦木属 *Picrasma* Bl.　1 种

苦木 *P.quasioides* Benn.

2. 臭椿属 *Ailanthus* Desf.　3 种

分 种 检 索 表

1. 小枝和叶柄具刺 ………………………………………………………… 刺樗 *A.vilmoriniana* Dode
1. 小枝和叶柄无刺。
   2. 小枝绿色或淡黄褐色；翅果长 3 ～ 4 cm ………………………………臭椿 *A. altisima* Sw.
   2. 小枝红褐色或褐色；翅果长约 6 cm ……………………………… 四川臭椿 *A. giraldii* Dode

四十一、楝科 Meliaceae　2 属 3 种

分 属 检 索 表

1. 奇数或偶数羽状复叶；小叶 11 ～ 23；花小，近白色；蒴果………………· 香椿属 *Toona* Roem.
1. 2 ～ 3 回羽状复叶；花白色或紫色；核果……………………………………楝属 *Melia* Linn.

1. 香椿属 *Toona* Roem.　1 种

香椿 *T.sinensis* Roem.

2. 楝属 *Melia* Linn.　2 种

分 种 检 索 表

1. 小叶边缘有纯锯齿；子房 5 ～ 6 室；果实长 1 ～ 2 cm ……………………楝树 *M. azedarach* Linn.
1. 小叶全缘或有疏钝齿；子房 6 ～ 8 室；果实长 3 cm……………… 川楝 *M.tosendan* Sieb.et.Zucc.

四十二、远志科 Polygalaceae　1 属 1 种

1. 远志属 *Polygala* Linn.　1 种

黄花山桂花 *P.arillata* Ham.ApudD.Don

落叶灌木。枝条细弱下倾，稍呈蔓状。叶膜质互生，全缘 。总状花序顶生或与叶斜对生；花黄色，先端常带红棕色，花冠似蝶形。蒴果广圆形；种子几圆形。

四十三、大戟科 Euphorbiaceae　11 属 16 种 2 变种

分属检索表

1. 叶为三出复叶；浆果状核果……重阳木属 *Bischofia* Bl.
1. 单叶；蒴果或核果状。
  2. 花具花瓣。
    3. 叶基具 5 ～ 7 主脉；花瓣大于萼片……油桐属 *Vernicia* Lour.
    3. 叶脉羽状；花瓣小于萼片……黑钩叶属 *Leptopus* Decne
  2. 花无花瓣。
    4. 叶基具 3 ～ 5 主脉。
      5. 叶长卵形或卵状披针形；雌花单生雄花序基部……铁苋菜属 *Acalypha* Linn.
      5. 叶非长卵形或卵状披针形；雌花成总状，穗状或圆锥花序。
        6. 雄蕊通常 8，罕 3 ～ 9 枚；花柱不分裂或先端偶为 2 裂……山麻杆属 *Alchornea* Sw.
        6. 雄蕊 8 个以上。
          7. 雌花序圆锥状，果被硬毛，无软刺……假奓苞叶属 *Discocleidion* Pax
          7. 雌花序穗状；果常被茸毛和软刺……野桐属 *Mallotus* Lour.
    4. 叶脉羽状。
      8. 花萼 2 ～ 3 裂；雄蕊 2 ～ 3。
        9. 叶菱形，倒卵形或广卵形，种子外被白色蜡层或无……乌桕属 *Sapium* P. Br.
        9. 叶披针形；种子外面无蜡层……海漆属 *Excoecaria* Linn.
      8. 花萼 5 ～ 6 裂；雄蕊 3 ～ 8。
        10. 花萼 5 裂；雄蕊 5；蒴果几圆形……叶底珠属 *Securinega* Comm. ex Juss.
        10. 花萼 6 裂；雄蕊 3 ～ 8；蒴果扁圆形……算盘子属 *Glochidion* Forst.

1. 重阳木属 *Bischofia* Bl.　1 种

重阳木 *B.racemosa* Cheng et C.D.Chu

2. 油桐属 *Vernicia* Lour.　1 种

油桐 *V.fordii* Airy Shaw

3. 黑钩叶属 *Leptopus* Decne　2种1变种

分种检索表

1. 叶无毛或仅背面肋上具稀疏长柔毛 .... 黑钩叶 *L. chinensis* Poiark.
1. 叶两面被短毛。
  2. 萼片外面几无毛，仅具疏缘毛 .... 软毛黑钩刺 *L. chinensis* Poiark.var.*pubescens* S.B.Ho
  2. 萼片外面被长柔毛或短柔毛.. 硬毛黑钩刺 *L. hirsuta* T.S.Ma

4. 铁苋菜属 *Acalypha* Linn.　1种

铁苋木 *A.acmophylla* Hemsl.

5. 山麻杆属 *Alchornea* Sw.　1种

山麻杆 *A.daoidii* Fr.

6. 假奓苞叶属 *Discocleidion* Pax　1种

假奓苞叶 *D. rufescens* Pax.et Hoffm.

7. 野桐属 *Mallotus* Lour.　3种1变种

分种检索表

1. 叶卵圆形或长圆状披针形，不分裂。
  2. 攀援灌木；叶卵形，长圆状卵形或长圆状披针形；蒴果圆球形；2深裂，密被锈色毛 ....
  .... 石岩枫 *M. repandus* Mnell.
  2. 灌木或小乔木；叶披针形；蒴果近圆形，3浅裂；被深红色腺毛 ....
  .... 粗糠柴 *M. philippinensis* Muell.
1. 叶广圆形或近圆形，3浅裂或不分裂，蒴果有细长刺毛或皮刺。
  3. 叶先端渐尖，下面密被灰白色星状茸毛 .... 白背叶 *M. apelta* Muell.
  3. 叶先端短尖，下面散生星状和黄色腺点 ...... 野桐 *M. japonicus* Muell.var.*flocosus* S.M.Hwang

8. 乌桕属 *Sapium* P.Br.　3 种

分种检索表

1. 雄蕊 3，罕为 2；种子无蜡质假种皮 .... 白木乌桕 *S.japonicum* Pax.et.Hoffm.
1. 雄蕊 2，罕为 3；种子被蜡质纯白色。
  2. 叶斜方形；种子蜡层白色...乌桕 *S.sebiferum* Roxb.
  2. 叶椭圆状卵形，种子蜡层黄白色...山乌桕 *S.discolor* Muell.

9. 海漆属 *Excoecarria* Linn.　1 种

枫叶土沉香 *E.acerifolia* F. Didr.

10. 叶底珠属 *Securinega* Juss.　1 种

叶底珠 *S.suffruticosa* Rehd.

11. 算盘子属 *Glochidion* Forst.　1 种

算盘子 *G.puberum* Hutch.

四十四、虎皮楠科（交让木科）Daphniphyllaceae　1 属 3 种

1. 虎皮楠属 *Daphniphyllum* Bl.　3 种

分种检索表

1. 花具萼，果时脱落；叶倒卵状或长圆披针形，下面被白粉和细小的乳突体 ....
   .... 虎皮楠 *D.oldhami* Rosenth.
1. 花无萼。
  2. 叶椭圆形，宽 3 ～ 6 cm；果序长 4 cm 以上 ....交让木 *D.macropodum* Miq.
  2. 叶椭圆状披针形，宽 1.5 ～ 2.5 cm；果序长 3 ～ 4 cm.... 狭叶虎皮楠 *D.angustifolium* Hutch.

四十五、黄杨科 Buxaceae　3属4种1亚种1变种

分属检索表

1. 叶对生，全缘，羽状脉；雌花单生于花序顶端；果实为室背开裂的蒴果 .... 黄杨属 *Buxus* Linn.
1. 叶互生，多为离基三出脉；雌花生花序下方；果实多少带肉质。
  2. 叶全缘；果上宿存有极短的花柱，长 2 mm 左右，约为果实长度的 1/5 .... 野扇花属 *Sarcococa* Lindl.
  2. 叶绝大多数上半部有齿牙，果上宿存的花柱长而挺出呈角状，长 8 ～ 15 mm，和果实约等长 .... 板凳果属 *Pachysandra* Michx.

1. 黄杨属 *Buxus* Linn.　2种1亚种

分种检索表

1. 叶两面中脉及侧脉均明显凸出；叶为匙形至倒卵形 .... 雀舌黄杨 *B.bodinieri* Levl.
1. 叶面有侧脉或叶面无侧脉而具皱纹；叶通常圆形、倒卵形或椭圆状披针形。
  2. 叶阔椭圆形、阔倒卵形、卵状椭圆形或长圆形，先端圆或钝 .... 黄杨 *B.sinica* Cheng
  2. 叶椭圆状披针形或披针形，先端尖钝或稍钝 .... 尖叶黄杨 *B.sinica* Cheng subsp. *aemulanms* Cheng

2. 野扇花属 *Sarcococa* Lindl　1种1变种

分种检索表

1. 花柱 3，果猩红色至黑褐色，叶多基生三出脉或羽状脉 .... 野扇花 *S. ruscifolia* Stapf.
1. 花柱 2，果黑色或蓝黑色；叶羽状脉 .... 双蕊野扇花 *S.hokerriana* Baill.var.*digyna* Franch.

3. 板凳果属 *Pachysandra* Michx.　1种

顶花板凳果 *P.terminalis* Sied.et Zucc.

四十六、马桑科 Coriariaceae　1属1种

1. 马桑属 *Coriaria* Linn.

马桑 *C.nepalensis* Wall.

灌木。枝具棱，单叶，对生或轮生，椭圆形或宽椭圆形，长 3～7 cm。先端突尖，基部近圆形，下面沿脉上有短柔毛，3 出脉。总状花序，长 4～8 cm。聚合小瘦果 5，为增大的肉质花瓣所包被。

四十七、漆树科 Anacardiaceae　4 属 6 种 4 变种

分属检索表

1. 花无花瓣；偶数羽状复叶……………………………………………………黄连木属 *Pistacia* Linn.
1. 花有花瓣；奇数羽状复叶或单叶。
  2. 单叶；果期不孕花的花梗伸长；被长柔毛……………………………………黄栌属 *Cotinus* Mill.
  2. 羽状复叶；花梗不如上述。
    3. 圆锥花序顶生，果被腺毛和具节柔毛或单毛；成熟后红色……………盐肤木属 *Rhus* Linn.
    3. 圆锥花序腋生；果无毛或疏被微毛或刺毛，无腺毛，成熟后黄绿色……………………………………………………………………漆树属 *Toxicodendron* Mill.

1. 黄连木属 *Pistacia* Linn.　1 种

黄连木 *P.chinensis* Bge

2. 黄栌属 *Cotinus* Mill.　3 变种

分种检索表

1. 小枝无毛；叶无毛或仅下面脉上有短柔毛……………………………………………………………………粉背黄栌 *C.coggygria* Scop.var.*glaucophylla* C.Y.Wu
1. 小枝有短柔毛。
  2. 叶两面无毛，下面沿中脉及脉上有短柔毛….毛黄栌 *C.coggygria* Scop.var. *pubescens* Engl.
  2. 叶两面有毛，下面毛更密…………………………红叶 *C.coggygria* Scop. var. *cinerea* Engl.

3. 盐肤木属 *Rhus* Linn.　2 种 1 变种

分种检索表

1. 小叶边缘具粗锯齿，叶轴具阔翅；果序直立……………………………盐肤木 *R.chinensis* Mill.
1. 小叶边缘常全缘；叶轴常无翅；果序常近下垂。
  2. 小枝无毛；小叶 5～9，下面几光滑或沿脉上微被短柔毛，柄极短……………………………

………………………………………………………………………………………… 青麸杨 *R.potaninii* Maxim.

2. 小枝被微柔毛；小叶 7 ～ 13，下面被短柔毛或脉上有之，无柄 ……………………………………

…………………………………………………………… 红麸杨 *R.puniabensis* Stewar. *var.sinica* Rehd.et Wils.

4. 漆树属 *Toxicodendron* Mill.　3 种

分 种 检 索 表

1. 小枝、叶及花序均被毛。

2. 花序与叶等长或超过；芽非柄下芽，小叶宽 3.5 ～ 6.5 cm… 漆树 *T. verniciflum* F. A. Barkl.

2. 花序不超过叶长之半；芽为柄下芽；小叶宽 2 ～ 3.5 cm………… 木腊树 *T. syloestre* O. Kuntze1.

1. 小枝、叶及花序无毛 ……………………………………………………………………… 野漆树 *T.succedaneum* O. Kuntze

四十八、冬青科 Aauifoliaceae　1 属 11 种 4 变种

冬青属 *Ilex* Linn.　11 种 4 变种

分 种 检 索 表

1. 落叶灌木或小乔木；有长枝和短枝，当年生枝有明显皮孔；果径 12 ～ 14 mm。

2. 果梗长 6 ～ 14 mm ……………………………………………………………… 大果冬青 *I. macrocarpa* Oliv.

2. 果梗长 14 ～ 33 mm………… 长梗大果冬青 *I.macrocarpa* Oliv.var.*longipedunculata* S. Y. Hu

1. 常绿乔木或灌木；枝无短枝，当年生枝无明显皮孔；果径 12 mm 以下。

3. 雌花序单生或雌花单生；雄花序单生或簇生。

4. 叶下面无腺点。

5. 植物体除冬芽外无毛。

6. 分核背部平滑或稍凹；果梗长 3 ～ 5 cm；叶全缘或仅在先端具 1 ～ 2 不明显的细齿

…………………………………………………………………………… 具柄冬青 *I. pedunculosa* Miq.

6. 分核背面具 1 条纵沟；果梗长 3 cm 以下；叶缘有钝齿，叶基下延成狭翅 ……………

………………………………………………………………………………… 冬青 *I. purpurea* Hassk.

5. 植物体多少被毛。

7. 叶革质或厚革质；卵形或卵状披针形，先端急尖 ….. 云南冬青 *I. yunanensis Franch.*

7. 叶薄革质，卵形或长圆形，先端钝或近急尖 ……………………………………………

……………………………………………………… 光叶云南冬青 *I. yunanensis* var. *gentilis* Rehel.

4. 叶下面有腺点，叶卵状椭圆形，罕近披针形，长 4 ～ 7 cm，顶端短渐尖 ……………………

…………………………………………………………………………… 四川冬青 *I. szechuanensis* Loes.

3. 雌花序，雄花序均为腋生的簇生花序。

8. 叶缘具刺状锯齿。

9. 分核 4，背部具浅纹及槽，叶三角状卵形或长卵形 ....猫儿刺 *I. pernyi* Franch.

9. 分核背部具皱纹及窝点。

10. 叶缘疏生粗刺；果径 6 ～ 7 mm，宿存柱头薄盘状 ....
.... 华中枸骨 *I.centrochinensis* S. Y. Hu

10. 叶缘密生细刺，果径 10 ～ 12 mm，宿存柱头厚盘状
.... 细刺枸骨 *I. hylonoma* Hu.et Tang

8. 叶缘无刺。

11. 分核革质或亚木质；叶卵形，厚革质，上面有光泽 ....尾叶冬青 *I. wilsonii* Loes.

11. 分核木质或骨质。

12. 叶倒卵状椭圆形，倒披针形或线状披针形。

13. 叶倒卵状椭圆形，缘具细小锯齿
.... 小叶山枇杷 *I. franchetiana* Loes.var. *parvifolia* S. Y. Hu

13. 叶倒披针形或线状披针形，边缘下半部全缘 .... 狭叶冬青 *I. fargesii* Franch.

12. 叶椭圆形或广椭圆形。

14. 叶长 9 ～ 13 cm，宽 3 ～ 7 cm，缘具粗锯齿，有时成刺状 ....
.... 方氏冬青 *I. intermedia* Loes.var. *fungi* S. Y. Hu

14. 叶长 5 ～ 11 cm，宽 2 ～ 4.5 cm，缘具短或圆齿 ....
.... 钱氏冬青 *I.chieniana* S. Y. Hu

四十九 、卫矛科 Celastraceae　2 属 15 种 3 变种

分属检索表

1. 蒴果 4 ～ 5 室，通常具裂片；叶对生罕互生，直立或以小根攀援灌木 ....
.... 卫矛属 *Euonymus* Linn.

1. 蒴果 3 室，亚球形；叶互生，缠绕灌木... 南蛇藤属 *Celastrus* Linn.

1. 卫矛属 *Euonymus* Linn.　15 种 3 变种

分种检索表

1. 蒴果无翅；花药 2 室；冬芽卵形或小，锐尖。

2. 蒴果不裂或在心皮接缝处浅凹，果皮平滑或具刺、疣等，开裂时果皮常不完全开裂，往往与外层分离；小枝常具细疣状密集皮孔。

3. 果皮平滑无刺。

4. 蒴果腹缝平坦或稍内凹，具棱或窄翅。

5. 叶侧脉先端常做之字形折曲，与小脉构成特异网纹；叶革质，通常椭圆披针形……………………………………………………………………………………………… 曲脉卫矛 *E.venosus* Hemsl.

5. 叶具弧形脉，侧脉与小脉不呈波状折曲；叶薄革质，椭圆形……………………………………………………………………………………………… 扶芳藤 *E. fortunei* Hand.

4. 蒴果腹缝不内凹而具纵棱或呈窄翅状；叶窄倒卵形或宽披针形，长达 10 cm，革质……………………………………………………………………………………………… 大花卫矛 *E. grandiflorus* Wall.

3. 果皮有刺或明显瘤突。

6. 叶具短柄，长 5 ～ 10 mm；花序梗长 1 ～ 3 cm，花序呈圆球状……………………………………… 长梗密花卫矛 *E.contracta* Sprague var. *pedunculata* C. Y. Cheng

6. 叶具长柄，长 1 ～ 2 cm；花序梗长 4 ～ 6 cm，花序不呈圆球状……………………………………………………………………………… 刺果卫矛 *E. acanthocarpus* Franch.

2. 果在心皮接缝处内凹呈半裂或近全裂状或有时呈 4 ～ 5 棱状；果熟时果皮完全开裂．不分层；小枝无细疣状皮孔。

7. 果半裂或稍深。

8. 雄蕊具细长花丝。

9. 叶卵形或宽椭圆形，长 5 ～ 7 cm；枝无栓翅……………丝棉木 *E. bungeanus* Maxim.

9. 叶长方椭圆形至椭圆宽倒披针形，长 6 ～ 11 cm，枝多少具栓翅。

10. 枝有明显栓翅，叶长椭圆形或椭圆阔披针形，两面无毛……………………………………………………………………………… 栓翅卫矛 *E. phellomanus* Loes.

10. 枝无明显栓翅 仅小枝有时具栓棱；叶长方椭圆形．叶下面脉上常有 短毛……………………………………………… 西南卫矛 *E. hamiltonianus* Wall.var.*lancefolia* Blak.

8. 雄蕊无花丝或有极短花丝。

11. 叶互生、对生兼轮生，窄线形，长 1.5 ～ 3 cm……………………矮卫矛 *E.nanus* Bieb.

11. 叶全部对生、倒卵形，椭圆形或披针形。

12. 叶无毛；花序具花 7 ～ 13，花序梗四棱形……….大果卫矛 *E. myrianthus* Hemsl.

12. 叶两面被短密毛，花序具 1 ～ 3 花，少具 5 花，花序梗圆而无棱……………………………………………… 中华瘤枝卫矛 *E.verrucosus* Scop.var.*chinensis* Maxim.

7. 果深裂至基部。

13. 枝 4 棱明显，多生有宽阔木栓翅；花黄绿色……………………………卫矛 *E. alatus* Sieb.

13. 枝 4 棱或近圆柱状，无明显宽阔栓翅，常有褐色瘤突，花紫红色……………………………………………………………………………… 疣点卫矛 *E.verrucosoides* Loes.

1. 蒴果具翅；花药 1 室；冬芽尖长，较大。

14. 花 5 数，叶革质，披针形，脉网明显，脉常多少呈波曲状 .... 角翅卫矛 *E.cornutus* Hemsl.

14. 花 4 数。

15. 花紫色或至少带紫色 .... 紫花卫矛 *E. porphyreus* Loes.

15. 花淡绿色或近白色。

16. 花序梗及分枝极细长，最长达 20 cm 以上；叶披针形或窄卵形 .... 陕西卫矛 *E. schensianus* Maxim.

16. 花序梗及分枝不特别细长，花序多在 10 cm 以下。

17. 叶卵形或长方宽形，基部楔形或近圆形，蒴果具窄长翅 .... 纤齿卫矛 *E.giraldii* Loes.

17. 叶长方卵形或长方椭圆形，基部宽圆或稍平截；蒴果具略呈三角形的翅 .... 石枣子 *E. sanguineus* Loes.

2. 南蛇藤属 *Celastrus* Linn.　6 种

分种检索表

1. 花序通常仅有顶生；小枝具纵棱；叶宽椭圆形，宽卵形或圆形；果皮内面具紫褐色斑点 .... 苦皮藤 *C. angulatus* Maxim.

1. 花序腋生或顶生与腋生并存，有顶生花序时常突长呈总状。

2. 叶下面灰白色。

3. 叶纸质，顶生花序长 7 ～ 10 cm；果序下垂；果皮内面具棕褐色斑点 .... 粉背南蛇藤 *C. hypoleucus* Warb.

3. 叶略革质，顶生花序长 3 ～ 6 cm，果序不下垂，果皮内面无棕色斑点 .... 灰叶南蛇藤 *C. glaucophyllus* Rehd. et Wils.

2. 叶上面与下面同色。

4. 冬芽大，长 7 ～ 10 mm；叶卵状椭圆形或长方形，顶端渐尖 .... 大芽南蛇藤 *C. gemmatus* Loes.

4. 冬芽小，长 2 ～ 3 mm；叶长方椭圆形，倒卵宽椭圆形或近圆形，顶端短渐尖或 圆阔而中央具小急尖。

5. 叶长方椭圆形，长 3.5 ～ 8 cm，宽 1.5 ～ 4.5 cm；叶柄长 5 ～ 8 mm .... 短梗南蛇藤 *C. rosthornianus* Loes.

5. 叶倒卵宽椭圆形或近圆形，长 5 ～ 12 cm，宽 3 ～ 7 cm；叶柄长 7 ～ 12 mm.............. .... 南蛇藤 *C. orbiculatus* Thunb.

五十、省沽油科 Staphyleaceae　3 属 4 种 1 变种

分属检索表

1. 叶对生；果开裂，具数颗种子。
  2. 小叶 3，侧生小叶几无柄；膀胱状膜质蒴果；种子无假种皮 ......省沽油属 *Staphylea* Linn.
  2. 小叶 3 ～ 7，侧生小叶有短柄；蓇葖果，种子具薄假种皮 .... 野鸦椿属 *Euscaphis* Sieb. et Zucc.
1. 叶互生；小叶 5 ～ 9，具柄；果不裂，浆果状，具 1 种子 ....银鹊树属 *Tapiscia* Oliv.

1. 省沽油属 *Staphylea* Linn.　2 种 1 变种

分种检索表

1. 顶生小叶具短柄；圆锥花序直立，无总花梗，子房 2 室；果稍膨大，扁平，2 浅裂 .... 省沽油 *S. bumalda* DC.
1. 顶生小叶叶柄长 1.5 ～ 4 cm；圆锥花序下垂，有总花梗，子房 3 室；果梨形或椭圆形，不裂或有时 3 裂。
  2. 小叶下面近无毛；花白色或粉红色，长约 1 cm.......................... 膀胱果 *S. holocarpa* Hemsl.
  2. 小叶下面被疏柔毛或沿中脉两侧被长柔毛，花粉红色，长 1 ～ 1.5 cm... 红花膀胱果 *S. holocapa* Hemsl.var. *rosea* Rehd.et Wils.

2. 野鸦椿属 *Euscaphis* Sieb.et Zucc.　1 种

野鸦椿 *E. japonica* Dippel.

3. 银鹊树属 *Tapiscia* Oliv.　1 种

银鹊树 *T. sinensis* Oliv.

五十一、槭树科 Aceraceae　2 属 26 种 2 亚种 9 变种

分属检索表

1. 羽状复叶，小叶 5 ～ 15；果实周围具翅；种子位于中央 ....金钱槭属 *Dipteronia* Oliv.
1. 单叶，如为羽状复叶则小叶为 3 ～ 7 片，果实一侧具长翅，种子位于翅内侧或下方 ....

.... 槭树属 *Acer* Linn.

1. 金钱槭属 *Dipteronia* Oliv.　1 种 1 变种

分种检索表

1. 叶下面初被疏短柔毛，后变无毛，仅脉腋微具簇毛 .... 金钱槭 *D.sinensis* Oliv.

1. 叶下面,叶柄和叶轴被宿存疏柔毛 .... 太白金钱槭 *D.sinensis* Oliv.var.*taipaiensis* Fang et Fang f.

2. 槭树属 *Acer* Linn.　25 种 2 亚种 8 变种

分种检索表

1. 单叶。
 2. 叶常绿，革质。
  3. 叶脉羽状，网脉两面显著 .... 长叶槭 *A. laeoigatum* Wall.
  3. 叶具 3 主脉，网脉仅背面显著。
   4. 叶常全缘，仅萌条枝上的叶具裂片，但无锯齿 .... 飞蛾槭 *A. oblongum* Wall.
   4. 叶常 3 裂，并具疏齿 .... 粉叶槭 *A. discolor* Maxim.
 2. 叶脱落，常具裂片。
  5. 叶无裂片或具小而不明显的裂片。
   6. 叶长 4 ～ 8 cm；萼片花瓣各 4；果翅呈锐角或钝角开展。
    7. 叶无小裂片。
     8. 翅果张开成锐角或近直立；叶老时下面脉腋被丛毛 .... 四蕊槭 *A. tetra merrum* Pax.
     8. 翅果张开成钝角，叶下面无毛 .... 桦叶四蕊槭 *A. tetra merrum* Pax var.*betulifolium* Rehd.
    7. 叶常 5 ～ 7 浅裂。
     9. 叶下面有白色疏柔毛；翅果张开常成钝角 .... 蒿坪四蕊槭 *A. tetramerrum* Pax. var. *haopingense* Fang
     9. 叶下面无毛；翅果张开呈直角 .... 大齿槭 *A. megalodum* Fang
   6. 叶长 3.5 ～ 11 cm，萼片，花瓣各 5；翅果钝角或水平展开 .... 青榨槭 *A. daoidi* Fr.
  5. 叶具明显裂片。
   10. 叶 3 ～ 5 裂。
    11. 总状或圆锥花序。
     12. 总状花序。

13. 翅果长 3.8 ～ 5 cm。

14. 叶 3 ～ 5 裂，缘具不整齐疏齿 .... 房县槭 *A. francheti* Pax.

14. 叶 3 裂，缘波状，罕具 1 ～ 2 钝齿，当年枝被短柔毛 .... 秦岭槭 *A. tsinglingensis* Fang

13. 翅果长 1.6 ～ 2.5 cm。

15. 叶中裂片远长于侧裂片 .... 马氏槭 *A.maximowicxzii* Pax.

15. 叶中裂片与侧裂片略等长。

16. 侧裂片急尖或短渐尖 .... 葛萝槭 *A. groseri* Pax.

16. 侧裂片长渐尖 .... 长裂葛萝槭 *A.grosseri* Pax.var.*hersii* Rehd.

12. 圆筒状圆锥花序 .... 毛花槭 *A. erianthum* Schwer.

11. 伞房花序。

17. 翅果长 3 ～ 5 cm。

18. 翅果呈锐角开展，叶 3 裂，裂片阔，三角状卵形，下面被短柔毛 .... 太白深灰槭 *A. caesium* Wall.ex Brandis subsp. *giraldii* E.Murr.

18. 果翅呈钝角或近水平开展 。

19. 果翅呈近水平开展；叶五裂，边缘具细锯齿，下面脉腋有丛毛.. 五裂槭 *A.olioerianum* Pax.

19. 果翅呈钝角开展；叶 3 裂或 5 裂。

20. 叶下面无毛，仅脉腋微被簇毛.. 三尾青皮槭 *A. cappadocicum* Gled.var.*tricaudatum* Rehd.

20. 叶下面被淡黄色短柔毛 。

21. 叶常 3 裂，翅果张开近于水平，长 3 ～ 3.5 cm .... 黄毛槭 *A. fulvescens* Rehd.

21. 叶常 3 ～ 5 裂，翅果张开成钝角，长 3 ～ 3.2 cm .... 陕甘黄毛槭 *A. fulvescens* Rehd.var.*fupingense* Fang

17. 翅果长 1.7 ～ 3 cm。

22. 果翅呈锐角开展或两翅近平行；叶 3 裂。

23. 叶侧裂片呈锐角开展，叶基部楔形 .... 三角枫 *A. buergerianum* Miq.

23. 叶侧裂片几乎呈水平开展，叶基部心形或几乎圆形 .... 陇秦槭 *A. pilosum* Maxim.

22. 果翅呈钝角或水平开展。

24. 叶下面被短柔毛。

25. 叶常 5 裂.. 留坝槭 *A. miaotaiense* Tsoong

25. 叶常 3～5 裂或不分裂。

26. 叶常 3 裂，稀 5 裂或不裂；果翅张开成锐角 ....长柄槭 *A. longipes* Fr.

26. 叶 3 裂或不裂；果翅张开成钝角或近于水平 .... 巴山槭 *A. pashanicum* Fang

24. 叶下面无毛，仅脉腋常具簇毛，常 5 裂。

27. 叶基截形，果翅与坚果等长 .... 五角枫 *A. truncatum* Bunge

27. 叶基常心形；果翅 2 倍于小坚果。

28. 叶常 5 裂；有时 3 裂及 7 裂 .... 地锦槭 *A. mono* Maxim.

28. 叶常 3 裂 .... 三裂地锦槭 *A. mono* Maxim.var. *tricuspis* Rehd.

10. 叶 5～9 裂。

29. 伞房花序；翅果长 3～3.3 cm，几成水平开展 .... 杈叶槭 *A. robustum* Pax.

29. 圆筒状圆锥花序，翅果长 2.5 cm，两翅近平行。

30. 叶下面无毛 .... 陕西长尾槭 *A. caudatum* Wall.var.*multiserratum* Rehd.

30. 叶下面被疏柔毛，脉上被黄褐色短柔毛 .... 川康长尾槭 *A.caudatum* Wall.var.*prattii* Rhed.

1. 三出叶。

31. 下垂总状花序；翅果长 2～2.5 cm .... 建始槭 *A.henryi* Pax.

31. 非总状花序；翅果长 3～4.5 cm。

32. 小枝被灰色疏柔毛；叶柄长 2.5～3.5 cm，被柔毛 ....陕西槭 *A.shensiense* Fang

32. 小枝无毛或初被毛，后变无毛。

33. 叶下面被短柔毛，脉上被刚毛状疏柔毛 ....血皮槭 *A.griseum* Pax

33. 叶下面无毛或仅中肋被疏柔毛。

34. 叶下面中肋上被疏柔毛；果梗长 8～15 mm....................秃梗槭 *A. leiopodum* Fang

34. 叶下面仅脉腋具簇毛；果梗长 2.5～3 cm .... 甘肃槭 *A.mandshuricum* Maxim.subsp. *kansuense* Fang

五十二、七叶树科 Hippocastanaceae　1 属 1 种

七叶树属 *Aesculus* Linn.　1 种

七叶树 *A.chinensis* Bge.

落叶乔木，冬芽大。掌状复叶具长柄，小叶 5～7，小叶长圆状倒披针形，边缘具细锯齿。直立圆锥花序；花萼钟状，花瓣具长爪。果近球形，直径 2～4 cm，表面密生黄褐色疣点，成熟时 3 瓣裂，1 室。

五十三、无患子科 Sapindaceae　3 属 3 种

分属检索表

1. 小叶全缘；每子房室具 1 胚珠；核果 .... 无患子属 *Sapindus* Linn.
1. 小叶具锯齿；每子房室具 2 至多数胚珠；蒴果。
  2. 一回或二回羽状复叶；小叶具缺刻或裂片；花黄色，成大型圆锥花序；蒴果膜质，膨胀 .... 栾树属 *Koelreuteria* Laxm.
  2. 奇数羽状复叶；小叶具锯齿；花白色，呈密集总状花序；蒴果近木质或厚 .... 文冠果属 *Xanthoceras* Bge

1. 无患子属 *Sapindus* Linn.　1 种

无患子 *S.mukorossi* Gaertn.

2. 栾树属 *Koelreuteria* Laxm.　1 种

栾树 *K.paniculata* Laxm.

3. 文冠果属 *Xanthoceras* Bge　1 种

文冠果 *X.sorbifolia* Bge

五十四、清风藤科 Sabiaceae　2 属 6 种 2 亚种 3 变种

分属检索表

1. 花呈腋生聚伞花序或单生；藤本 .... 清风藤属 *Sabia* Colebr.
1. 花呈顶生圆锥花序；单叶或羽状复叶；乔木或灌木 .... 泡花树属 *Meliosma* Blume

1. 清风藤属 *Sabia* Colebr.　2 种 1 亚种 1 变种

分种检索表

1. 花盘肿胀、肥厚，边缘环形或波状，很少具圆齿，但无明显的尖齿或裂片。
  2. 花单生叶腋，花梗长 1 ～ 1.2 cm；叶椭圆形或卵圆形，两面均被开展的短柔毛 .... 鄂西清风藤 *S. campanulata* Wall.subsp. *ritchieae* Y. F. Wu

2. 花排成聚伞花序，通常有花 1 ～ 5 朵；叶狭长圆状卵形，狭椭圆形，披针形。

3. 聚伞花序有花 1 ～ 3 朵，花淡绿色 .... 四川清风藤 *S. schumaniana*Diels.

3. 聚伞花序有花 6 ～ 20 朵，花红褐色...

.... 多花四川清风藤 *S. schumaniana* Dielsvar.*pluriflora* Rehd.et Wils.

1. 花盘不肿胀，不肥厚，浅杯状，边缘有不规则的浅齿、深齿或裂片。花单生叶腋；叶卵状椭圆形至宽卵形 .... 清风藤 *S. japonica* Maxim.

2. 泡花树属 *Meliosma* Bl.　4 种 1 亚种 2 变种

分种检索表

1. 单叶 。

2. 叶基部楔形或狭楔形；叶倒卵形，狭倒卵形或狭卵状椭圆形。

3. 圆锥花序直立，主轴及侧枝劲直或稍呈之字形曲折，但侧枝不向下弯垂。

4. 叶面被细毛，叶基部不明显下延，叶柄长 16 ～ 20 mm...

.... 泡花树 *M.dilleniifolia* Walp. subsp. *cuneifolia* Beus.

4. 叶面近无毛，叶基部不明显下延，叶柄长 2 ～ 15 mm...

.... 光叶泡花树 *M.dilleniifolia* Wallp.subsp.*cuneifolia*Beus.var.*multineroia* Beus.

3. 圆锥花序向下弯垂，主轴及侧枝具明显的之字形曲折，侧枝向下弯垂 ....

.... 垂枝泡花树 *M.flexuosa* Pamp.

2. 叶基部圆形或钝圆，叶长椭圆形或倒卵状长椭圆形，叶缘锯齿不达叶基部，叶下面密被长柔毛 .... 柔毛泡花树 *M.myriantha* S. et Z. var. *pilosa* Law.

1. 复叶。

5. 叶轴顶端具小叶 3 片；小叶基部常圆钝；下面密被或疏被柔毛 ....

.... 红枝柴 *M.oldhamii* Miq.

5. 叶轴顶端仅有 1 小叶（少有 2 片）这 1 片小叶的叶柄具节。

6. 小叶下面侧脉脉腋有髯毛；圆锥花序长 12 ～ 30 cm；花序总轴的皮孔不明显 ....

.... 珂楠树 *M. beaniana* Rehd.et Wils.

6. 小叶下面侧脉脉腋无髯毛；圆锥花序长 40 ～ 45 cm；花序总轴和分枝有明显的皮孔

.... 暖木 *M. veitchiorum* Hemsl.

五十五、鼠李科 Rhamnaceae　8 属 34 种 4 变种

分属检索表

1. 托叶变成刺，叶具基生三出脉。

2. 果干燥，具翅 .... 马甲子属 *Paliurus* Tourn.ex Mill.

2. 果肉质，无翅 .... 枣属 *Zizyphus* Mill.

1. 托叶不变成刺。

3. 浆果状核果，内果皮薄革质或纸质，具 2 ～ 4 分核。

4. 花序轴在结果时不膨大成肉质，叶具羽状脉。

5. 花无梗，排成穗状或穗状圆锥花序，顶生或腋生 .... 雀梅藤属 *Sageretia* Brongn.

5. 花具明显的梗，排成腋生聚伞花序 .... 鼠李属 *Rhamnus* Linn.

4. 花序轴在结果时膨大成肉质；叶具基生三出脉 .... 枳椇属 *Hovenia* Thunb.

3. 核果，内果皮坚硬，厚骨质或木质，1 ～ 3 室，无分核。

6. 叶具锯齿或近全缘；腋生聚伞花序，落叶灌木或小乔木.............. 猫乳属 *Rhamnela* Miq.

6. 叶全缘；花通常排成顶生聚伞总状或聚伞圆锥花序，直立或藤状灌木。

7. 直立灌木或小乔木；小枝粗糙，具纵裂纹；叶基部不对称；萼片内面中肋中部具喙状突起；花盘五边形，结果时不增大；核果一室，具一颗种子 .... 小勾儿茶属 *Berchemiela* Nakai

7. 藤状灌木，稀直立矮灌木；小枝平滑；叶基部对称；萼片内面中肋仅顶端增厚，中部无喙状突起，花盘 10 裂齿轮状，结果时明显增大成盘状或皿状，包围果实的基部；核果 2 室，每室具 1 种子 .... 勾儿茶属 *Berchemia* Neck.

1. 马甲子属 *Paliurus* Tour. ex Mill.　2 种

分 种 检 索 表

1. 小枝常无刺；叶长 4 ～ 10 cm；核果大，周围革质薄翅；果梗无毛 .... 铜钱树 *P. hemsleyanus* Rehd.

1. 小枝具密刺；叶长 2 ～ 5 cm；核果小，周围具木栓质厚翅；三浅裂；果梗被毛................. .... 马甲子 *P. ramosisimus* Poir.

2. 雀梅藤属 *Sageretia* Brongn.　4 种

分 种 检 索 表

1. 花序轴具明显的梗，总状或圆锥花序 .... 梗花雀梅藤 *S. henryi* Drumm.et Sprague

1. 花序轴近无梗；穗状花序或穗状圆锥花序。

2. 花序轴无毛，稀被疏柔毛。

3. 叶小，长 0.5 ～ 2（2.5）cm，卵状椭圆形或矩圆形；叶柄长 1 ～ 3 cm，侧脉每边 3 ～ 5 对 .... 对节刺 *S.pycnophylla* Schneid.

3. 叶大，长超过 2.5 cm，叶椭圆形或倒卵状椭圆形；叶柄长 4 mm 以上，侧脉每边 2 ～ 3

（4）条 .... 少脉雀梅藤 *S. paucicostata* Maxim.

2. 花序轴被茸毛或短柔毛；叶下面脉上被毛 .... 雀梅藤 *S. thea* Johnst.

3. 鼠李属 *Rhamnus* Linn. 18 种 2 变种

分种检索表

1. 叶缘具细密锐锯齿；叶几圆形 .... 尖齿鼠李 *R. arguta* Maxim.
1. 叶缘具细圆锯齿或钝齿。
 2. 叶线状或线状披针形 .... 柳叶鼠李 *R. erythroxylon* Pall.
 2. 叶非线状或线状披针形。
  3. 枝无刺或托叶刺状；叶显著互生。
   4. 枝无刺；叶长 4.3 ～ 15 cm。
    5. 落叶乔木或灌木，幼枝被微毛，叶下面沿脉被疏柔毛 .... 多脉鼠李 *R.sargentiana* schneid.
    5. 常绿乔木或灌木，幼枝无毛，叶下面无毛或仅脉腋具簇毛 .... 亮叶鼠李 *R. hemsleyana* Schneid.
   4. 托叶刺状；叶长 5 ～ 10 cm .... 异叶鼠李 *R.heterophylla* Oliv.
  3. 小枝顶端常具刺；叶多对生罕几互生。
   6. 叶长不超过 4 cm。
    7. 叶两面均光滑或仅背面脉腋具簇毛。
     8. 叶倒卵形；种了无疣状突起 .... 小冻绿树 *R. rosthornii* Pritz.
     8. 叶椭圆形；种子密被疣状突起 .... 黑桦树 *R.maximoicxiana* J.Vass.
    7. 叶两面具毛或仅叶面具毛。
     9. 叶两面具显著短柔毛。
      10. 叶倒披针形或倒卵状披针形；叶柄长 1 ～ 2.5 mm .... 纤花鼠李 *R. leptacantha* Schneid.
      10. 叶倒卵形或几圆形；叶柄长 2 ～ 4 mm .... 小叶鼠李 *R. parvifolia* Bunge
     9. 叶面被短柔毛，叶背光滑或仅脉腋或脉上微被短柔毛。
      11. 叶常倒卵形或近圆形；种子仅基部开裂 .... 圆叶鼠李 *R. globosa* Bge
      11. 叶椭圆形或斜方椭圆形；种子内面几乎全部开裂 .... 甘青鼠李 *R. tangutica* J. Vass.
   6. 叶长 4 cm 以上。
     12. 叶背被锈色短柔毛。
      13. 叶脉 7 ～ 12 对；伞形花序具花序梗 .... 长叶冻绿 *R. crenata* Sieb.et Zucc.
      13. 叶脉 5 ～ 8 对；花簇生 .... 毛冻绿 *R. utilis* Decne var. *hypochrysa* Rehd.

12. 叶背毛非锈色（冻绿和鼠李毛带黄色）。

14. 叶面具皱纹，两面被短柔毛 ………………………………………… 皱叶鼠李 *R. rugulosa* Hemsl.

14. 叶面无皱纹。

15. 叶两面被短柔毛。

16. 叶边缘具细锯齿或粗圆状锯齿，齿端无腺。

17. 叶缘具细锯齿或不明显波状锯齿，叶两面沿脉以及叶柄被疏短柔毛 ……………………………………………………………………………… 刺鼠李 *R . dometorum* Schneid.

17. 叶边缘具粗圆齿状锯齿，叶两面沿脉及叶柄被长而密的粗柔毛 ……………………………………………… 圆齿刺鼠李 *R.dometorum* Schneid.var.*crenoserrata* R.etW.

16. 叶边缘具圆锯齿，齿端具腺 ……………………………… 桃叶鼠李 *R. iteinophylla* Schneid.

15. 叶仅背面被短柔毛（叶面仅初被短柔毛）。

18. 叶倒卵形或近圆形 ………………………………………… 薄叶鼠李 *R. leptophylla* Schneid.

18. 叶椭圆形或长圆形。

19. 叶脉 5 ～ 8 对；柄长 5 ～ 12 mm ………………………………………… 冻绿 *R.utilis* Decne

19. 叶脉 4 ～ 5 对，罕 6 对；柄长 6 ～ 25 mm……………………………… 鼠李 *R.daurica* Pall.

4. 枳椇属 *Hovenia* Thunb.　2 种

分种检索表

1. 不对称聚伞式圆锥花序，生于枝和侧枝顶端；花柱浅裂；成熟果实黑色；叶具不整齐锯齿或粗锯齿 …………………………………………………………………………… 北枳椇 *H. dulcis* Thunb.

1. 对称二歧式聚伞花序，顶生和腋生；花柱深裂；成熟果实黄色；叶具浅或钝的锯齿 …………………………………………………………………………………………… 枳椇 *H.acerba* Lindl.

5. 枣属 *Zizyphus* Mill.　1 种 2 变种

分种检索表

1. 枝具刺。

2. 果长 1.5 ～ 3 cm，罕达 5 cm；核急尖 ………………………………………枣树 *Z. jujuba* Mill.

2. 果长 7 ～ 15 mm；核钝头 …………………… 酸枣 *Z.juiuba* Mill . var. *spinosa* Huex H. F. Chow.

1. 枝无刺 ……………………………………………………………… 无刺枣 *Z.juiuba* Mil. var.*inermis* Rehd.

6. 猫乳属 *Rhamnella* Miq.　2 种

分种检索表

1. 幼枝、叶下面和叶柄被柔毛，叶倒卵状矩圆形或倒卵椭圆形，顶端尾状渐尖……………………………………………………………猫乳 *R. franguloides* Weberb.
1. 幼枝、叶下面和叶柄无毛或近无毛；叶长椭圆形，顶端锐尖或渐尖……………………………………………………………多脉猫乳 *R. martinii* Schneid.

7. 小勾儿茶属 *Berchemiella* Nakai　1 种

巴山小勾儿茶 *B.wilsonii* Nakai var.*pashanensis* M.C.Wang

8. 勾儿茶属 *Berchemia* Neck.　4 种

分种检索表

1. 花序为无分枝的聚伞总状花序，花序轴和叶柄被短柔毛……………………………………………………………多叶勾儿茶 *B. polyphyla* Wall.exM.A.Laws.
1. 花序为具分枝的聚伞圆锥花序；花序轴和叶柄无毛。
  2. 叶仅下面脉腋被疏柔毛，侧脉每边 8 ～ 10……………………勾儿茶 *B.sinica* Schneid.
  2. 叶下面无毛或仅沿叶脉基部被疏柔毛。
    3. 叶下面无毛；花排成具短分枝的窄聚伞圆锥花序………黄脉勾儿茶 *B.flavescens* Brongn.
    3. 叶下面沿脉基部被疏短柔毛；花排成具长分枝的宽聚伞圆锥花序……………………………………………………………多花勾儿茶 *B. floribunda* Brongn.

五十六、葡萄科 Vitaceae　4 属 21 种 5 变种

分属检索表

1. 枝髓褐色，狭圆锥花序；叶多为单叶……………………………葡萄属 *Vitis* Linn.
1. 枝髓白色，聚伞花序；单叶或复叶。
  2. 花序与叶对生或顶生，花 5 枚。
    3. 花盘明显；隆起；卷须顶端不扩大……………………………蛇葡萄属 *Ampelopsis* Michx.
    3. 花盘不明显或不存在，卷须顶端常扩大成吸盘……………爬山虎属 *Parthenocisus* Planch.
  2. 花序腋生或有时着生于膨大节上，花 4 数……………………崖爬藤属 *Tetrastigma* Planch.

1. 葡萄属 *Vitis* Linn.　9种2变种

分种检索表

1. 叶为三出复叶，或茎上部叶为单叶。
  2. 幼枝和叶柄有较密柔毛；叶下面有褐色密柔毛 .... 复叶葡萄 *V. piasexkii* Maxim.
  2. 幼枝和叶柄近无毛，叶下面有疏毛或近无毛 .... 少毛复叶葡萄 *V. piasexkii* Maxim. var.*pagnucii* Rehd.
1. 叶为单叶。
  3. 小枝有刺；叶心状宽卵形 .... 刺葡萄 *V.daoidii* Foex.
  3. 小枝无刺。
    4. 幼枝、叶下面有具腺的刚毛... 秋葡萄 *V.romanetii* Roman.
    4. 幼枝、叶无腺毛，具茸毛或柔毛。
      5. 叶下面密被茸毛。
        6. 叶3裂，下面有白色茸毛.. 桑叶葡萄 *V.ficifolia* Bunge
        6. 叶不裂或不明显三浅裂；小枝、叶柄、花序均有密柔毛 .... 毛葡萄 *V.quinauangularis* Rehd.
      5. 叶有毛，但不被茸毛 。
        7. 叶3～5浅裂，至多达中部，基部深心形，下面有疏柔毛 .... 葡萄 *V.vinifera* Rehd.
        7. 叶不裂，间或不明显三浅裂。
          8. 叶脉两面隆起，形成明显的脉网，叶心状宽卵形，下面只沿脉有蛛丝状毛 .... 网脉葡萄 *V.wilsonac* Voitch.
          8. 叶脉近平或稍隆起，脉网不明显。
            9. 叶基部心形或浅心形，下面有淡锈色密柔毛 .... 桦叶葡萄 *V.betulifolia* Diels.et Gilg.
            9. 叶基部心形或截形，下面只有脉腋有蛛丝状毛。
              10. 叶长达11 cm，宽达9 cm.. 葛藟 *V. flexuosa* Thunb.
              10. 叶长达4.5 cm.................... 小叶葛藟 *V.flexuosa*Thunb.var.*parvifolia* Gagnep.

2. 蛇葡萄属 *Ampelopsis* Michx.　7种3变种

分种检索表

1. 单叶，分裂或不分裂。
  2. 叶常深裂，裂凹常圆形，少数叶浅裂或不裂，近圆形或宽卵形，下面苍白色 ....

……………………………………………………………………………… 葎叶蛇葡萄 *A. humulifolia* Bge

2. 叶不分裂或不明显 3 浅裂，三角形或三角状宽卵形，下面淡绿色。

3. 小枝和叶无毛………………………………………………………………蛇葡萄 *A. bodinieri* Rehd.

3. 小枝和叶下面有短柔毛 ……………………… 灰毛蛇葡萄 *A.bodinieri* Rehd. var.*cinerea* Rehd.

1. 叶掌状或羽状复叶。

4. 一至三回羽状复叶。

5. 叶多为一 回羽状复叶，有 3 ～ 5 小叶 ………………………… 羽叶蛇葡萄 *A.chaffanionii* Rehd.

5. 叶多为二回羽状复叶；有 9 ～ 23 个小叶，最下羽片有 3 ～ 7 个小叶 …………………………

……………………………………………………………………… 大叶蛇葡萄 *A.megalophylla* Diels.et Gilg.

4. 掌状复叶。

6. 叶轴具翅 ……………………………………………………………………… 白蔹 *A. japonica* Makino

6. 叶轴无翅。

7. 小叶具短柄，至少中间小叶有之。

8. 叶掌状三全裂，中央小叶狭长圆形，侧生小叶偏斜卵形………………………………………

…………………………………………………………………… 三裂蛇葡萄 *A. delavayana* Planch.

8. 叶掌状三全裂，侧生小叶又二深裂，或为五小叶 …………………………………………………

…………………………………………… 毛三裂蛇葡萄 *A.delavayana* Planch.var. *gentiliana* Hand.

7. 小叶无柄。

9. 小叶常 5………………………………………………………………… 乌头叶蛇葡萄 *A.aconitifolia* Bge

9. 小叶常 3 或 3 深裂，罕 5……… 掌裂乌头叶蛇葡萄 *A.aconitifolia* Bge. var. *glabra* Diels.

3. 爬山虎属 *Parthenocisus* Planch.　4 种

分种检索表

1. 单叶，常 3 裂，罕具 3 小叶 ………………………………………………爬山虎 *P. tricuspidata* Planch.

1. 复叶，具 3 ～ 5 小叶。

2. 小叶常 3，基部圆形或歪斜 ………………………………………… 异叶爬山虎 *P.heterophyllus* Merr.

2. 小叶常 5，基部楔形。

3. 幼枝四棱形，小叶边缘每侧上部有 4 ～ 6 齿，下面常红紫色……………………………………

……………………………………………………………………………… 川鄂爬山虎 *P. henryana* Diels.

3. 幼枝近圆柱形，小叶边缘每侧自中部以上有较多齿 ……… 绿爬山虎 *P. laetevirens* Rehd.

4. 崖爬藤属 *Tetrastigma* Planch.　1 种

崖爬藤 *T. obtectum* Planch.

五十七、杜英科 Elaeocarpaceae　1属1种

1. 猴欢喜属 *Sloanea* Linn.　1种

仿栗 *S. hemsleyana* Rehd.et Wils.

落叶乔木，叶薄革质，长椭圆形或倒卵状长椭圆形，长 10 ～ 25 cm，宽 4 ～ 7 cm，先端突尖成尾状或近渐尖，基部圆形或楔形，缘由基部稍上或中部以下具浅钝锯齿，叶柄长 1 ～ 5 cm。花序伞房状、簇生枝顶。蒴果，5 瓣裂，木质，外被刺毛，内面紫色。

五十八、椴树科 Tiliaceae　2属7种2变种

分属检索表

1. 乔木，花序腋生，总花梗具舌状苞片，雄蕊多数，集成 5 束，退化雄蕊 5，子房无柄，坚果有毛和疣状突起 ………………………………………… 椴属 *Tilia* Linn.
1. 灌木，花序与叶对生，无苞片，雄蕊多数，分离，无退化雄蕊，子房有柄；核平滑，有光泽 ………………………………………… 扁担杆属 *Grewia* Linn.

1. 椴树属 *Tilia* Linn.　6种1变种

分种检索表

1. 果实有 5 条突起的棱，叶宽卵圆形。
  2. 嫩枝有毛，苞片有柄。
    3. 叶边缘锯齿有长 2 ～ 5 mm 的芒状锯齿，幼枝初被星状毛，后渐脱落 ………………………………………… 糯米椴 *T. henryana* Szysyl.
    3. 叶边锯齿有很短齿突，幼枝密被淡黄色或灰色丝状毛 ………… 西蜀椴 *T. intonsa* Wils.
  2. 嫩枝无毛，苞片无柄或近无柄。
    4. 叶下面被灰白色厚茸毛；果棱明显 ………… 华椴 *T. chinensis* Maxim.
    4. 叶下面被稀疏星毛；果棱钝 ………… 亮绿椴 *T. laeteviren* Rehd.et Wils.
1. 果实无棱；叶宽卵圆形至长圆形。
  5. 叶下面无毛或疏被灰柔毛，脉腋有毛丛；苞片有柄。
    6. 冬芽上部被疏柔毛，叶长 4 ～ 10 cm ………… 少脉椴 *T.paucicostata* Maxim.
    6. 冬芽无毛；叶长 3.5 ～ 5.5 cm ………………………………………… 红皮椴 *T.paucicostata* Maxim. var. *dictyoneura* Chang et Ma

5. 叶下面被白色星状茸毛；苞片无柄 ……………………………………………… 粉椴 *T. olioeri* Szyszyl.

2. 扁担杆属 *Grewia* Linn.　1 种 1 变种

分种检索表

1. 叶宽 2 ～ 4.5 cm，上面几无毛，下面疏被星状短柔毛 …………… 光叶扁担杆 *G. biloba* G.Don
1. 叶宽 1 ～ 2 cm；两面有星状短柔毛，下面毛较密 ……………………………………………………
…………………………………………………………………………… 小花扁担杆 *C.biloba* G.Don. var. *parviflora* Hand.

五十九、锦葵科 Malvaceae　1 属 3 种 3 变种

1. 木槿属 *Hibiscus* Linn.　3 种 3 变种

分种检索表

1. 叶基部心形，有 5 ～ 11 掌状脉，小苞片 3，条形，花梗和小苞片密被短绵毛 ……………………
…………………………………………………………………………………………………… 木芙蓉 *M. mutabilis* Linn.
1. 叶基部楔形至宽楔形，有 3 ～ 5 脉。
  2. 总苞分离，仅基部合生；小苞片长 6 ～ 25 mm；种子背面被长毛。
    3. 花淡紫色或粉红色。
      4. 花淡紫色，单瓣 …………………………………………………………… 木槿 *H. syriacus* Linn.
      4. 花红色或淡紫色，重瓣 ……………………………………………………………………………
      ……………………………………………… 牡丹木槿 *H. syriacus* Linn.var. *paeoniflorus* Gagn.f.
    3. 花白色。
      5. 花重瓣 ………………………………… 重瓣白花木槿 *H. syriacus* Linn.var. *albus-plenus* Loudon.
      5. 花单瓣 ………………………………… 单瓣白花木槿 *H. syriacus* Linn. var.*totus-albus* T.Moorex
  2. 总苞钟状，基部 1/3 ～ 1/2 处合生，小苞片长 4 ～ 6 mm，种子无毛 ………………………………
  ……………………………………………………………………… 光籽木槿 *H. leiospermus* K.T.Fu et C.C.Fu

六十、梧桐科 Sterculiaceae　1 属 1 种

1. 梧桐属 *Firmiana* Mars. 1 种

梧桐 *F.platanifolia* Marsili

六十一、猕猴桃科 Actinidiaceae　2 属 12 种 2 变种

分属检索表

1. 枝髓心多片层状，少数实心，花杂性或雌雄异株，雄蕊多数，花柱分离，浆果无棱，有种子多数 ……………………………………………… 猕猴桃属 *Actinidia* Lindl.

1. 枝髓心全是实心，花两性，雄蕊 10，花柱合生，果嫩时似浆果，成熟后为蒴果，有 5 棱，通常有种子 5 粒 ……………………………………… 藤山柳属 *Clematoclethra* Maxim.

1. 猕猴桃属 *Actinidia* Lindl.　8 种 2 变种

分种检索表

1. 植物体毛被发达，小枝，芽体，叶片，叶柄，花萼，子房，幼果等多被毛，至少小枝 密被毛。
   2. 植物体的毛为不分歧的硬毛，糙毛或刺毛，叶团扇状倒卵形，下面中脉和侧脉密被刺毛 ……………………………………………… 城口猕猴桃 *A. chengkouensis* C.Y.Chang
   2. 植物体的毛除个别外，都属柔毛，茸毛或绵毛，叶背的毛为分歧的星状毛。
      3. 小枝密被毛，叶下面被密或疏的星状毛，叶宽倒卵形，顶端截平或中间凹入 ……………………………………………… 中华猕猴桃 *A. chinensis* Phanch
      3. 小枝，叶下面沿脉及叶柄除被星状毛外，尚被黄色长硬毛，叶倒卵形至倒阔卵形，顶端截形或具突尖 …………………… 硬毛猕猴桃 *A. chinensis* Planch.var.*hispida* C.F.Liang
1. 植物体无毛或仅萼片，子房被毛，叶下面脉上有毛。
   4. 髓心层状，白色或褐色，萼片 4 ～ 5，花瓣 5。
      5. 髓白色；果实顶端有喙。
         6. 叶下面绿色，常沿叶脉有刺毛或茸毛。
            7. 叶圆形或近圆形，基部圆形至心形，下面中脉常有刺毛 ……………………………………………… 软枣猕猴桃 *A.arguta* Planch.ex Miq.
            7. 叶椭圆形，椭圆状卵形，基部圆至广楔形，下面沿脉腋有茸毛 ……………………………………………… 紫果猕猴桃 *A. purpurea* Rehd.
         6. 叶下面粉绿色，叶椭圆形或矩圆形，基部楔形至圆形，无毛而脉腋有簇毛 ……………………………………………… 黑蕊猕猴桃 *A. melanandra* Franch.
      5. 髓茶褐色，果实顶端无喙。
         8. 果实无斑点。
            9. 叶卵形，边缘常具重锯齿；花白色；果实扁圆形，无斑点 ……………………………………………… 狗枣猕猴桃 *A. kolomikta* Maxim.

9. 叶矩圆状长卵形或披针形；花白色或粉红色；4 数；果卵球形，无斑点 .... 四萼猕猴桃 *A. tetramera* Maxim.

8. 果长圆状卵圆形，具斑点，叶广椭圆形或长圆状卵形 .... 京梨猕猴桃 *A.calosa* Lindl.var.*henryi* Maxim.

4. 髓实心，白色 .... 葛枣猕猴桃 *Actinidia polygama*（Sieb. et Zucc.）Maxim.

2. 藤山柳属 *Clematoclethra* Maxim.　4 种

分属检索表

1. 小枝、叶下面和花序密被绵毛。
2. 花序梗长约 2 ～ 3.5 cm，花序有花 6 ～ 12 花 .... 繁花藤山柳 *C. hemsleyi* Baill.
2. 花序梗长 1 ～ 1.5 cm，花序有 3 花 .... 绵毛藤山柳 *C. lanosa* Rehd.
1. 小枝、叶下面和花序不密被绵毛。
3. 小枝和花序密被短柔毛 .... 藤山柳 *C. lasioclada* Maxim.
3. 小枝和花序无毛，叶下面仅脉腋具簇毛；花序单生或簇生 .... 川藤山柳 *C. actinidioides* Maxim.

六十二、山茶科 Theaceae　3 属 5 种

分属检索表

1. 蒴果，花两性，直立，直径 3 ～ 10 cm。
2. 叶常绿，果具 1 ～ 3 种子，种子大 .... 山茶属 *Camellia* Linn.
2. 叶脱落，果具多数种子，种子小，扁平；树皮红色或褐色，片状剥落 .... 紫茎属 *Stewartia* Linn.
1. 浆果；花单性，雌雄异株，下垂，径约 5 mm；叶常绿 .... 柃属 *Eurya* Thunb.

1. 山茶属 *Camellia* Linn.　2 种

分种检索表

1. 叶下面脉上微被短柔毛；叶柄长约 4 mm；花梗长 5 ～ 15 mm，萼片宿存，花柱无毛 .... 茶 *C. sinensis* Kuntze.
1. 叶上面中脉微被短柔毛；叶柄长约 6 mm；无花梗，萼片脱落，花柱基部被短柔毛 .... 油茶 *C. oleifera* Abel.

2. 紫茎属 *Stewartia* Linn.　1种

陕西紫茎 *S.shensiensis* Chang

3. 柃属 *Eurya* Tnunb.　2种

分种检索表

1. 小枝微具棱；叶脉两面均明显；花柱极短，长不过 0.5 mm........ 短柱柃 *E. breoistyla* Kobuski
1. 小枝具明显 4 棱，有时呈翅状；叶脉在上面不显或凹陷；花柱长约 1.5 mm.. 翅柃 *E. alata* Kobuski

六十三、藤黄科 Guttiferae 1属4种1变种

1. 金丝桃属 *Hypericum* Linn.　4种1变种

分种检索表

1. 花柱合生，仅顶端 5 裂。
  2. 叶长 4～9 cm；花单生或聚伞花序..金丝桃 *H. chinense* Linn.
  2. 叶长 1～2.5 cm；花序单生 .... 长柱金丝桃 *H. longistylum* Oliv.
1. 花柱离生或至少中部以上离生。
  3. 灌木，茎圆筒形；花柱全离生。
    4. 叶长 2～4 cm；萼片顶端钝 ....金丝梅 *H. patulum* Thunb.
    4. 叶长 5～7 cm；萼片顶端急尖或渐尖 ...... 亨氏金丝梅 *H. patulum* Thunb.var.*henryl* Becn.
  3. 半灌木，茎具 4 棱；花柱中部以上离生 .... 黄海棠 *H. ascyron* Linn.

六十四、柽柳科 Tamaricaceae　2属4种

分属检索表

1. 雄蕊 4～5，与花瓣同数，等长，花丝分离；雌蕊具短花柱 3～4 条；种子顶端的芒柱自基部被柔毛 .... 柽柳属 *Tamarix* Linn.
1. 雄蕊 10，为花瓣之一倍，不等长，花丝基部或下半部合生成筒；雌蕊无花柱，种子顶端的芒柱下部无毛，仅上半部被毛 ....水柏枝属 *Myricaria* Desv.

1. 柽柳属 *Tamarix* Linn.　2种

分种检索表

1. 圆锥花序生于当年生枝上；苞片线状锥形；花盘 10 裂 .... 柽柳 *T. chinensis* Lour.
1. 总状花序，生于前年生枝上；苞片线状披针形；花盘 5 裂................ 桧柽柳 *T. juniperina* Bge

2. 水柏枝属 *Myricaria*.Desv.　2 种

分种检索表

1. 总状花序较紧密或近重穗状；苞片宽卵形................................ 宽苞水柏枝 *M. bracteata* Royle
1. 圆锥花序较稀疏；苞片披针状卵形 ....水柏枝 *M. paniculata* P.Y. Chang

六十五、大风子科 Flacourtiaceae　4 属 4 种

分属检索表

1. 枝常具刺；叶脉羽状，叶柄短；总状花序腋生 .... 柞木属 *Xylosma* Forst.
1. 枝无刺；叶脉掌状，叶柄较长；圆锥花序顶生。
  2. 叶柄常具 1 ～ 2 腺体；浆果... 山桐子属 *Idesia* Maxim.
  2. 叶柄无腺体；蒴果。
    3. 花成多花的大圆锥花序，雌雄同株，心皮 3、花柱 3、先端 2 裂；果实小型，种子周围具翅 .... 山 拐 枣 属 *Poliothyrsis* Oliv.
    3. 花两性，成总状花序或少花的圆锥花序；心皮 3 ～ 4，花柱 3 ～ 4，先端 3 裂，蒴果大型，种子一端具翅 .... 山羊角树属 *Carrierea* Franch.

1. 柞木属 *Xylosma* Forst.　1 种

毛柞木 *X. japonicum* A. Gray var.*pubescens* C. Y. Chang

2. 山桐子属 *Idesia* Maxim.　1 种

毛叶山桐子 *I. polycarpa* Maxim. var. *vestita* Diels.

3. 山拐枣属 *Poliothyrsis* Oliv.　1 种

山拐枣 *P. sisensis* Oliv

4. 山羊角树属 *Carrierea* Franch.　1 种

山羊角树 *C. calycina* Franch.

六十六、旌节花科 Stachyuraceae　1 属 1 种

1. 旌节花属 *Stachyurus* Sieb.et Zucc.　1 种

中国旌节花 *S.chinensis* Franch.

落叶灌木；高 2 ～ 4 m。小枝紫褐色或暗绿色，髓心白色，单叶互生，卵形至 卵状长圆形，长 6 ～ 10 cm，先端尾状渐尖，基部圆形或心形，边缘具圆齿状疏锯 齿，下面沿中脉被疏毛。穗状花序长 4 ～ 8 cm。浆果球形，直径 6 ～ 8 mm，有短柄，具多数种子。

六十七、瑞香科 Thymelaeaceae　3 属 12 种

分属检索表

1. 叶常对生；花序常为穗状或圆锥状，无苞片，具花盘……………………荛花属 *Wikstroemia* Endl.
1. 叶常互生罕对生；花序常为头状或簇生，具苞片。
　2. 花无花盘和花柱或花柱极短……………………………………………………瑞香属 *Daphne* Linn.
　2. 花具花盘，花柱圆筒形，柱头伸长成线形 ………………………………结香属 *Edgeworthia* Meisn.

1. 荛花属 *Wikstroemia* Endl.　7 种

分种检索表

1. 花萼无毛，多在花后凋落；花序总状或圆锥状；叶窄长圆状匙形，坚纸质，边缘 常反卷 。
　2. 叶长 1.3 ～ 2.6 cm，宽 1.5 ～ 3.5 mm，侧脉不明显，花白黄色至淡红或红色……………………
　……………………………………………………………………………………狭叶荛花 *W. angustifolia* Hemsl.
　2. 叶长 0.5 ～ 4 cm，宽 0.3 ～ 1.7 cm，侧脉在边缘网结，花黄色 ……………………………………
　……………………………………………………………………………………小黄构 *W. micrantha* Hemsl.
1. 花萼及花序被毛，组成头状花序，头状短穗状，疏松的总状或圆锥花序。
　3. 叶多数对生，或少数对生与互生并存，极少为 3 叶轮生。
　　4. 顶生头状花序；花萼黄色；叶椭圆形或长圆形 ……………………头状荛花 *W. capitata* Rehd.
　　4. 总状花序组成顶生或腋生的圆锥花序；花黄色。
　　　5. 叶对生，披针形至窄长圆状披针形，顶端尖或钝，长 2.5 ～ 5.5 cm……………………………

……………………………………………………………………… 河蒴荛花 *W. chamaedaphne* Meis.

5. 叶多 3 叶轮生，对生或交互对生，线形，顶端刺状凸尖，长 0.5 ～ 2.5 cm……………… ……………………………………………………………………… 轮叶荛花 *W. stenophylla* Pritz.

3. 叶多数互生，或少数互生与对生混生。

6. 顶生多花的穗状花序与腋生的小圆锥花序并存；叶椭圆形或倒卵状椭圆形，两面被伏毛 ……………………………………………………… 鄂西荛花 *W. pampaninii* Rehd.

6. 头状花序顶生或腋生，在盛开间稍延长成短穗状花序；叶窄长圆形，长圆形至倒披针形，近无毛 ……………………………………………… 羊眼子 *W. ligustrina* Rehd.

2. 瑞香属 *Daphne* Linn.　4 种

分 种 检 索 表

1. 叶常绿；小枝疏被或密被黄色短柔毛 。

2. 叶条状披针形或倒披针形，老枝灰棕色，初枝密被黄色短柔毛 …………………………… ……………………………………………………………… 甘肃瑞香 *D. tangutica* Maxim.

2. 叶矩圆状披针形至椭圆状披针形，老枝深紫色或红棕色，初枝疏被灰黄色短柔毛 ………… ……………………………………………………………… 尖瓣瑞香 *D. acutilosa* Rehd.

1. 叶脱落；小枝光滑或被丝状短柔毛。

3. 叶椭圆形；花序腋生，蓝紫色，先叶开放 …………………………… 芫花 *D. genkwa* Sieb.etZucc.

3. 叶倒披针形；花序顶生，黄色，后叶开放 ……………………………… 黄瑞香 *D. giraldii* Nitsche

3. 结香属 *Edgeworthia* Meisn. 1 种

结香 *E. chrysantha* Lindl.

六十八、胡颓子科 Elaeagnaceae　2 属 9 种 1 亚种 2 变种

分 属 检 索 表

1. 花两性，或两性与单性共存，单生或 2 ～ 4 朵簇生，萼 4 裂；果为长椭圆形 ……………… ……………………………………………………………… 胡颓子属 *Elaeagnus* Linn.

1. 花单性，多雌雄异株，组成短总状花序；萼 2 裂；果为球形………… 沙棘属 *Hippophae* Linn.

1. 胡颓子属 *Elaeagnus* Linn.　9种1变种

分种检索表

1. 叶常绿。
  2. 花柱无毛。
    3. 叶厚革质，椭圆形至宽椭圆形，稀矩圆形，网状脉在上面明显可见 .... 胡颓子 *E. pungens* Thunb.
    3. 叶革质，倒卵状宽椭圆形，网状脉在上面不明显 .... 宜昌胡颓子 *E.henryi* Warb.
  2. 花柱具星状柔毛。
    4. 果实长 8 ～ 12 mm，密被银白色和散生少数褐色鳞片；叶窄披针形至窄椭圆形 .... 长叶胡颓子 *E. bockii* Diels.
    4. 果实长 12 ～ 16 mm，褐色或锈色；叶椭圆形至披针形。
      5. 叶革质，宽椭圆形至椭圆状披针形，基部圆形，稀钝形 .... 披针叶胡颓子 *E. lanceolata* Warb.
      5. 叶纸质或近革质，椭圆形，基部楔形 ....绿叶胡颓子 *E.viridis* Serv.
1. 叶脱落。
  6. 乔木，花 1 ～ 3 簇生新枝叶腋；果实干棉质，具明显 8 棱脊，翅状，多毛；叶卵形或卵状椭圆形，下面密被星状柔毛 .... 翅果油树 *E.mollis* Diels.
  6. 小灌木，花 1 ～ 5 簇生新枝基部叶腋；果实多汁。
    7. 果实卵圆形，长 5 ～ 7 mm；萼筒漏斗形。
      8. 叶长 2 ～ 8 cm，宽 1.5 ～ 5 cm................................秋胡颓子 *E.umbellata* Thunb.
      8. 叶长 2 ～ 6 cm，宽 7 ～ 16 mm.......... 小叶胡颓子 *E. umbelata* var. *parvitolia* Schneid.
    7. 果实椭圆形或长椭圆形，长 12 ～ 18 mm；萼筒圆筒形或钟形。
      9. 叶椭圆形，卵形或卵状长圆形；花柱无毛，萼筒圆筒形 .... 木半复 *E. multiflora* Thunb.
      9. 叶披针形或长圆状披针形 .... 窄叶木半夏 *E.angustata* C. Y. Chang

2. 沙棘属 *Hippophae* Linn.　1亚种1变种

分种检索表

1. 小枝无茸毛；叶宽 4 ～ 8 mm；柄长 1 ～ 2 mm .... 中国沙棘 *H. rhamnoides* Linn. subsp. *sinensis* Rousi
1. 小枝初被长柔毛状茸毛；叶宽 7 ～ 15 mm；柄长达 4 mm .... 高沙棘 *H. rhamnoides* Linn.var. *procera* Rehd.

六十九、千屈菜科（紫薇科）Lythraceae　2 属 4 种

分属检索表

1. 雄蕊多数，着生于萼管的基部 .... 紫薇属 *Lagerstroemia* Linn.
1. 雄蕊 5 ～ 6 枚，着生于萼管上部 .... 阿丽属 *Orias* Dode

1. 紫薇属 *Lagerstroemia* Linn.　3 种

分种检索表

1. 叶两面光滑或仅脉上被短柔毛。
   2. 小枝 4 棱，常有狭翅；叶无柄或极短；花萼无棱或脉纹 .... 紫薇 *L. inidica* Linn.
   2. 小枝圆柱形或约有 4 条棱线；叶柄长 2 ～ 4 mm；花萼有 10 ～ 12 条脉纹 ....
   .... 南紫薇 *L. subcostata* Koehne
1. 叶两面密被灰色短柔毛 .... 毛紫薇 *L. villosa* Wall.

2. 阿丽属 *Orias* Dode　1 种

阿丽花 *O. excelsa* Dode

七十、石榴科 Punicaceae　1 属 1 种

1. 石榴属 *Punica* Linn.　1 种

石榴 *P. granatum* Linn.

七十一、八角枫科 Alangiaceae　1 属 2 种 1 变种

1. 八角枫属 *Alangium* Lem.　2 种 1 变种

分种检索表

1. 叶卵圆形或心脏形，3 ～ 5 裂，叶柄长 2 ～ 7 cm；花瓣长 2 ～ 3 cm.......................................
   .... 瓜木 *A. platanifolium* Harms.
1. 叶卵形或近圆形，全缘或 2 ～ 3 裂；叶柄长 1.5 ～ 3.5 cm；花瓣长 0.8 ～ 1.2 cm。
   2. 叶先端渐尖；花较多，每花序由 8 ～ 30 朵组成腋生二歧聚伞花序，花瓣、雄蕊 6 ～ 8.......

……………………………………………………………………………………八角枫 *A. chinense* Harms.

2. 叶先端锐尖；花较少，每花序仅有 3 ～ 6 花，花瓣、雄蕊均为 8………………………………………

……………………………………………………………稀花八角枫 *A. chinense* Harms var. *pauciflorum* Fang

七十二、五加科 Araliaceae　6 属 18 种 6 变种

分属检索表

1. 羽状复叶或 2 回羽状复叶；大型圆锥花序；干具皮刺 ………………………… 楤木属 *Aralia* Linn.
1. 单叶或掌状复叶。
  2. 常绿。
    3. 攀援藤本，无刺；单叶或具裂片 ………………………………………………常春藤属 *Hedera* Linn.
    3. 乔木或灌木。
      4. 叶全缘或 2 ～ 3 裂，基部 3 主脉……………………………………… 梁王茶属 *Nothopanax* Miq.
      4. 叶全为掌状开裂，灌木；无刺；花柱 2，离生 ………… 通脱木属 *Tetrapanax* K. Koch.
  2. 落叶乔木或灌木，常具刺，单叶或掌状复叶。
      5. 掌状复叶；茎具刺或无刺；花柱 2 ～ 3，或多少结合 …… 五加属 *Acanthopanax* Miq.
      5. 单叶，全缘或掌状开裂；茎具刺；花柱合生成柱状 ……………刺楸属 *Kalopanax* Miq.

1. 楤木属 *Aralia* Linn.　2 种

分种检索表

1. 叶面稍粗糙，叶背沿脉上被短柔毛 …………………………………………………… 楤木 *A. chinensis* Linn.
1. 叶面光滑，叶背粉绿，仅肋上疏被短柔毛 ……… 黄花楤木 *A. chinensis* Linn. var. *nuda* Nakai

2. 常春藤属 *Hedera* Linn.　1 种

常春藤 *H.nepallensis* K. Koch. var. *sinensis* Rehd.

3. 五加属 *Acanthopanax* Miq.　12 种 4 变种

分种检索表

1. 花柱合生成柱状。
  2. 枝刺细长，直而不弯。
    3. 小叶常 3 罕 4 ～ 5，革质，下面灰白色 ………… 蜀五加 *A. setchuenensis* Harms ex Diels.
    3. 小叶 3 ～ 5，纸质或膜质，下面非灰白色。

4. 叶两面无毛 .... 藤五加 *A. leucorhizus* Harms.

4. 叶下面脉上被黄色短柔毛。

5. 小叶 3 ～ 5，上面有糙毛，缘具单锯齿或稍近复锯齿，无细刺 .... 毛叶藤五加 *A.leucorhixus* Harms var. *fuloescens* Harms. et Rend.

5. 小叶常 5，上面粗糙，边缘具明显复锯齿，中脉和小叶柄有细刺 .... 狭叶藤五加 *A. leucorhizus* Harms. var. scaberulus Harms.

2. 枝刺粗壮，通常弯曲；小叶 5，稀 3，上面粗糙，下面脉上有短柔毛；叶柄密生粗短毛 .... 糙叶五加 *A. henryi* Harms.

1. 花柱离生或中部以下合生，至少柱头开展。

6. 子房 5 室或 4 ～ 2 室。

7. 植物体无刺；小叶 3，与总叶柄着生处具簇毛 .... 三叶五加 *A. eodiaefolius* Franch.

7. 植物体具刺；单叶或 3 小叶。

8. 花柱离生或几离生。

9. 单叶或具 3 小叶；小叶无柄或具短柄，长仅 5 mm... 离柱五加 *A. eleutheristylus* Hoo

9. 在枝上部为单叶，中、下部单叶 3 深裂或具 3 小叶 .... 单叶离柱五加 *A. eleutheristylus* Hoo var. *simplex* Hoo

8. 花柱基部或中部以下合生，稀几全合生，仅顶端离生。

10. 小叶全部边缘或除基部外有整齐重锯齿或单锯齿。

11. 小叶侧脉 6 ～ 10 对；伞形花序较大，直径 3 ～ 4 cm... .... 太白五加 *A. stenophyllus* Harms.

11. 小叶侧脉约 5 对；伞形花序较小，直径 1.5 ～ 2.5 cm.. .... 红毛五加 *A. giraldii* Harms.

10. 小叶边缘下部 1/3 ～ 1/2 全缘，其余部分有钝齿或细牙齿状。

12. 小叶上面脉上疏生短刺，网脉下陷；花柱仅基部合生 .... 狭叶五加 *A. wilsonii* Harms.

12. 小叶上面脉上无短刺，网脉不下陷；花柱合生仅顶离生 .... 匙叶五加 *A. rehderianus* Harms.

6. 子房 2 室。

13. 伞形花序顶生.. 白簕 *A. trifoliatus* Merr.

13. 伞形花序腋生或生于短枝顶端。

14. 小叶下面无毛，仅脉腋有簇毛 .... 五加 *A.gracilistylus* W.W.Smith.

14. 小叶下面被毛 。

15. 小叶下面被短柔毛 .... 短毛五加 *A. gracilistylus* W.W.Smith.var. *pubescens* Li

15. 小叶下面被长柔毛 .... 柔毛五加 *A. gracilistylus* W.W.Smith.var.*villosulus* Li

4. 梁王茶属 *Nothopanax* Miq.　1种

梁王茶 *N.davidii* Harms.

5. 刺楸属 *Kalopanax* Miq.　1种2变种

分种检索表

1. 叶浅裂，裂片卵形。
  2. 叶下面疏被短柔毛 ………………………………………… 刺楸 *K. septemlobus* Koidz.
  2. 叶下面密被短柔毛 …………………… 浅裂刺楸 *K. septemlobus* Koidz.var.*magnificus* Nakai
1. 叶深裂，裂片长圆状披针形，下面密被短柔毛 ……………………………………………………
  ………………………………………… 深裂刺楸 *K. septemlobus* Koidz. var. *maximowiczii* Hara

6. 通脱木属 *Tetrapanax* K.Koch.　1种

通脱木 *T. papyriferus* K. Koch.

七十三 山茱萸科 Cornaceae　6属18种3变种

分属检索表

1. 花两性；聚伞，伞形或头状花序；核果。
  2. 聚伞花序，花外无总苞；核果亚圆球形 ……………………………… 梾木属 *Cornus* Linn.
  2. 伞形或头状花序，花外被总苞；核果椭圆形或矩圆形。
    3. 伞形花序，总苞片小型，淡黄色，开花后即脱落；核果长椭圆形，彼此不连合 …………
    ……………………………………………………………… 山茱萸属 *Macrocarpium* Nakai
    3. 头状花序，总苞片大型，白色，开花后宿存；核果矩圆形，彼此密切连合，成圆球形肉质的聚花果 ………………………………………… 四照花属 *Dendrobenthamia* Hutch.
1. 花单性，稀为杂性；果核果或浆果状。
  4. 叶对生，常绿性；圆锥花序顶生；子房1室1胚珠 ……………… 桃叶珊瑚属 *Aucuba* Thunb.
  4. 叶互生，落叶性。
    5. 叶脉羽状，叶缘有腺齿；叶柄不呈鞘状；雌花数朵成聚伞花序，常着生于叶表面 ………
    ……………………………………………………………… 青荚叶属 *Helwingia* Willd.
    5. 叶脉掌状，叶缘常具5裂片；叶柄鞘状，基部抱茎；雌雄花多朵组成下垂顶生圆锥花序，不生于叶片上 ………………………………………… 鞘柄木属 *Toricellia* DC.

1. 梾木属 *Cornus* Linn.　11种

分种检索表

1. 叶互生，宽卵形或宽椭圆状卵形，顶端突渐尖；核顶端有近四方形白孔穴 ……………………………灯台树 *C. contrversa* Hemsl. ex Prain.

1. 叶对生；果核顶端无孔穴。

2. 花柱圆锥形。

3. 叶下面有贴生短柔毛。

4. 叶下面被疏的平贴细柔毛和密的乳头状凸起，侧脉细弱，5～8对 ……………………………凉山梾木 *C. alsophila* W. Smith.

4. 叶下面有较粗的贴生短柔毛和明显的乳头状凸起；主侧脉在下面凸起而显著。

5. 老枝淡黄色；叶卵形至长圆形，下面淡白色；花序有紧贴短柔毛 ……………………………沙梾 *C. bretschneideri* L. Henry

5. 老枝紫红色或黑色；叶卵形宽卵形，卵状椭圆形。

6. 叶下面脉腋有簇生毛；叶卵状椭圆形，侧脉5～6对，下面脉上被短柔毛 ……………………………红椋子 *C. hemsleyi* Schneid et Wanger.

6. 叶下面脉上无簇生毛；叶椭圆形至卵状椭圆形，侧脉3～4（5）对，下面被平贴短柔毛 ……………………………光皮梾木 *C. wilsoniana* Wanger.

3. 叶下面有卷曲毛。

7. 叶宽卵形至宽椭圆形，长9～15 cm；侧脉6～7对 ……………………………卷毛梾木 *C. ulotricha* Schneid et Wanger.

7. 叶卵状椭圆形至长椭圆形，长6～13 cm，侧脉（6）7～9对 ……………………………黑椋子 *C. poliophylla* Schneid et Wanger.

2. 花柱棍棒形。

8. 叶具侧脉5～8对；雄蕊与花瓣等长……………………………梾木 *C.macrophylla* Wall.

8. 叶具侧脉（2）3～5对；雄蕊不伸出花外。

9. 灌木；叶椭圆状披针形至披针形，稀长圆卵形，侧脉（2）3（4）对，下面被极少短柔毛或近无毛 ……………………………小梾木 *C. paucinervis* Hance

9. 乔木，叶椭圆形至卵状椭圆形，侧脉4～5对，下面有平贴的短柔毛。

10. 叶长椭圆形至椭圆形，下面有较粗的贴生短柔毛，侧脉，4（5）对，萼裂片与花盘近等长……………………………毛 梾 *C.wallteri* Wanger.

10. 叶卵状椭圆形，下面有较细贴生短柔毛；侧脉4对；萼裂片稍长于花盘 ……………………………尖叶梾木 *C. koehneana* Wanger.

2. 山茱萸属 *Macrocarpium* Nakai　2 种

分种检索表

1. 总花梗长约 2 mm；萼裂片宽三角形；果长 1.2 ～ 1.7 cm；叶下面脉腋密被淡褐色簇毛 ……………………………………………………………………………………………… 山茱萸 *M. officinale* Nakai
1. 总花梗长为 1.2 cm；萼裂片三角状披针形；果长 6 ～ 8 mm；叶下面脉腋密被灰色簇毛 ……………………………………………………………………………………… 川鄂山茱萸 *M. chinense* Hutch.

3. 四照花属 *Dendrobenthamia* Hutch.　1 种 1 变种

分种检索表

1. 叶常绿，革质，长圆椭圆形，稀卵状椭圆形或披针形，下面密生白色贴生短柔毛；侧脉 3 ～ 4 对，有时脉腋簇生细柔毛 …………………………………………………… 尖叶四照花 *D. angustata* Fang
1. 叶脱落，纸质，卵形或卵状椭圆形，下面粉绿色，脉腋簇生白色绢状毛 ……………………………………………………………………………………………… 四照花 *D. japonica* Fang var. *chinensis* Fang

4. 桃叶珊瑚属 *Aucuba* Thunb.　1 种

西藏桃叶珊瑚 *A.himalaica* Hook.f. et Thoms.

5. 青荚叶属 *Helwingia* Willd.　2 种 1 变种

分种检索表

1. 落叶灌木；叶纸质。
   2. 叶纸质，卵形，卵圆形或卵状椭圆形，边缘为刺状细锯齿；托叶撕裂状，长约 4 ～ 6 mm ……………………………………………………………………………………… 青荚叶 *H. japonica* Dietr.
   2. 叶厚纸质，线状披针形或卵状披针形，边缘有腺状钝锯齿 ……………………………………………………………………………………… 中华青荚叶 *H. chinensis* Batal.
1. 常绿小乔木或灌木；叶革质，长圆形或长圆椭圆形，边缘有紧贴锯齿 ……………………………………………… 长圆叶青荚叶 *H.omeiensis* Hara et Kurosawa var.*oblonga* Fang

6. 鞘柄木属 *Torricelia* DC.　1 种 1 变种

分种检索表

1. 叶裂片边缘全缘 …………………………………………………… 角叶鞘柄木 *T. angulata* Oliv.

1. 叶裂片边缘有牙齿状锯齿 .... 有齿鞘柄木 *T. angulata* Oliv. var. *intermedia* Hu

七十四、杜鹃花科 Ericaceae　6 属 24 种 1 亚种 3 变种

分属检索表

1. 子房上位，蒴果，或浆果。
  2. 蒴果。
    3. 蒴果胞间开裂，多常绿乔木或灌木 .... 杜鹃花属 *Rhododendron* Linn.
    3. 蒴果胞背开裂。
      4. 花常为顶生伞形花序 ....吊钟花属 *Enkianthus* Lour.
      4. 花常为腋生总状或圆锥花序。
        5. 花药有芒；蒴果缝线不加厚 ....马醉木属 *Pieris* D. Don.
        5. 花药无芒；蒴果缝线明显加厚 ....南烛属 *Lyonia* Nutt.
  2. 浆果；矮小匍匐灌木 .... 北极果属 *Arctous* Nied.
1. 子房下位；浆果 ....乌饭树属 *Vaccinium* Linn.

1. 杜鹃花属 *Rhododendron* Linn.　19 种 1 亚种

分种检索表

1. 叶下面具枇鳞。
  2. 叶小，长 1 ～ 3 cm；花冠紫蓝色 .... 头状杜鹃 *R. capitatum* Maxim.
  2. 叶较大，长 3 ～ 8 cm；花冠白色，粉红色或淡紫色。
    3. 花冠白色，雄蕊花丝无毛，花呈密集总状花序 .... 照山白 *R. micranthum* Turcz.
    3. 花冠粉红色或淡紫色，雄蕊花丝下部有柔毛。
      4. 叶柄长 8 ～ 10 mm， 具刚毛； 花冠紫红色、粉红色或白色...
      .... 毛肋杜鹃 *R. augustinii* Hems.
      4. 叶柄长 3 ～ 5 mm，无刚毛； 花冠淡紫色。
        5. 叶常绿； 花冠内面中部以下具长柔毛 .... 秀雅杜鹃 *R. concinnum* Hemsl.
        5. 叶脱落； 花冠内面几乎光滑 .... 尖叶杜鹃 *R. mucronulatum* Turrcz.
1. 叶下面无枇鳞，有毛或无毛。
  6. 洛叶灌木，植物体被坚硬刚毛。
    7. 叶在枝顶轮生，叶缘中部以上具不明显的细锯齿； 花冠淡紫色； 雄蕊花丝无毛 ....
    .... 满山红 *R. mariesii* Hemsl. et Wils.
    7. 叶互生、全缘；花冠蔷薇色，鲜红色或深红色； 雄蕊花丝下部有短柔毛 ....

.... 杜鹃花 *R.simsii* Planch.

6. 常绿灌木或小乔木。

8. 叶成长后两面无毛。

9. 花萼 7 裂，被腺毛；花冠 7～8 裂，雄蕊 14 枚，子房无毛 ....山光杜鹃 *R. oreodoxa* Franch.

9. 花萼 5 裂；花冠 5 裂，雄蕊 10 枚，子房被毛或无毛。

10. 叶簇生于枝顶或节；倒卵形或长方倒卵形 .... 长蕊杜鹃 *R. stamineum* Franch.

10. 叶非簇生，长圆状披针形或长圆形 .... 太白杜鹃 *R. purdomii* Rehd. et Wils.

8. 叶上面初被毛或无毛，下面被厚毛。

11. 叶下面被薄毛 1～2 层，白色或淡灰色。

12. 叶下面仅中脉有毛，至少幼时中脉有毛。

13. 花冠 6～7 裂；雄蕊 10 枚。

14. 叶长 18～30 cm，宽 5～7 cm；蒴果长 1.5～2.5 cm.. 美容杜鹃 *R. calophytum* Franch.

14. 叶长 12～25 cm，宽 3～6.5 cm；果长 3～4 cm... 四川杜鹃 *R. sutchuenensii* Franch.

13. 花冠 5 裂；雄蕊 10 枚。

15. 雄蕊 14 枚，花丝无毛；蒴果长 2～3 cm；被腺毛...粉红杜鹃 *R. fargesii* Francn.

15. 雄蕊 10 枚，花丝基部被短柔毛；蒴果长 1～2.2 cm；被红褐色柔毛 .... 麻花杜鹃 *R. maculiferum* Franch.

12. 叶下面全部被毛。

16. 叶下面被卷毛。

17. 叶下面被蚕茧状丛卷毛，子房无毛 .... 粉白杜鹃 *R. hypoglaucum* Hemsl.

17. 叶下丛面被毡状卷毛，子房被毛 .... 汶川杜鹃 *R. hunewellianum* Rehd.et Wils.

16. 叶下面被褐色茸毛，子房无毛 .... 青海杜鹃 *R. przewalskii* Maxim.

11. 叶下面被厚毛，两层，上层毛黄棕色或红褐色，或叶背面具黄棕色茸毛状毛。

18. 叶长 3～9 cm。

19. 叶簇生于当年枝端，披针形或狭倒卵状披针形，长 5～9 cm.. 弯杜鹃 *R.recuroum* Balf. f. et. Fores.

19. 叶互生，椭圆形或倒披针形，长 3～6 cm................. 干净杜鹃 *R. actersile* Franch.

18. 叶长 6～15 cm.. 金背杜鹃 *R.clementinae* ForrestexW.W.Sm.subsp.*aureodorsale*W.P.Fang

2. 吊钟花属 *Enkianthus* Lour. 1 种

吊钟花 *E. chinensis* Franch.

3. 马醉木属 *Pieris* D. Don. 1 种

马醉木 *P. formosana*（Wall.）D. Don.

4. 南烛属 *Lyonia* Nutt. 1 变种

缐木 *L. ovalifolia* Drude var. *elliptica* Hand.

5. 北极果属 *Arctous* Nied. 1 种

北极果 *A.alpinus*（Linn.）Nied.

6. 乌饭树属 *Vacinium* Linn. 2 种 2 变种

分种检索表

1 叶常绿，叶缘具钝锯齿。

2. 花序顶牛，匍匐半灌木，高约 10 cm.................. 越橘 *V.vitis-idueu* Linn. var. *mtnus* Schneid.

2. 花序或单花腋生；直立灌木，高 1 ～ 4 m。

3. 叶缘具刺毛状细锯齿；花常单生 .... 小叶梨状越橘 *V. japonicum* Miq. var. *sinicum* Rehd.

3. 叶缘具细钝锯齿；总状花序长 3 ～ 10 cm.............................. 米饭花 *V.sprengelii* SleuMer.

1. 叶脱落，全缘，幼枝密生柔毛 .... 无梗越橘 *V. henryi* Hems.

七十五、紫金牛科 Myrsinaceae 2 属 4 种 1 变种

分属检索表

1. 伞形或聚伞花序或由上述花序组成圆锥花序，有长总花梗或着生于花枝顶端；花冠片螺旋状排列；花两性 .... 紫金牛属 *Ardisia* Sw.

1 伞形花序或花簇生，腋生，侧生或生于无叶的老枝叶痕上；花冠裂片覆瓦状或镊合排列；花两性或杂性 .... 铁仔属 *Myrsine* Linn.

1. 紫金牛属 *Ardisia* Sw.　3 种 1 变种

分 种 检 索 表

1. 叶常对生或轮生，缘具细锯齿 .... 紫金牛 *A. japonica* Bl.
1. 叶常互生，全缘或具波状齿。
  2. 叶长 5 ～ 7 cm，两面均突起腺点 .... 珠砂根 *A. crenata* Sims.
  2. 叶长 6 ～ 20 cm，仅边缘具腺。
    3. 侧脉微弯，近直立；叶长 6 ～ 15 cm .... 百两金 *A. crispa* DC.
    3. 侧脉弯曲上升；叶长 12 ～ 20 cm .... 细柄百两金 *A. crispa* DC. var. *dielsi* Walk.

2. 铁仔属 *Myrsine* Linn.　1 种

铁仔 *M. africana* Linn.

七十六、柿树科 Ebenaceae　1 属 4 种 1 变种

1. 柿树属 *Diospyros* Linn.　4 种 1 变种

分 种 检 索 表

1. 常绿灌木或小乔木；枝条具刺。
  2. 果梗长约 1 cm，密被灰褐色刚毛 .... 瓶兰花 *D. armata* Hemsl.
  2. 果梗长约 1.5 ～ 2.5 cm，几光滑 .... 乌柿 *D. cathayensis* A. N. Steward.
1. 落叶乔木，枝无刺。
  3. 小枝及叶具褐色毛；果大，直径 1.5 ～ 7 cm。
    4. 果径 3.5 ～ 7 cm；叶梗疏生短柔毛 .... 柿树 *D. kaki* L. f.
    4. 果径 1.5 ～ 5 cm；叶柄密被黄色短柔毛 .... 油柿 *D. kaki* L.f.var. *silvestris* Makino
  3. 小枝及叶具灰色毛；果小，直径约 1.5 cm .... 君迁子 *D. latus* Linn.

七十七、山矾科 Symplocaceae　1 属 3 种

1. 山矾属 *Symplocos* Jacq.　3 种

分 种 检 索 表

1. 叶脱落；圆锥花序长 4 ～ 8 cm。

2. 圆锥花序上的花全部具梗；核果无毛 .... 白檀 *S. paniculata* Miq.

2. 圆锥花序上部的花几无梗；核果被柔毛...华山矾 *S. chinensis* Druce

1. 叶常绿；总状花序长 5 ～ 8 cm ....薄叶山矾 *S. anomala* Brand.

七十八、野茉莉科 Styracaceae　2 属 4 种

分属检索表

1. 子房上位；果实无棱或翅 .... 野茉莉属 *Styrax* Linn.

1. 子房下位；果实具棱或翅 .... 白辛树属 *Pterostyrax* Sieb.et Zucc.

1. 野茉莉属 *Styrax* Linn. 3 种

分种检索表

1. 花萼光滑；花梗长 2 ～ 4 cm ....野茉莉 *S. japonica* S. et Z.

1. 花萼被茸毛或短柔毛；花梗长 1.5 cm 以下。

2. 叶卵形，椭圆形或倒卵状椭圆形；果梗长 4 ～ 7 mm，被褐茸毛 .... 老鸹岭 *S. hemsleyana* Diels.

2. 叶长椭圆形或椭圆状披针形，果梗长约 10 mm；被灰茸毛 .... 乳白野茉莉 *S. veitchiorum* Hemsl. et Wils.

2. 白辛树属 *Pterostyrax* Sieb. et Zucc. 1 种

白辛树 *P. psillophylla* Diels.

七十九、木犀科 Oleaceae　7 属 44 种 6 变种 1 变型

分属检索表

1. 翅果，椭圆形至线形，果具伸长的顶端翅，花无花瓣或具 2 或 4 狭花瓣，羽状复叶 .... 白蜡树属 *Fraxinus* Linn.

1. 蒴果或核果，浆果。

2. 蒴果。

3. 花黄色，具覆瓦状裂片；枝中空或具片状髓；叶通常具锯齿........ 连翘属 *Forsythia* Vahl.

3. 花非黄色（红、紫、白色），具镊合状裂片；枝具实髓；叶全缘或羽状复叶................. .... 丁香属 *Syringa* Linn.

2. 核果或浆果。

4. 羽状复叶，罕单叶，对生或互生；花黄色；果常双生或其中 1 个不育而为单生 ……………………………………………………………………………………茉莉属 *Jasminum* Linn.

4. 单叶，对生；花白色；果非双生。

5. 花序常下垂；花冠裂片长为花冠管数倍 ……………………………… 流苏树属 *Chionanthus* L.

5. 花序常直立；花冠裂片较花冠管短。

6. 花序顶生；花冠裂片在蕾时镊合状排列；叶全缘 ………….女贞属 *Ligustrum* Linn.

6. 花序腋生；花冠裂片在蕾时覆瓦状排列；叶全缘或具锯齿 ……………………………………………………………………………… 木樨属（桂花属）*Osmanthus* Lour.

1. 白蜡属 *Fraxinus* Linn.　11 种 3 变种

分种检索表

1. 圆锥花序顶生于带叶枝条上。

2. 花具花瓣。

3. 小叶全缘，下面密被细小坑状腺 ………………………………………… 光蜡树 *F.griffithii* C.B.Clarke

3. 小叶具锯齿。

4. 小叶 3 ～ 5，罕 7，卵形，披针形或长圆状披针形，具短柄。

5. 小叶柄长 4 ～ 18 mm，小叶宽 2.5 cm 以上。

6. 小叶长 10 ～ 15 cm；缘具细短锯齿 ……………………………… 苦枥木 *F. retusa* Champ.

6. 小叶长 4.5 ～ 10 cm，缘具整齐锯齿 ……………………………………………………………………………… 湖北苦枥木 *F. retusa* Champ. var. *henryana* Oliv.

5. 小叶柄长 2 ～ 4 mm，小叶宽 2.5 cm 以下。

7. 小叶下面无毛 …………………………………………………………户县白蜡树 *F.fallax* Lingelsh.

7. 小叶下面沿中脉被细柔毛 ……………………………………………………………………………… 宿柱白蜡树 *F. stylosa* Lingelsh.

4. 小叶 7 ～ 9，长圆形或卵状长圆形，无柄或近无柄 ……………………………………………………………………………… 秦岭白蜡树 *F. paxiana* Lingelsh.

2. 花无花瓣。

8. 小叶狭披针形 …………………………………………………………… 细叶白蜡树 *F. baroniana* Diels.

8. 小叶卵形或椭圆形。

9. 小叶 7 ～ 9。

10. 当年生小枝，叶轴无毛；叶下面沿中脉具短柔毛 ………..白蜡树 *F. chinensis* Roxb.

10. 当年生小枝，叶轴和叶下面具较密的短柔毛 ……………………………………………

.... 陕西白蜡树 *F.chinensis* Roxb var. *tomentosa* Lingelsh.

9. 小叶 3～7。

11. 小叶披针形或卵状披针形，缘具锐锯齿 ....
.... 尖叶白蜡树 *F. chinensis* Roxb. var. *acuminata* Lingelsh.

11. 小叶宽卵形或倒卵形，缘具钝锯齿 ....
.... 大叶白蜡树 *F. rhynchophylla* Hance

1. 圆锥花序侧生或腋生于二年生无叶枝上。

12. 花无花萼；翅果扭曲；叶轴具狭翅，基部不膨大 .... 水曲柳 *F. mandshurica* Rupr.

12. 花具花萼；翅果扁平；叶轴无翅，基部膨大。

13. 当年生小枝，花序轴无毛 .... 象蜡树 *F. platypoda* Oliv.

13. 当年生小枝，花序轴被较密的短柔毛 .... 毛序象蜡树 *F. inopinata* Lingelsh.

2. 连翘属 *Forsythia* Vahl. 3 种

分种检索表

1. 枝条髓部中空，仅节部具实髓；叶常呈三出复叶或三裂 ....连翘 *F. suspensa* Vahl.

1. 枝条髓部成片状。

2. 叶椭圆形或倒卵状椭圆形，全缘或具稀疏小锯齿，两面被短柔毛，下面较密 ....
.... 秦连翘 *F. giraldiana* Lingelsh.

2. 叶椭圆状长圆形至披针形，边缘上部有粗锯齿，两面无毛 ... 金钟花 *F. viridissima* Lindl.

3. 丁香属 *Syringa* Linn. 14 种 2 变种

分种检索表

1. 奇数羽状复叶 .... 羽叶丁香 *S. pinatifolia* Hemsl.

1. 单叶。

2. 花冠管远长于花萼；雄蕊无花丝。

3. 圆锥花序由顶芽生出，基部常带叶。

4. 花冠管漏斗状，由中部向上渐阔。

5. 圆锥花序直立；花药不达喉部 ....辽东丁香 *S. wolfii* Schneid.

5. 圆锥花序低头或下垂；花药达喉部。

6. 圆锥花序具短分枝；蒴果具显著瘤状皮孔 .... 垂丝丁香 *S. reflexa* Schneid.

6. 圆锥花序无分枝；蒴果无瘤状皮孔或微有瘤状皮孔 ....
.... 四川丁香 *S. sweginxowii* Schneid.

4. 花冠管圆柱状或近之，裂片开展，花药达喉部；叶下面仅脉上被长柔毛 ……………………………………………………………………………………… 红丁香 *S.villosa* Vahl.

3. 圆锥花序由侧芽生出，顶芽常短。

7. 叶下面被毛或至少在中脉上被毛。

8. 雄蕊着生于花冠筒喉部以下；小枝通常具短柔毛。

9. 叶上面无毛或近无毛，下面仅脉上被毛；花粉红色 ……………………………………………………………………………… 秦岭丁香 *S. giraldiana* Schneid.

9. 叶上面被短柔毛，下面密被短柔毛及长绵毛；花淡紫色。

10. 花萼被短柔毛或疏柔毛 ……………………………… 山丁香 *S. potanini* Schneid.

10. 花萼无毛……………………………………………… 紫丁香 *S. iulianae* Schneid.

8. 雄蕊着生于花冠筒中上部。

11. 花冠筒长约 1 cm；叶下面通常被毛 ………………… 小叶丁香 *S. microphylla* Diels.

11. 花冠筒长超过 1 cm；叶下面近基部脉上被毛 ……… 毛叶丁香 *S. pubescens* Turcz.

7. 叶无毛。

12. 叶宽卵形或卵形，基部亚心形到宽楔形。

13. 叶宽大于长；雄蕊着生于花冠筒中部以上。

14. 花兰紫色…………………………………………… 华北紫丁香 *S. oblata* Lindl.

14. 花白色 ……………………………… 白花丁香 *S. oblata* var. *alba* Hort. et Rehd.

13. 叶长大于宽；雄蕊着生于花冠筒上部，但未达喉部 ……. 洋丁香 *S. vulgaris* Linn.

12. 叶长圆状卵形到长圆状披针形，常 3 ～ 7 裂，基部楔形 ……………………………………………………………………………………… 花叶丁香 *S. persica* Linn.

2. 花冠筒与花萼等长或稍长；花药具细长花丝。

15. 叶卵形至卵状披针形，基部宽楔形或近圆形，下面侧脉不凸起，无毛 ……………………………………………………………………………………… 北京丁香 *S. pekinensis* Rupr.

15. 叶卵形至宽卵形，基部圆形或亚心形，下面侧脉凸起，疏生短柔毛或近无毛 ……………………………………… 无毛暴马丁香 *S. reticulata* Hara var. *mandshurica* Hara

4. 茉莉属 *Jasminum* Linn.　2 种 1 变种 1 变型

分 种 检 索 表

1. 叶对生。

2. 小叶长 6.5 ～ 11 cm…………………… 清香藤 *J.lanceolarium* Roxb. var. *puberulum* Hemst.

2. 小叶长 0.6 ～ 3.1 cm ……………………………………………… 迎春花 *J. nudiflorum* Lindl.

1. 叶互生 。

3. 小叶常光滑，长 0.5 ～ 1.5 cm............... 小叶黄素馨 *J.humile* Linn. form. *microphyllum* Chia
3. 小叶初被长柔毛，长 1.5 ～ 3.5 cm.. 黄素馨 *J. giraldii* Diels.

5. 流苏树属 *Chionanthus* L. 1 种

流苏树 *C. retusa* Lindl.

6. 女贞属 *Ligustrum* Linn.　10 种

分种检索表

1. 花冠筒较花冠裂片短或等长。
  2. 叶长 8 ～ 15 cm。
    3. 叶较厚；花序紧密，常于轴上具对生披针状苞片 ....女贞 *L. lucidum* Ait. f.
    3. 叶较薄；花序疏散，常无苞片 .... 长叶女贞 *L. compactum* Hook.f. et Thoms.
  2. 叶长 1.5 ～ 5 cm。
    4. 叶两面无毛；花无梗...小叶女贞 *L. quihoui* Carr.
    4. 叶下面中脉有短柔毛；花具梗 .... 小蜡 *L. sinense* Lour.
1. 花冠筒较花冠裂片长 2 ～ 3 倍。
  5. 叶常绿。
    6. 叶先端钝渐尖，上面中脉被短柔毛，花序狭，近圆筒形.......兴山水蜡树 *L. henryi* Hemsl.
    6. 叶先端钝圆；叶脉无毛；花序开展 .... 圆叶水蜡 *L. strongylophyllum* Hemsl.
  5. 叶脱落。
    7. 叶两面被短柔毛。
      8. 花萼、花梗无毛或花梗疏生柔毛；雄蕊达花冠裂片之半；叶先端常长渐尖 .... 蜡子树 *L. acutisimum* Koehne
      8. 花萼，花梗被短柔毛，雄蕊与花冠裂片近等长；叶先端钝 .... 水蜡树 *L. obtusifolium* Sieb. et Zucc.
    7. 叶两面无毛或于脉上被毛。
      9. 花序广，开展；叶长 6 ～ 12 cm.. 疏散水蜡树 *L. expansum* Rehd.
      9. 花序狭，近圆筒形；叶长 4 ～ 8 cm................................. 总梗水蜡树 *L.pedunculare* Rehd.

7. 木犀属 *Osmanthus* Lour.　3 种

分种检索表

1. 小枝无毛；叶全缘或疏生细锯齿 ....桂花 *O. fragrans* Lour.

1. 小枝被短柔毛；叶缘具疏刺齿。

  2. 叶柄红色……………………………………………………………………………红柄木 *O. armatus* Diels.

  2. 叶柄绿褐色…………………………………………………………………………管花木犀 *O. venosus* Pamp.

八十、马钱科 Loganiaceae　2 属 6 种 1 变种

分属检索表

1. 直立灌木或乔木；花冠筒状或漏斗状；蒴果………………………………………醉鱼草属 *Buddleja* Linn.

1. 攀援灌木；花冠辐状；浆果……………………………………………………………蓬莱葛属 *Gardneria* Wall.

1. 醉鱼草属 *Buddleja* Linn.　5 种 1 变种

分种检索表

1. 叶互生 ……………………………………………………………………………互叶醉鱼草 *B. alternifolia* Maxim.

1. 叶对生。

  2. 雄蕊着生于近花冠喉部。

    3. 花萼外面和花冠外面完全无毛 ………………………………………巴东醉鱼草 *B. albiflora* Hemsl.

    3. 花萼外面和花冠外面均被星状短柔毛……………………………………………………………………
    ………………………………………………………周至醉鱼草 *B. albiflora* Hemsl. var.*giraldii* Rehd.et Wils.

  2. 雄蕊着生于花冠筒中部。

    4. 子房无毛；叶卵状披针形或狭披针状长圆形 ……………………大叶醉鱼草 *B. davidii* Franch.

    4. 子房被毛。

      5. 小枝被茸毛，后渐脱落；叶基楔形，边缘全缘或有小锯齿 …………………………………………
      ……………………………………………………………………………………………密蒙花 *B. officinalis* Maxim.

      5. 小枝被白茸毛，不脱落；叶基几乎圆形，边缘具粗齿 ...... 雪白醉鱼草 *B. nivea* Duthie

2. 蓬莱葛属 *Gardneria* Wall.　1 种

蓬莱葛 *G. multiflora* Makino.

八十一、夹竹桃科 Apocynaceae　2 属 3 种 1 变种

分属检索表

1. 直立灌木；花冠喉部有鳞片状附属体 ………………………………………………夹竹桃属 *Nerium* Linn.

1. 缠绕灌木；花冠喉部无鳞片状附属体 .... 络石属 *Trachelospermum* Lem.

1. 夹竹桃属 *Nerium* Linn.　1 种

夹竹桃 *N.indicum* Mill.

2. 络石属 *Trachelospermum* Lem.　2 种 1 变种

分种检索表

1. 花白色，集成顶生或近顶生聚伞状圆锥花序。
    2. 花冠喉部具疏长柔毛；花药隐藏于花冠喉内 ....络石 *T. jasminoides* Lem.
    2. 花冠喉部光滑，花药伸出花冠管外 ....
    .... 细梗络石 *T.gracilipes* Hook. f. var. *hupehense Tsiang* et P.T. Li
1. 花紫色或橙色，集成腋生伞状聚伞花序..紫花络石 *T. axilare* Hookf.

八十二、萝藦科 Asclepiadaceae　4 属 7 种

分属检索表

1. 副花冠异型，花丝离生；花粉颗粒状 ....杠柳属 *periPloca* Linn.
1. 副花冠同型，花丝合生；花粉黏合成块状。
    2. 花粉块下垂。
        3. 副花冠呈五个小叶状，极短，不到合蕊柱一半 ....秦岭藤属 *Biondia* Schltr.
        3. 副花冠杯状，高出于雄蕊上 ....鹅绒藤属 *Cynanchum* Linn.
    2. 花粉块直立...南山藤属 *Dregea* E. Meyer.

1. 杠柳属 *Periploca* Linn.　2 种

分种检索表

1. 叶长 4 ～ 10 cm，宽 1.2 ～ 3 cm；花冠裂片有一个硬斑 ....杠柳 *P. sepium* Bunge
1. 叶长 2 ～ 4.5 cm，宽 3 ～ 8 mm；花冠裂片无硬斑 .... 小叶杠柳 *P. forrestii* Schlechte

2. 秦岭藤属 *Biondia* Schlty.　2 种

分种检索表

1. 花序腋生；花冠近钟形；萼片卵形 ....黑水藤 *B. insignis* Tsiang

1. 花序腋外生；罕腋生；花冠壶状钟形；萼片披针形 ....秦岭藤 *B. chinensis* Schltr.

3. 鹅绒藤属 *Cynanchum* Linn.　2 种

分种检索表

1. 叶卵状心形，基部耳形或近心形。蓇葖果双生 .... 耳叶白前（牛皮消）*C. auriculatum* Royle ex Wight

1. 叶戟状长圆形；基部耳状心形。蓇葖果通常单生 .... 峨眉牛皮消 *C.giraldii* Schltr.

4. 南山藤属 *Dregea* E. Meyer.　1 种

中华南山藤 *D. sinensis* Hemsl.

八十三、紫草科 Boraginaceae　1 属 1 种 1 变种

1. 厚壳树属 *Ehretia* Linn.　1 种 1 变种

分种检索表

1. 叶下面被柔毛，上面被糙毛 .... 粗糠树 *E. macrophylla* Wall.

1. 叶光滑或上面疏生短毛 .... 厚壳树 *E. acuminata* R. Br. var. *oboata* Johnst.

八十四、马鞭草科 Verbenaceae　5 属 9 种 4 变种

分属检索表

1. 掌状复叶 ....牡荆属 *Vitex* Linn.

1. 单叶。

  2. 果实蒴果状；花序常腋生.. 莸属 *Carryopteris* Bunge

  2. 果实核果状；花序腋生或顶生。

    3. 果序腋生；花冠整齐，4 裂；雄蕊 4，等长 ....紫珠属 *Callicarpa* linn.

    3. 花序顶生；花冠歪斜，4 ～ 5 裂；雄蕊 4 ～ 5，不等长。

      4. 雄蕊 4；常不突出 .... 豆腐柴属 *Premna* L.

      4. 雄蕊 4 ～ 5，常突出 .... 海州常山属 *Clerodendrum* Linn.

1. 牡荆属 *Vitex* Linn.　1 种 1 变种

分种检索表

1. 叶全缘或具疏齿 .... 黄荆 *V. negundo* Linn.
1. 小叶羽状切裂 .... 荆条 *V. negundo* Linn. var. *heterophylla* Rehd.

2. 莸属 *Caryopteris* Bumge　1 种

莸 *C.tangutica* Maxim.

3. 紫珠属 *Calicarrpa* Linn.　3 种 2 变种

分种检索表

1. 叶具腺，常被毛；花药纵裂。
  2. 叶背被灰色星状茸毛 .... 湖北紫珠 *C. gracilipes* Rehd.
  2. 叶背被稀疏星状短柔毛，罕几光滑。
    3. 叶背被灰褐色星状短柔毛和红腺 .... 珍珠枫 *C. bodinieri* Levl.
    3. 叶背被灰白色星状短柔毛或几光滑，腺黄色。
      4. 叶背被灰白色星状短柔毛，叶倒披针形或狭椭圆形，长 8 ～ 10 cm，宽 2 ～ 4.5 cm...
      .... 罗桑氏紫珠 *C. bodinieri* Levl. var. *rosthornii* Rehd.
      4. 叶背几光滑或仅脉上被星状短柔毛 .... 老鸦糊 *C.giraldii* Hesse ex Rehd.
1. 叶无腺，光滑；花药顶端孔裂，叶椭圆状披针形或倒披针形，先端尾状渐尖 ....
.... 窄叶紫珠 *C. japonica* Thunb. var. *angustata* Rehd.

4. 豆腐柴属 *Premna* L.　1 种

狐臭柴 *P.puberula* Pamp.

5. 海州常山属 *Clerodendrum* Linn.　3 种 1 变种

分种检索表

1. 花序紧密，头状，苞片叶状，叶常具粗齿。
  2. 苞片早落，花柱较雄蕊短或等长；萼长约 4 mm .... 臭牡丹 *C. bungei* Steud.

2. 苞片晚落，花柱较雄蕊长。萼长达 1.5 cm ....臭茉莉 *C.frangrans* Wild.

1. 花序散生；聚伞状。 苞片非叶状，叶常全缘、罕具疏齿 。

3. 小枝、叶背和花序被短柔毛 .... 海州常山 *C. trichotomum* Thunb.

3. 小枝、叶背和花序光滑或几乎光滑 .... 臭老汉 *C. trichotomum* Thunb. var. *fargesii* Rehd.

八十五、唇形科 Labiatae　1 属 2 种

1. 香薷属 *Elsholtzia* Wild.　2 种

分种检索表

1. 叶长 4 ～ 8 cm；花序长 5 ～ 14 cm；花冠长约 5 mm，白色或淡黄色.. .... 木香薷 *E. fruticosa* Rehd.

1. 叶长 6 ～ 12 cm；花序长 10 ～ 20 cm；花冠长约 1 cm，玫瑰紫红色 .... 司氏香薷 *E. stauntonii* Benth.

八十六、茄科 Solanaceae　1 属 2 种

1. 枸杞属 *Lycium* Linn.　2 种

分种检索表

1. 花冠管较裂片短；叶长 3 ～ 8 cm ....枸杞 *L. chinense* Mill.

1. 花冠管较裂片长；叶长 2 ～ 6 cm ....刺枸杞 *L. halimifolium* Mill.

八十七、玄参科 Scrophulariaceae　2 属 5 种 1 变种

分属检索表

1. 灌木。花单生或成对，少有更多，或形成总状花序；冠筒短，檐部唇形明显，上唇比下长得多，花萼 5 或 2 裂 .... 来江藤属 *Brandisia* Hook.f.

1. 乔木。圆锥花序，花冠筒长，檐部唇形不明显，裂片近相等；花萼 5 裂 .... 泡桐属 *Paulownia* Sieb.et Zucc.

1. 来江藤属 *Brandisia* Hook.f. 1 种

来江藤 *B. hancei* Hook. f.

2. 泡桐属 *Paulownia* Sieb.et Zucc.　4 种 1 变种

分种检索表

1. 果实卵圆形、卵状椭圆形或椭圆形，长 3 ～ 5.5 cm；果皮较薄，厚不到 3 mm，花序金字塔形或狭圆锥形；花冠紫色或浅紫色、基部强烈向前弓曲，曲处以上突然膨大，腹部有两条明显纵褶，叶片卵状心形或长卵状心脏形。

 2. 果实卵圆形，幼时被黏质腺毛。萼深裂过一半，萼齿较萼管长或最多等长，毛不脱落；花冠漏斗状钟形。叶片下面有枝状毛或黏质腺毛。

  3. 叶片下面被茸毛，毛有较长的柄和丝状分枝，成熟时不脱落 ……………………………………………………………… 毛泡桐 *P. tomentosa* Steud.

  3. 叶片下面幼时被稀疏毛，成熟时无毛或仅残留极稀疏的毛 ……………………………………………………… 光泡桐 *P. tomentosa* Steud. var. *glabrata* S.Z.Qu

 2. 果实卵形或椭圆形，稀卵状椭圆形，幼时有茸毛。萼浅裂至 1/3 或 2/5，萼齿较萼管短，部分脱毛。叶片下面被星状毛或树枝状毛。

  4. 果实卵形，稀卵状椭圆形；花冠紫至粉白，较宽，漏斗状钟形，顶端直径 4 ～ 5 cm；叶片卵状心脏形，长宽几相等或长稍过于宽 ……………………… 兰考泡桐 *P. elongata* S.Y.Hu

  4. 果实椭圆形；花冠淡紫色，较细，管状漏斗形，顶端直径不超过 3.5 cm；叶片卵状心脏形，长约为宽的 2 倍 ……………………………………………………… 楸叶泡桐 *P. catalpifolia* Gong Tong

1. 果实长圆形或长圆状椭圆形，长 6 ～ 10 cm；果皮厚而木质化，厚约 3 ～ 6 mm；花序圆柱形；花冠管状漏斗形，白色或浅紫色，长 8 ～ 12 cm，基部仅稍稍向前弓曲，曲处以上逐渐向上扩大，腹部无明显的纵褶；叶片卵状心脏形 ……………………… 白花泡桐 *P. fortunei* Hemsl.

八十八、紫葳科 Bignoniaceae　2 属 4 种 1 变型

分属检索表

1. 藤本；羽状复叶；花具能育雄蕊 2 枚 ……………………………………………… 凌霄花属 *Campsis* Lour.

1. 乔木；单叶；花具能育雄蕊 4 枚 ………………………………………………………… 梓树属 *Catalpa* Scop.

1. 凌霄花属 *Campsis* Lour.　1 种

凌霄花 *C. grandilora* K. Schum.

2. 梓树属 *Catalpa* Scop. 3 种 1 变型

分种检索表

1. 小枝被淡黄色长硬毛或星状短柔毛。
  2. 小枝被淡黄色长硬毛；叶背仅脉上被短柔毛或几乎光滑；花淡黄色 ..... 梓树 *C.ovata* G. Don.
  2. 小枝被星状短柔毛；叶背被灰黄色星状茸毛；花粉红色 .... 灰楸 *C. fargesii* Bur.
1. 小枝光滑或仅幼嫩时被短柔毛。
  3. 花冠紫红色；果长 40 ～ 80 cm........................... 滇楸 *C.fargesii* Bur.form.*duclouxii* Gilmour.
  3. 花冠白色；果长 25 ～ 35 cm.. 楸树 *C.bungei* C. A. Mey.

八十九、茜草科 Rubiaceae 6 属 7 种 1 变种

分属检索表

1. 花极多数，密集于球状的花托上，形成球形的头状花序 .... 水团花属 *Adina* Salisb.
1. 花不密集于球状的花托上，不形成球形的头状花序。
  2. 花萼裂片不等长，有些花的裂片其中 1 片扩大成叶状，白色，宿存于果上 .... 香果树属 *Emmenopteris* Oliv.
  2. 花萼裂片等长，不扩大成叶状。
    3. 子房每室具胚珠多颗，果单生，通常先端具宿存的花萼................栀子属 *Gardenia* Ellis.
    3. 子房每室具胚珠 1 颗。
      4. 缠绕藤本；子房 2 室；果实成熟时分裂为 2 个小坚果............ 鸡矢藤属 *Paederia* Linn.
      4. 直立灌木；子房 2 ～ 5 室；蒴果或核果。
        5. 落叶灌木；子房 5 室；蒴果 .... 薄皮木属 *Leptodermis* Wall.
        5. 常绿灌木；子房 2 室；核果 .... 六月雪属 *Serissa* Comm.

1. 水团花属 *Adina* Salisb. 1 种

细叶水团花 *A.rubela* Hance.

2. 香果树属 *Emmenopteris* Oliv. 1 种

香果树 *E.henryi* Oliv.

3. 栀子属 *Gardenia* Elis.　1 种

栀子 *G.iasminoides* Elis.

4. 鸡矢藤属 *Paederia* Linn.　1 种 1 变种

分 种 检 索 表

1. 叶两面无毛或背面稍被短柔毛 .... 鸡矢藤 *P. scandens* Merr.
1. 茎、叶两面均被毛 .... 毛鸡矢藤 *P.scandens* Merr.var.*tomentosa* Hand.

5. 薄皮木属 *Leptodermis* Wall.　2 种

分 种 检 索 表

1. 叶披针形，上面叶脉不明显凸起 .... 薄皮木 *L. oblonga* Bge
1. 叶倒卵形或倒披针形，上面叶脉明显凸起 .... 显脉薄皮木 *L.nervosa* Hutch.

6. 六月雪属 *Serissa* Comm.　1 种

白马骨 *S.serisoides*（DC.）Druce.

九十、忍冬科 Caprifoliaceae　7 属 60 种 2 亚种 5 变种 2 变型

分 属 检 索 表

1. 叶为奇数羽状复叶 .... 接骨木属 *Sambucus* Linn.
1. 叶为单叶。
  2. 花冠辐射对称，通常辐状，若为钟状或筒状，则花柱极短 .... 荚蒾属 *Viburnum* Linn.
  2. 花冠通常两侧对称；若为辐射对称，则具较长的花柱。
    3. 开裂蒴果 .... 锦带花属 *Weigela* Thunb.
    3. 浆果或核果。
      4. 具 1 种子的瘦果状核果。
        5. 果两个合生（有时 1 个不发育）外面密生刺刚毛 .... 猬实属 *Kolkwitzia* Graebn.
        5. 果分离，外面无刺刚毛，但冠以宿存萼裂片 .... 六道木属 *Abelia* R. Br.
      4. 浆果或核果。

6. 浆果，2 果并生或合生，稀果实集合成头状或轮生，则花序下托以合生的叶片 .... 忍冬属 *Lonicera* Linn.

6. 核果，单生或呈总状，具宿存增大的翅状苞片 .... 双盾木属 *Dipelta* Maxim.

1. 接骨木属 *Sambucus* Linn.　2 种

分种检索表

1. 半灌木或多年生巨大草木；聚伞花序伞形；一年生茎具条棱；髓白色 .... 接骨草 *S. chinensis* Lindl.

1. 灌木或乔木；聚伞花序圆锥形；一年生茎具明显的皮孔；髓褐色 .... 接骨木 *S. wiliamsii* Hance

2. 荚蒾属 *Viburnum* L.　20 种 3 变种 2 变型

分种检索表

1. 叶 3 ～ 5 深裂，具 5 ～ 8 掌状基出脉。

2. 叶 3 ～ 5 深裂，叶柄无腺体，花序无不孕的边花 .... 甘肃荚蒾 *V. kansuense* Batal.

2. 叶通常 3 裂，叶柄顶端有 2 ～ 4 腺体；花序具不孕边花；叶下面脉腋有簇生毛 .... 少毛鸡树条荚蒾 *V. sargentii* Koehne form. *calvescens* Rehd.

1. 叶全缘或具锯齿，通常具羽状脉，稀具 3 基出脉。

3. 花序圆锥状。

4. 花冠辐状；叶下面脉腋间有孔 .... 巴东荚蒾 *V. henryi* Hemsl.

4. 花冠高脚蝶状；叶下面侧脉腋间无小孔。

5. 叶革质，大部分侧脉近叶缘时网结 .... 少花荚蒾 *V. oliganthum* Batal.

5. 叶纸质，大部分侧脉直达齿端。

6. 花药黄白色，部分花有细梗；叶多少呈倒卵形，基部带圆形 .... 细梗淡红荚蒾 *V. erubescens* Wall. var. *gracilipes* Rehd.

6. 花药堇紫色 .... 紫药淡红荚蒾 *V. erubescens* Wall.var.*prattii* Rehd.

3. 花序复伞形状。

7. 冬芽裸露。

8. 花序无总梗；果核有 1 条腹沟和 1 条背沟；叶柄有托叶 .... 合轴荚蒾 *V. sympodiale* Graebn.

8. 花序有总梗；果核有 2 条背沟和（1 ～ 3）3 条腹沟；叶柄无托叶。

9. 落叶，叶缘有锯齿。

10. 叶的侧脉近叶缘时呈分枝，但直达齿端 。

11. 叶矩圆状披针形，长为宽的 3 倍以上 ………………………………………………………………………… 醉鱼草叶荚蒾 *V. buddleifolium* C.H.Wright.

11. 叶卵形至卵圆形，长为宽的 2 倍……………………………………………球花荚蒾 *V.glomeratum* Maxim.

10. 叶的侧脉近叶缘时网结。

12. 花序有大型的不孕边花 ………………………………………………………………………… 琼花荚蒾 *V. macrocephalum* Fort.

12. 花序无大型的不孕边花。

13. 花冠辐状，二年生枝灰褐色，花多生于花序的第三至第四级分枝上 ………………………………… 陕西荚蒾 *V. schensianum* Maxim.

13. 花冠筒状钟形，二年生枝灰白色，花生于花序第 一 级（稀第二级）分枝上 ……………………………… 蒙古荚蒾 *V. mongolicum*（ Pall. ） Rehd.

9. 常绿，叶全缘或有时具不明显的浅齿。

14. 萼筒无毛；叶长 2 ～ 8.5 cm，上面小脉不凹……………………………… 烟管荚蒾 *V. utile* Hemsl.

14. 萼筒多少被簇状毛；叶长 5 ～ 25 cm，上面小脉凹陷。

15. 叶披针状矩圆形至狭矩圆形，长 5 ～ 15 cm，厚纸质，上面小脉稍凹陷 ………………………… 金佛山荚蒾 *V.chinshanense* Graebn.

15. 叶卵状披针形至卵状矩圆形，长 8 ～ 25 cm，革质，上面各脉均极度凹陷，呈明显皱纹状 ……………………………………… 皱叶荚蒾 *V. rhytidophyllum* Hemsl.

7. 冬芽具 1 ～ 2 对鳞片。

16. 果核球形或圆球状；有 1 条极细的线状浅腹沟或无沟；叶常绿，具离基三出脉 ………………… 球核荚蒾 *V. propinquum* Hemsl.

16. 果核多少扁平，通常有背、腹沟。

17. 花序有大型不孕边花，叶两面有明显的长方形格纹 …………………………………… 蝴蝶荚蒾 *V. plicatum* Thunb. form. *tomentosum* Rehd.

17. 花序无大型不孕花。

18. 冬芽有 1 对鳞片，叶全缘近全缘，侧脉近叶缘时网结 ……………………………………… 水红木 *V. cylindricum* Buch.

18. 冬芽有 2 对鳞片；叶具齿，侧脉近叶缘时虽分枝，但伸至齿端。

19. 叶柄长在 5 mm 以上。

20. 花冠外面无毛；幼枝无毛或疏被簇状短毛或微毛。

21. 花序近无毛；叶干后变黑色，叶柄无托叶 …………… 汤饭子 *V. setigerum* Hance

21. 花序多少有毛和微细腺体；叶干后不变黑色；叶柄有托叶或托叶不明显 ………………………… 桦叶荚蒾 *V. betulifolium* Batal.

20 花冠外被密或疏的簇状短毛；幼枝密被簇状短毛或长柔毛。

22. 幼枝、叶柄和花序均被开展的小刚毛状糙毛 ....荚蒾 *V. dilatatum* Thunb.

22. 幼枝、叶柄和花序被疏或密，有时呈绒状的簇短毛 .... 湖北荚蒾 *V. hupehense* Rehd.

19. 叶柄长不超过 5 mm。

23. 叶柄无托叶，叶下面生无数细小腺点，脉上常生柔毛 .... 短柄荚蒾 *V. brevipes Rehd.*

23. 叶柄有托叶，叶下面无细小腺点，被星状毡毛。

24. 果实成熟时红毛色 .... 啮蚀荚蒾 *V. erosum* Thunb.

24. 果实成熟时黑色 .... 果啮蚀荚蒾 *V. erosum* Thunb. var. *ichangense* Hsu

3. 锦带花属 *Weigela* Thunb.　2 种

分种检索表

1. 花萼裂至中部或稍下；基部连合，裂片披针形；种子无翅................ 锦带花 *W. florida A. DC.*

1. 花萼裂至基部，裂片线形；种子多少有翅...................................... 海仙花 *W.coraensis* Thunb.

4. 猬实属 *Kolkwitzia* Graebn.　1 种

猬实 *K.amabilis* Graebn.

5. 六道木属 *Abelia* R. Br.　5 种

分种检索表

1. 叶柄基部连合；小枝节膨大；花冠漏斗形；萼片 4。

2. 无总花梗... 双花六道木 *A. biflora* Turcz.

2. 具总花梗，总花梗上仅两朵花...南方六道木 *A.dielsii* Rehd.

1. 叶柄基部不连合；小枝节不膨大；花冠钟状或钟状漏斗形 。

3. 小枝光滑；叶顶端渐尖，上面脉下陷 .... 二翅六道木 *A.macrotera* Rehd.

3. 小枝有毛；叶顶端渐尖或突起。

4. 叶先端渐尖，边缘不反卷 .... 短枝六道木 *A.engleriana* Rehd.

4. 叶先端突起，形小，边缘反卷 .... 小叶六道木 *A.parvifolia* Hemsl.

6. 忍冬属 *Lonicera* Linn.　28 种 2 亚种 2 变种

分种检索表

1. 花单生，3 ～ 6 朵集生成头状，生小枝顶端；花序下的 1 ～ 2 对叶片基部连合成盘状；藤本 .... 盘叶忍冬 *L. tragophylla* Hemsl.

1. 花双生于总状花梗顶端，罕单生；花序下方对生叶基部不连合成盘状。

2. 直立灌木，如为匍匐灌木，则叶纸质。

3. 小枝髓部白色而实心。

4. 冬芽具数对鳞片。

5. 萼檐无下延的帽边状突起。

6. 花冠具 5 近相等的裂片；花冠筒长于裂片。

7. 花药至多达冠裂的基部，内藏。

8. 苞片叶状，长为萼筒 2 ～ 3 倍；叶下面中脉通常下半部被白色丝状柔毛 .... 太白忍冬 *L. taipeiensis* Hsu et H. J. Wang

8. 苞片非叶状，比萼筒短或稍长，叶两面无毛或被毛 .... 陇塞忍冬 *L. tangutica* Maxim.

7. 花药顶端露出或明显超过花冠筒，有时高出花冠。

9. 花药有短糙毛；叶两面被灰白色短柔 .... 毛药忍冬 *L. sereana* Hand.- Mzt.

9. 花药无毛；叶两面无毛或被稍弯的糙毛或仅上面有毛。

10. 苞片宽大，叶状，长超过萼筒 2 ～ 3 倍或近相等；叶两面被稀弯曲的糙伏毛或仅上面有毛，很少两面有毛。

11. 花萼筒光滑无毛 .... 袋花忍冬 *L. saccata* Rehd.

11. 花萼筒具短糙毛 ..... 毛果袋花忍冬 *L. saccata* Rehd. var. *tangiana* H.J.Wang

10. 苞片小，非叶状，短于萼筒或略较长；叶两面无毛。

12. 花梗极细，常弓弯，长 1.5 ～ 3.5 cm........ 短苞忍冬 *L. schneideriana* Rehd.

12. 花梗粗壮，常劲直，长 2 ～ 5（20） mm ... 四川忍冬 *L. szechuanica* Batal.

6. 花冠 2 唇形，唇瓣与花冠筒等长或较长。

13. 叶小，长 10 ～ 15 mm，花冠黄白色 .... 小叶忍冬 *L. microphylla* Wild. ex Roem.et Schult.

13. 叶较大，长 2 cm 以上；花冠紫色或白色带紫。

14. 冬芽不具 4 棱角，内芽鳞在幼枝伸长时增大且反折。

15. 双花的相邻 2 萼筒全部合生；苞片卵状披针形至矩圆形，叶状 .... 粘毛忍冬 *L. fargesii* Franch.

15. 双花的相邻 2 萼筒分离；苞片小，针形 .... 华西忍冬 *L. webbiana* Wall.ex A.DC.

14. 冬芽具 4 棱；内芽鳞在幼枝伸长时不十分增大。

16. 总花梗（或果梗）明显地较叶柄为长；果黑色 .... 红脉忍冬 *L. nervosa* Maxim.

16. 总花梗（或果梗）与叶柄等长或略较长。

17. 叶下面粉白色，被短或长的柔毛，长 2 ～ 8.5 cm；果实红色 .... 短梗忍冬 *L. graebneri* Rehd.

17. 叶下面粉白色，常有微糙伏毛，长 1 ～ 2.5 cm；果实红色；幼枝，叶柄和总花梗无毛 .... 凹头忍冬 *L. retusa* Franch.

5. 萼檐下有下延的帽边状突起。

18. 叶纸质，长 5 ～ 10 cm，卵状披针形至条状披针形，顶端长渐尖具锐尖头，下面基部中脉两侧常密生白色长柔毛 .... 蕊被忍冬 *L. gynochlamydea* Hemsl.

18. 叶革质，长 1 ～ 6 cm，卵形，近菱形至矩圆状披针形，顶端钝或圆，很少锐尖，下面中脉两侧常无长柔毛。

19. 叶近圆形至卵圆形，上面中脉凹陷或至少低平而不凸起，基部通常圆形至宽楔形 .... 亮叶忍冬 *L. ligustrina* Wall.subsp. *yunanensis* Hsu et H.J.Wang.

19. 叶卵形至矩圆状披针形或菱状矩圆形，上面中脉明显凸起，基部通常楔形 .... 蕊帽忍冬 *L. pileata* Oliv.

4. 冬芽具 2 枚外鳞片。

20. 小苞片合生成坛状壳斗或环状完全或部分包围双花的相邻 2 萼筒 。

21. 小苞片合生成坛状壳斗，果成熟时变成肉质而不开裂，无毛，花冠筒状漏斗形 .... 蓝靛果 *VL. caerulea* Linn.var.*edulis* Regel.

21. 小苞片合生成杯状壳斗；果熟时不变肉质，开裂，外面有毛；花冠唇形 .... 葱皮忍冬 *L. ferdinandii* Franch.

20. 小苞片不合生成坛状壳斗。

22. 苞片宽卵形，长超过 1.5 cm。

23. 雄蕊伸出花冠；花冠长 1.5 ～ 3 cm .... 刚毛忍冬 *L. hispida* Pall.ex Roem.et Schult.

23. 雄蕊不高出花冠筒；花冠长 3 ～ 4 cm.. 冠果忍冬 *L. stephano carrpa* Franch.

22. 苞片卵形至披针形，长不超过 1 cm。

24. 花冠非唇形，双花的相邻萼筒分离 .... 北京忍冬 *L. elisae* Franch.

24. 花冠唇形；双花的相邻 2 萼筒连合至中部。

25. 叶下面被短毛而无短柔毛或有时中脉下部或基部两侧被短糙毛 .... 苦糖果 *L. standishii* Carr.

25. 叶下面除被刚毛外，还夹杂有短柔毛.......................................樱桃忍冬 *L. phyllocarpa* Maxim.

3. 小枝髓部褐色，后变中空。

26. 小苞片分离，长为萼筒的 1/4 ～ 1/2；总花梗长 1 ～ 2.5 cm，远超过叶柄。

27. 幼枝、叶柄和总花梗被开展的直糙毛；叶下面疏生直或稍弯的糙伏毛 .... 金花忍冬 *L. chrysantha* Turcz.

27. 幼枝、叶柄和总花梗被或多或少弯曲的短柔毛；叶下面被绒状柔毛至近无毛 ....须蕊忍冬 *L.chrysantha* Turcz.subsp. *koehneana* Hsu et H.J.Wang

26. 小苞片基部多少合生，长为萼筒 1/2 至几相等；总花梗长 1 cm 以下，很少 超过叶柄。

28. 萼檐有 5 齿。 齿宽三角形或披针形 .... 金银忍冬 *L.mackii* Maxim.

28. 萼檐裂为两半或仅一侧撕裂，具极短的三角形萼齿 .... 毛花忍冬 *L. trichosantha* Bur. et Franch.

2. 缠绕灌木；如为匍匐灌木，则叶革质。

29. 叶至少幼叶下面被茸毛，毛之间无空隙 .... 细绒忍冬 *L. similis* Hemsl.

29. 叶下面无毛或被疏或密的糙毛，短柔毛或小刚毛，但非茸毛，毛之间有空隙。

30. 苞片大，叶状，卵形，长达 3 cm；幼枝密被开展的直糙毛；总花梗明显 .... 忍冬 *L. japonica* Thunb.

30. 苞片小，非叶状；幼枝有稍卷曲糙毛；总花梗不明显。

31. 花冠外面无毛；幼枝先端通常无毛或被卷曲的棕黄色糙毛或糙伏毛 .... 淡红忍冬 *L. acuminata* Wall.

31. 花冠外面具密或疏的黄棕色糙毛；幼枝密生黄棕色开展或稍有卷曲的糙毛 .... 黄毛忍冬 *L. giraldii* Rehd.

7. 双盾属 *Dipelta* Maxim.　2 种

分种检索表

1. 花冠钟形； 宿存小苞片肾形 .... 云南双盾 *D. yunanensis* Frauch.

1. 花冠筒中部扩大钟形，基部花冠筒狭； 宿存小苞片盾形 ....双盾 *D. floribunda* Maxim.

九十一、菊科 Compositae　2 属 2 种

分属检索表

1. 枝、叶无毛；头状花序无舌状边缘花 ....帚菊属 *Pertya* Schulz.
1. 枝、叶具灰茸毛；头状花序具舌状边缘花..紫菀属 *Aster* Linn.

1. 帚菊属 *Pertya* Schulz. Bip.　1 种

帚菊 *P.sinensis* Oliv.

2. 紫菀属 *Aster* Linn.　1 种

白花紫菀 *A.albescens* Wall.

九十二、禾本科 Gramineae　6 属 12 种 1 变种

分属检索表

1. 杆在分枝的一侧扁平或具明显的沟槽；杆及主枝多每节生 2 枝；地下茎为单轴型................ .... 刚竹属 *Phyllostachys* Sieb. et Zucc.
1. 杆圆筒形；地下茎有各种类型 。
  2. 杆每节具 1 ～ 3 分枝；枝与杆同粗；叶片大型，常宽达 2.5 cm 以上 ....箬竹属 *Indocalamus* Nakai
  2. 杆每节具 3 至多数分枝；叶片小或中型，宽 2.5 cm 以下。
    3. 杆每节常具较多而簇生的小枝；杆箨早落；花序紧而短，包藏叶鞘内 ....筱竹属 *Thamnocalamus* Munro
    3. 杆每节具 3 至多数分枝；杆箨宿存或迟落；花序开展，不包藏叶鞘内 。
      4. 箨环微隆起，杆环极平；花枝着生叶枝顶端 .... 箭竹属 *Sinarundinaria* Nakai
      4. 箨环和杆环均隆起；花枝侧生叶枝下部各节。
        5. 环上常有箨鞘基部的残留物；杆壁内的髓部具粉末状散布；花序侧生，柱头多为 3 枚 .... 苦竹属 *Pleioblastus* Nakai
        5. 环上不具箨鞘基部的残留物；杆壁内具薄膜呈袋状的髓部；花序顶生；柱头 2 枚 .... 巴山木竹属 *Bashania* Keng f.et Yi

1. 刚竹属 *Phyllostachys* Sieb.et Zucc. 6 种 1 变种

分种检索表

1. 鞘背部无斑点，箨片基部与箨舌的宽度近相等或至小为舌的 1/2，多少呈三角 形；秆小型，高 5 m 以下。
  2. 鞘无条纹；箨耳弯镰形或矩圆形；箨舌中部明显隆起，有长纤毛；秆成长后，为紫色 .... 紫竹 *P. nigra* Munro
  2. 鞘有淡黄色条纹；箨耳宽大，三角形；箨舌截平或微弧形，有白色短纤毛；秆成长后不变黑色 .... 篌竹 *P. nidularia* Munro
1. 鞘背部有密到极疏的斑点；箨叶通常狭于箨舌，常呈带状；秆中型至大型，高 5 m 以上。
  3. 杆箨无箨耳及鞘口缘毛，箨鞘背部通常无毛。
    4. 杆表面在放大镜下可见白色晶状小点或穴；秆环不明显，环微隆起；箨鞘黄色或淡褐黄色 .... 刚竹 *P. viridis* McClure
    4. 杆表面无上述细点或小穴；秆环、箨环均中度隆起；箨鞘淡红褐色或淡绿褐色 .... 淡竹 *P. glauca* McClure
  3. 杆箨有箨耳或箨耳不发达者则有长达 10 mm 以上的鞘口缘毛，箨鞘背部多少有硬毛。
    5. 箨耳少或近于无，但具长的鞘口缘毛；秆环不明显，箨环隆起 .... 毛竹 *P. pubescens* Mazel. ex H.de Lehaie
    5. 箨耳常发育良好，常呈镰形；箨耳边缘的缘毛常较短。
      6. 箨鞘背部疏生黄色小刺毛，而边缘则无纤毛；叶 3 ～ 6 片生于每小枝........................ .... 桂竹 *P. bambusoides* Sieb.et Zucc.
      6. 箨鞘背部无毛，仅基上部边缘具纤毛，叶 1 ～ 3 片生于每小枝 .... 毛金竹 *P. nigra* Munro var.*henonis* Stapf.ex Rendle

2. 箬竹属 *Indocalamus* Nakai 2 种

分种检索表

1. 竿高约 2 ～ 3m，每节具 1 分枝，每枝 6 ～ 9 叶；叶椭圆状披针形或带状披针形.................. .... 巴山箬竹 *I.bashanensis* R. Zhao et Y.L. Yang
1. 杆高 1 m，上部每节具 1 ～ 3 分枝，叶在小枝顶端常 1 ～ 3 片排列；叶狭椭圆形或长圆状椭圆形 .... 阔叶箬竹 *I. latifolius* McClure

3. 筱竹属 *Thamnocalamus* Munro　1 种

空林子竹 *T. spathaceus* C. D. Chu et C.S. Chao

4. 箭竹属 *Sinarundinaria* Nakai　1 种

箭竹 *S. nitida*（Mitf.）Nakai

5. 苦竹属 *Pleioblastus* Nakai　1 种

苦竹 *P. amarus*（Keng） Kengf.

6. 巴山木竹属 *Bashania* Keng f. et Yi　1 种

巴山木竹 *B. fargessii* Kengf. et Yi.

九十三、 菝葜科 Smilacaceae　1 属 10 种 2 变种

1. 菝葜属 *Smilax* Linn.　10 种 2 变种

分种检索表

1. 托叶明显，具卷须。
  2. 托叶大；亚圆状耳形，常与柄等长；叶心脏形……………………………心形菝葜 *S.discotis* Warb.
  2. 托叶小而狭。
    3. 花序梗较叶柄长。
      4. 叶干后变黑色 ………………………………… 黑叶菝葜 *S.nigrescens* Wang et Tang ex P.Y. Li
      4. 叶干后不变黑色。
        5. 叶尖长渐尖；花序梗长 4 ～ 5 cm，罕达 10 cm………………………………………………………………………………………………尖叶菝葜 *S. riparia* A. DC. var. *acuminata* Wang et Tang
        5. 叶尖急尖或短渐尖；花序梗长 1 ～ 3 cm。
          6. 叶椭圆形 ………………………………………………………………菝葜 *S. ferox* Wall.ex Kunth.
          6. 叶卵形 ……………………………………………………… 防己叶菝葜 *S. menispermoidea* A. DC.
    3. 花序梗较叶柄短或几等长。
      7. 叶阔在 20 mm 以下。

8. 叶阔在 5 ～ 20 mm.. 地茯苓藤 *S. microphylla* C.H.Wright

8. 叶阔在 2 ～ 4 mm................... 狭叶地茯苓藤 *S.microphylla* C.H.Wright var. *elongata* Warb.

7. 叶阔在 20 mm 以上。

9. 花梗长 2 ～ 5 mm.. 短梗菝葜 *S. scobinicaulis* C. H. Wright

9. 花梗长 5 mm 以上。

10. 叶柄长仅 3 ～ 6 mm... 红果菝葜 *S. polycolea* Warb.

10. 叶柄长 10 ～ 12 mm... 黑果菝葜 *S. glauco-china* Warb.

1. 托叶不明显，变为膨大的叶柄基部，无卷须。

11. 叶柄长 5 ～ 8 mm，光滑 ....鞘柄菝葜 *S. stans* Maxim.

11. 叶柄长 1.5 ～ 3 cm；密被乳头状刚毛 ....糙柄菝葜 *S. trachypoda* Norton

九十四、棕榈科 Palmae　1 属 1 种

1. 棕榈属 *Trachycarpus* H. Wendl.　1 种

棕榈 *T.fortunei* H.Wendl.

参考文献

[1] 才子轩，刘继坤，郝婧玮．植物标本制作的实践与探索 [J]. 黑龙江教育 (理论与实践)，2017(Z1)：104–105.

[2] 金兰，程伟燕，陈宇杰，刘海萍．植物标本的制作方法及其在科研、教学中的作用 [J]. 现代交际，2014（04）：218–219

[3] 李凤丽，马素好．一种绿色药用植物浸制标本制备的新方法 [J]. 卫生职业教育，2015，33(12)：90–91.

[4] 李凤丽，周群华，李省．新型绿色药用植物浸制标本保存液的发现与效果 [J]. 河南科学，2016，34（02）：219–222.

[5] 马玉心，崔大练．一种简单实用的植物腊叶标本保存技术 [J]. 生物学通报，2016，51(08)：50–51.

[6] 牛春山．陕西树木志．北京：中国林业出版社，1990.

[7] 中国科学院西北植物研究所．秦岭植物志（第一卷 1–5 册）. 北京：科学出版社，1974—1985.

[8] 中国科学院植物研究所．中国高等植物图鉴（1–5 册）. 北京：科学出版社，1980.

[9] 郑万钧．中国树木志（1~3 卷）. 北京：中国林业出版社，1983—1997.

[10] 华北树木志编写组．华北树木志．北京：中国林业出版社，1984.

[11] 马毓泉．内蒙古植物志（1~8 卷）. 呼和浩特：内蒙古人民出版社，1977–1985.

[12] 冯显逵．宁夏六盘山、贺兰山木本植物图鉴．银川：宁夏人民出版社，1979.

[13] 张文辉，康永祥，李红．陕西木本植物区系研究．植物研究，1999，19（4）：374—384.

[14] 王荷生．植物区系地理．北京：科学出版社，1992.

[15] 张宏达．华夏植物区系的起源和发展．中山大学学报，1980，（1）：89–96.

[16] 吴征镒．论中国植物区系的分区问题．云南植物研究，1979，1（1）：1–22.

[17] 中国植被编辑委员会．中国植被．北京：科学出版社，1980.

[18] 狄维忠，于兆英．陕西省第一批国家珍稀濒危保护植物．西安：西北大学出版社，1989.

[19] 李景侠．西北主要乔灌木．西北农林科技大学出版社，2002.

[20] 李景侠，康永祥．树木学野外工作指南．北京：中国林业出版社，1996.

[21] 狄维忠．贺兰山维管植物．西安：西北大学出版社，1986.

[22] 西北植物研究所．黄土高原植物志（1，2，5 册）. 北京：科学出版社，1989—2000.

[23] 中国植物志编委会，中国植物志．北京：科学出版社，1956–2001